一路辙印，一路壮歌

（代序）

在青藏高原，他们饮冰卧雪，将冰雪覆盖了千年的天路打通，一条大路入云端。

在天山脚下，他们忍受着漫山的风沙，筑路大漠，让寂寞的戈壁滩从此焕发了活力，不再“养在深闺人不识”。

在澜沧江上，他们治河筑港，“一桥飞架南北，天堑变通途”，在江河上铸造一道道美丽的飞虹。

在巴蜀大地，他们架桥铺路，让“蜀道难，难于上青天”成为尘封的历史……

“草树知春不久归，百般红紫斗芳菲。”重庆交通大学（以下简称“重庆交大”）建校与川藏公路相连，催生了学校“明德笃学，求实创新”的坚毅品格；发展与西部交通相依，铸造了学校“情系西部，实干奉献，开拓进取”的铿锵情怀。

重庆交通大学建设发展的60年来，历经风雨而进取不止，六易校名而其志不衰；重庆交通大学办学育人的60年来，脚踏实地培育和弘扬“铺路石”精神，凝神聚力教育和培养八万余学子。一路走来，留下了一路辙印，奏响了一曲曲奋进和奉献的壮歌。

建校60年来，八万余名交大学子从交大起航，奔赴祖国的大江南北，在崇山峻岭间架桥铺路，于激流险滩中治河筑港。在他们中间，有中国拱桥飞跃发展的开拓者——中国工程院院士郑皆连，一辈子行走在天路上的高原冻土专家武憨民，毕生致力于打造世界桥梁大国的全国工程勘察设计大师孟凡超，扎根“世界屋脊”的西藏发改委副主任冉仕平，怒放西沙的铿锵玫瑰官小莎，被誉为“天路赤子”的中国武警十大忠诚卫士刘红春……。六十载栉风沐雨，半个多世纪长路当歌，八万余名重庆交大学子，把青春和热血，无怨无悔地献给了祖国的交通事业，他们犹如一颗颗朴实无华的铺路石，哪里需要，就奔赴哪里；哪里艰苦，就战斗在哪里；哪里落后，就奉献在哪里。在祖国交通建设一线，在西部的崇山峻岭之间，处处留下了他们深深的足迹；西部特别是西南地区人民致富奔小康的条条坦途，见证了他们无悔的青春、毕生的心血和坚定不移的理想信念。

他们身上蕴含的力量催我们奋进，他们身上凝聚的精神令我们感动，他们所取得的成绩令母校感到骄傲，更值得我们用一种最佳的形式留下深刻的印记，让交大后来的学子们深深铭记。从2006年3月开始，学校成立了多个采访小组，分赴祖国各地，收集、整理和撰写校友们一个个动人的事迹。从青藏高原到巴蜀大地，从天山南北到澜沧江畔。我们怀着一颗庄严而敬畏的心，翻开了交通建设的发展史，清晰地听到了交大人于激流险滩中搏浪的呐喊声声，看到了交大人在崇山峻岭中架桥铺路的深深脚印，也读到了他们勇做振兴西部“铺路石”的壮志豪情。

我们希望通过《一路辙印——重庆交通大学校友风采录（第一辑）》这本文集，将校友们平凡而伟大的事迹，告诉更多的重庆交大人，告诉更多的后来者，让校友们献身交通、无怨无悔的高尚情怀，激励一代又一代的交大学子“明德笃学，求实创新”。

一条条道路，似一条条玉带，如丝似缕，如金似虹。它们是装点大地最好的饰品，是交通人奉献社会的见证，是人民致富奔小康的金路。我们坚信，无论过去、现在还是将来，重庆交通大学校友的本色始终都不会变化和褪色，那么就让母校祝福他们在祖国的大地上，胸怀纵横山川的豪情壮志，书写属于自己、母校和时代的光荣，开创更加辉煌和美好的明天！

重庆交通大学 党委书记　　　　重庆交通大学 校长

2011年4月

人民交通出版社友情赞助出版

一路辙印

——重庆交通大学校友风采录（第一辑）

YILUZHEYIN CHONGQING JIAOTONG
DAXUE XIAOYOU FENGCAILU DIYIJI

人民交通出版社
China Communications Press

内 容 提 要

2011 年，重庆交通大学迎来建校 60 周年。建校 60 年来，重庆交通大学为我国交通建设事业培养、输送了无数优秀人才。从 2006 年 3 月开始，重庆交通大学成立了多个采访小组，分赴祖国各地，收集、整理和撰写校友的一个个动人事迹。从青藏高原到巴蜀大地，从天山南北到澜沧江畔，清晰地听到了交大人于激流险滩中搏浪的声声呐喊，看到了交大人在崇山峻岭中架桥铺路的深深脚印，也读到了他们勇做振兴西部“铺路石”的壮志豪情。全书共收集了近百位重庆交通大学校友的动人事迹，展现了重庆交通大学学子的风采和情怀，以及他们为交通事业作出的巨大贡献。

图书在版编目（CIP）数据

一路辙印——重庆交通大学校友风采录（第一辑）/重庆交通大学编. —北京：人民交通出版社，2011.10

ISBN 978-7-114-09383-8

Ⅰ.①一… Ⅱ.①重… Ⅲ.①重庆交通大学-校友-生平事迹 Ⅳ.①K820.7

中国版本图书馆 CIP 数据核字（2011）第 182051 号

书　　名：一路辙印——重庆交通大学校友风采录（第一辑）
著 作 者：重庆交通大学
策划编辑：顾炳鲁
责任编辑：李　洁
出版发行：人民交通出版社
地　　址：(100011) 北京市朝阳区安定门外外馆斜街 3 号
网　　址：http://www.ccpress.com.cn
销售电话：(010) 59757969，59757973
总 经 销：人民交通出版社发行部
经　　销：各地新华书店
印　　刷：北京鑫正大印刷有限公司
开　　本：720×960　1/16
印　　张：21.5
字　　数：336 千
版　　次：2011 年 10 月　第 1 版
印　　次：2011 年 10 月　第 1 次印刷
书　　号：ISBN 978-7-114-09383-8
定　　价：45.00 元
（如有印刷、装订质量问题的图书由本社负责调换）

《一路辙印——重庆交通大学校友风采录(第一辑)》

编委会

顾　问

刘　伦　唐伯明　周　直　王智祥　梁乃兴
黄　明　王昌贤　易志坚　李宝娣　王平义

主　编

黄　明　任海涛　吴　瑞

执行主编

吴　莉　徐　洁　魏　巍　叶　勇　罗伟华

编　委

张　俊　张　骅　肖伦友　潘　江　王世佰
陈力维　周德贵　万　宇　代　云　陈　涛
毛八中　林兴冬　王　希　罗丙军　郑佰平
王延伟　李高飞　赵　越　李冬妮　史顺婷
王旭波　李　甲　吴曼兰　王皓旭　严　博
李　洋　谢沐男　穆彦辰　俞泽丙　张环雨
王倩倩　吴　杰　翟乐遥　欧阳航　王江曼
庄　园　陈晓娟　陈　攀　王奥博

目录

一辈子行走在天路

——记1953届校友、著名高原冻土专家武�民

武憨民，我国著名的高原冻土专家。1953年毕业于我校道路桥梁专业，从事公路勘察设计及冻土工程研究50余年来，主持或参加科研、工程设计项目30多项，其中国家级重点及大中型项目10余项。在青藏公路第一、二次改建工程，济南至青岛高速公路，京津塘高速公路，北京至珠海高速公路等交通项目的科研、设计工作中，获国家科技进步一等奖2项，国家优秀勘察、优秀设计一等奖各1项，2006年因病去世。

初涉高原

1953年，23岁的武憨民即将从我校道路桥梁专业毕业，当时青藏公路建设正在如火如荼地进行，于是这个不善言辞的年轻人郑重地向老师提出要去青藏高原工作。也许他自己都没想到，就是这样一个选择，让他将半个世纪的心都融入了那亘古的冻土，融入到那片古老神奇的土地。

1954年，武憨民和他的同事坐上了前往青藏公路建设工地的大卡车。虽然已经有了心理准备，可青藏高原还是给这群懵懂的年轻人们一个“下马威”。严重缺氧、呼吸困难、刮在脸上比刀子划着还疼的寒风，让他们顿时蔫了。好不容易到了工地，简陋的帐篷、就着凉水吃着干馒头的困境与考验摆在了他们的面前。但是，如此恶劣的工作条件并没有吓退武憨民，反而更加坚定了他征服青藏高原的决心。

勘察设计工作开始了，初涉青藏高原的武[illegible]民和他的同伴们领略了“世界屋脊，人类生命的禁区”的真正含义。海拔 4 500 米以上的青藏高原严重缺氧及所带来的高山反应，使轻者头晕、恶心，重者脸色青紫、呼吸困难。武憨民经常和同伴们身背几十斤重的仪器设备跋山涉水，刚被暴雨浇得全身透湿，又遭卷着雪花的凛冽寒风袭击。高原昼夜温差达 30 多摄氏度，由于高原反应，睡觉盖上被子就像压了一座山。做一次测量就如同在平地上的 100 米冲刺，每走几步要喘上好几次，还得休息一会儿。即使条件这样艰苦，武憨民和他的伙伴们也宁可多爬几座山、多跑几十里路，也要选出最佳路线，使青藏公路的新线比老线缩短了 47 公里。

为了敲开高原“禁区”大门，修通“通天”之路，武憨民付出了巨大的努力和牺牲。由于长期奋战在勘察设计第一线，武憨民根本顾不上自己的家庭。1956 年，他在唐古拉山顶进行勘测，一个多月后才接到大女儿出生的喜讯；1959 年，他的二女儿出生，他在边境公路进行勘测，没有回家；1966 年，他的儿子出生了，他又在高原进行勘测，还是不在妻子身边。武憨民常说自己不是一个称职的丈夫，不是一个好爸爸。经过艰苦奋战，青藏公路终于通车了。虽然当时的青藏公路是一条无桥涵、无路面、顺地爬的土路，但它结束了西藏没有公路交通的历史，是令武憨民和同伴们倍感欣慰的“作品”。

破解冻土难题

1972 年，中央决定改建青藏公路并铺筑沥青路面，修建永久性桥涵。这是极富挑战的决定，很多人不无怀疑。在高原多年冻土之上铺筑沥青路面，全世界都没有先例，中国人能成功吗？

冻土是一种对温度极为敏感的土体介质。冬季，冻土在负温状态下就像冰块，随温度的降低体积发生剧烈膨胀，顶推上层的路基、路面。而在夏季，冻土随着温度升高而融化，体积缩小后使路基发生沉降。这种周期性变化往往很容易导致路基和路面塌陷、下沉、变形和破裂。而在冻土上铺筑沥青路面公路，等于在冻土上既加了一个吸热器又盖了一层封水膜，使冻土在夏天吸热后融化程度加剧，路基内水分不能蒸发，这是一个在公路修筑技术史上始终没有解决的世界性技术难题，缺乏成功技术资料供借鉴。多年来,有着大面积冻土的俄罗斯、加拿大、美国等国,一直都在苦苦探索解决方法,然而奇迹总没有出现,辽阔的西伯利亚等地留下了一个个筑路专家的深深遗憾。

从1973年开始,武[illegible]民和“青藏公路多年冻土科研组”的成员们开始了对高原多年冻土的研究,决定啃下这块硬骨头。

那是怎样的工作环境啊!

三四月份,内地已是春意盎然、鸟语花香,青藏高原却是寒风刺骨、白雪皑皑。气候更像小娃娃的脸,说变就变。一会儿骄阳似火,一会儿狂风大作,一会儿阴雨绵绵,一会儿飞雪漫天,有时一天变化十几次。两首民谣道出了这里的险恶环境:“‘天上无飞鸟,风吹石头跑,四季穿棉袄,氧气吃不饱’;‘上了五道梁,难见爹和娘’。”

在冰天雪地里施工,十字镐刨一下只有一个白点,机械也因缺氧而经常“罢工”。武[illegible]民和同事只好捡来牛粪,烘烤冻土,用钢钎和铁锤开凿炮眼,进行科研数据收集。有时风力达到十一二级,“呼呼”地刮个不停,且夹着雪和冰雹,20米以外看不见人,汽车停止了行驶,野驴和黄羊也躲进了深山。但是,为了取得第一手科研资料,武憨民和同事们仍要蹒跚于连绵起伏的青藏高原上,冒着被狂风卷走的危险,将仪器脚架放低,跪在地上读数据。他们一米一米地测量沥青路面的变化,凛冽的寒风透过皮大衣,穿过紧身棉袄,直吹到皮肤上。实在熬不住了,他们就围着汽车跑几圈,出出汗取暖。冰凉的金属仪器,冻住手能揭掉一层皮,他们把手伸到怀里暖暖后又开始工作。渴了,没有水就化雪水、化冰水;饿了,就吃冷馍,像石头一样的冰馒头经常啃上半天才咬下一口。为了取得第一手科研基础资料,武憨民和同事们要定时记录下几百个观测点的地温、冻胀、融沉数据。武憨民感叹道:“在近两千公里的青藏路上取得的勘察、观测数据资料,足以装满几卡车!”

1979年,正在青藏公路上搞科研的武憨民的心脏出了点问题,经检查,心电轴偏移15度,成了“心横位”。人们都说武憨民这次真的是“横下一条心,研究青藏路”了。按照国家有关规定,海拔3 500米以上的地区,每天工作时间为6小时,而武憨民在近5 000米的高原上从不遵守规定,每天工作10~12个小时。他围绕多年冻土地区路基、沥青路面结构选型及桥梁基础设计、施工等关键技术难题,组织力量刻苦攻关并亲自主持工程地质、路基稳定性、改性沥青路面修筑技术、桥涵结构以及青藏公路科研、管理系统开发研究等多方面的系统专题研究工作。

1973～1978年青藏公路第二次改建以及1991～1999年青藏公路几次大规模病害整治,主持科研工作的武憋民总是以高度的敬业精神和严谨的科学态度,努力解决青藏公路多年冻土引发的公路病害问题。他长期吃住在高原,实地踏勘,艰苦攻关,将青藏公路沿线550多公里的多年冻土地质情况烂熟于胸,使举世瞩目的青藏高原多年冻土地区公路修筑技术研究的成套技术成果日臻成熟。熟悉青藏公路的人都说,青藏公路从无到有,从低级到较高级,武憋民功不可没。交通部2001年的一份材料中对武憋民这样评价:“武憋民同志从事公路工程勘察设计及研究近50年来,特别是在青藏高原这一特殊的气候及工程地质条件下,从事多年冻土科学技术研究,积极探索,不断创新,结合青藏公路改建、整治工程解决了多年冻土区公路建设的许多重大技术难题,为我国高原多年冻土路基、路面结构设计条件充实了理论基础。他曾在国内外发表了有科学性、创造性和实用价值的论著近50篇,其中不少作为公路工程界的重要科研成果,被交通部制定行业规范、规程时所采用。他主持和参加的公路工程建设项目的科研、设计40多项,其中有国家重点及大中型项目20余项,业绩显著,尤其是青藏公路的科研、设计、管理等取得了在国内外领先的独创成果,为修建青藏公路奠定了基础,也为青藏公路的修建提供了可以借鉴的工程范例与工程经验。”

为青藏铁路倾囊相授

武憋民先后主持或参与了大量的科研项目、工程技术项目,获得了国家科技进步一等奖,交通部科技进步一等奖,交通部全国优秀勘察、优秀设计一等奖,建设部全国优秀工程设计一等奖、特等奖及金奖……。面对荣誉和成绩,作为国家有突出贡献的首批专家之一,武憋民并没有停下探索的脚步。

西部大开发的号角吹响后,作为西部大开发国家四大工程建设项目之一的青藏铁路建设成为全国关注的焦点。铁道部门邀请武憋民为青藏铁路建设有关技术咨询、方案审查的专家。武憋民多次参加青藏铁路建设技术咨询、科研评审等会议,将自己在青藏高原工作几十年的工作经验和冻土理论倾囊相授,为保证青藏铁路建设技术方案的合理性及可行性作出了贡献。

长期的高原生活严重地损害了武憋民的健康,疾病常年缠身。但他仍担任着铁路科学研究院铁路专家咨询组的咨询专家和铁道部大桥局青藏铁路建设高级技术顾问,并多次给青藏铁路工程技术人员传授高原多年冻土筑路技术。武憋民真诚地说:"我的成绩都是党和国家培养出来的,趁我现在还能动,我要把在高原奋斗一辈子积累的实践经验告诉他们,把多年冻土地区工程关键技术理论传授给他们,为青藏铁路建设作出一些贡献,让青藏高原像雄鹰一样展翅飞翔。"在去世前不久,武憋民还在念叨着:"等身体好点,我还要再上高原"。

高原作证

由于多年冻土变化相对较慢,一组数据的收集比较往往需要几年甚至十几年、几十年的时间,研究周期很长,是个"不容易出科研成果的地方"。有人曾问武憋民,是什么让您心甘情愿地在这人迹罕至的地方默默奉献呢?他回答道:"当你身在高原时,你会觉得天空离你很近很近,大山毫无保留地向你展示它的一切。在这里,连空气都'吃'不饱,还有谁会去争夺享乐、待遇、名利呢?再说,我们这些专业的公路勘察设计人员不来研究,谁来研究?"

在中交第一勘测设计研究院,人们都尊敬地称呼武憋民为"武老总"。在高原行走了50余载,武憋民最大的官衔就是工程项目的"组长",并且两次与院士评选擦肩而过。对这些,武憋民全不在意。他常常对家人和同事说:"我23岁上高原,50多年了,我已经将自己的根牢牢地扎在那5 000公尺的高原之上。"

是啊,青藏高原那圣洁的雪山可以作证,50余载天路行走,他将自己的青春与梦想都奉献给了这里。

高原上那辽阔的草原可以作证,半个世纪与高原结缘,他怎样深情地热爱着这片神奇的土地。

高原那蜿蜒的公路可以作证,每一寸路上都有他流下的汗水,洒下的热血。

青藏路上将永远镌刻着他的名字,将永远铭记这位在天路上行走的人。

“不管在什么情况下，都要对自己抱有希望”

——记1956届校友夏家邦

夏家邦，1956年毕业于我校，先后在交通部交通科学研究院（北京）、甘肃省清水县、天水市交通局、公路总段、甘肃省公路局、甘肃省交通学校、甘肃省交通厅工作。从1983年开始，担任甘肃省交通厅副厅长，后升任交通厅党组书记。30多年间，夏家邦勤勤恳恳，踏实工作，为祖国的交通事业尤其是甘肃省的交通发展做出了突出的贡献。2009年因病去世。

“学校老师不但传授我知识，还教会我做人的道理”

1952年，夏家邦进入我校学习。在那个年代，学校教学基本设施极为简陋，条件非常艰苦，基本上没有教材，连老师的教案也大部分是手抄稿。但就是在这样的情况下，老师们对待工作却一丝不苟，对待教学兢兢业业，一方面四处查阅资料，丰富自己的课堂教学，一方面注重理论学习与生产实践相结合，每学期都安排一定时间带学生出去进行生产实习。虽然已经70多岁，夏家邦回忆起当年的峥嵘岁月，回忆起戚明德、谢凤举等老师的殷殷教诲，仍感慨万千，他饱含深情地说：“学校老师不但传授我知识，还教会我做人的道理，没有他们当年的耐心教导，就没有我的今天，我也不能为甘肃人民做那么多事，真的非常感谢他们。”

“要做就要尽量做到最好，要不然干脆不做”

1956 年大学毕业后，夏家邦就被分配到交通部交通科学研究院工作，10 多年来，他在完成工作任务的基础上，挤出时间钻研学习，用他的话说，就是“没有理论的支撑，就很难有技术上的突破”，正是因为有了这样的想法，夏家邦一心扑在工作上，几乎没有闲暇时间，理论与实践的结合也为他今后的进一步发展奠定了基础。1970 年，因工作需要，夏家邦跟随父亲到了甘肃，被分配到当时甘肃省最偏僻的清水县工作，妻子为了陪伴他，也来到清水县工作。

初来乍到，风华正茂、雄心壮志的夏家邦想发挥自己的专业特长，大干一番事业，为当地的百姓做点实事。于是他找到当时的清水县县长，争取得到他的支持，为清水县修建公路。可是县长并没有支持他的建议，给他的答复是，现在全县经济非常落后，没有钱来进行交通建设，倒是需要进行水利发电建设。夏家邦一听，虽然有些失望，但他还是硬着头皮答应了下来：“搞水利发电就搞嘛，难道我还害怕不成。”

夏家邦就是这样的一个人，敢说狠话，也有一股狠劲儿，作出了决定，他就拼命地学习水利发电的相关知识，很快就成为了技术骨干。为了确保工程进度和质量，他连家也很少回，吃住都在老乡家，吃的是粗粮，睡的是地板。8 年的时间里，夏家邦不知翻阅了多少资料，不知穿破了多少双胶鞋，也不知牺牲了多少个休息日，清水县到处留下了他的足迹。功夫不负有心人，在夏家邦的努力和带领下，清水县在 1974 年就建成了 3 500 伏的变电站，到 1978 年，他已经将落后的清水县建设成为水利化大县，受到了当地百姓和政府的一致肯定。直到现在，已经过去 30 多个年头了，清水县的人民和政府仍然记得这位“大功臣”，每逢大事喜事，清水县县委书记都特意到兰州来邀请他参加。

由于工作出色，夏家邦得到重点培养，1978 年调到交通局工作，不久又被调到公路总段。注重实干的他主动向书记请缨，要求搞技术，从那时起，夏家邦在充分发挥着自己的专长，也不断地面临和克服着一个个新的挑战。随后不久，他又被调到甘肃省公路局，任副总工程师、总工办主任，一年多后，又调到交通学校任校长。在自己成长和发展的历程中，“我要做就要尽量做到最好,要不然干脆不做”,夏家邦是这样说的,也是这样做的。

“只有深入工程一线,才能更真实准确地掌握情况”

1983 年,夏家邦开始担任甘肃省交通厅副厅长,他又开始了新的征程。他最先分管规划、科技,后又分管人事、监理,在任期间完成了两件大事,一是甩掉了“三座大山”:七道梁隧道、车道岭隧道、华家岭改线;二是河西千里窗口路,以每天修 3 公里路、每 3 天就修 1 座桥的速度,整个路段修建了 1 700 多座桥,并且当时修建的桥至今还在使用,没有一座垮塌。

在那个时候,身为领导干部的夏家邦,完全可以在办公室坐镇指挥,但这不是他的选择,也不是他的风格。用他的话说,就是“只有深入工程一线,才能更真实准确地掌握情况”,他一天几乎三分之二的时间在工地上,和广大的员工一起并肩作战。在他任职期间修建的公路和桥梁,从来没有出现过工程事故,也没有出现过工程质量问题。

担任交通厅领导后,夏家邦采取了“要致富,先修路”的战略,甘肃省第一条高速公路——天(水)北(道)高速公路,就是夏家邦主持修建的。他认为,影响公路发展布局的因素有政治因素,也有国防需求。从经济角度说,全省高速公路的布局首先要考虑当地的经济发展状况,其次要考虑周边省份高速公路与甘肃省的对接情况。搞好省内交通基础设施建设,最重要的就是要搞好规划,避免盲目投资,同时在进行公路规划时要注重公路效益分析。在他的带领下,甘肃省第一条高速公路于 1993 年正式通车。当时,夏家邦还建议将《甘肃省高速公路网规划》改为《甘肃省高等级公路网规划》,为以后高速公路发展留下空间,需要修什么标准的公路就修建什么标准的公路,不要将有限的资金积压在公路上。

“不管在什么情况下,都要对自己抱有希望,”夏家邦践行了自己的誓言。

乌江之恋

——记1960 届校友黄家夫

1997 年 10 月 28 日。乌江岸边高谷场。319 线彭武公路通车典礼在新落成的高谷乌江大桥上举行。

此时的大桥上,红灯高挂,彩旗飘飘,米黄色的钢筑架如两道彩虹,飞跨乌江南北两岸。

高谷是西入黔江地区第一镇。这里从乌江水路到彭水县城有 30 公里,从乡道公路到彭水县城有 52 公里,虽水陆两通,经济发展仍受闭塞掣肘。

萝卜垭、火石垭这段拦路虎就在彭武两县交界之处。为了避开它同时又带动沿江经济的发展,黔江地区的决策者找到了一个一箭双雕的方案:319 线彭水县城至武隆江口镇一段,沿乌江北岸顺江而下,到高谷后修桥跨过乌江,在木棕河与武隆交界后进入江口镇。这一沿江改线方案,完全避开了原越岭线的拦路虎,同时又让公路主干道和乌江水路互为照应,原 70 公里的路程缩短为 51 公里。更重要的是,路线沿乌江两岸 300 米以下海拔顺江展线,降低了高程,避免了冬季冰封雪堵之忧,确保了国道常年畅通。

这是黔江疏浚交通出口、扩大开放的又一个重大举措,得到了四川省委、省政府及交通部的重视和支持,被列为四川省的四条扶贫公路之一。

彭武公路彭水段共 28 公里,总投资 1.05 亿元。整个工程有桥梁 19 座,隧道 19 座,施工难度之大,在黔江公路建设史上罕见。该工程 1994 年 12 月 24 日破土动工。竣工后,高谷与县城的距离只有 19 公里了。

竣工仪式结束后，公路沿线数千名群众，走过大桥。乌江两岸，一片欢腾。

目睹这一热闹场面，一位身材高大、满头银丝的老者禁不住热泪盈眶。他叫黄家夫，黔江地区交通局总工程师、彭武公路建设工程指挥部指挥长。他已在交通建设战线上奋战了整整37年，建了8座桥梁，打通了4个隧道，修了记不清里程的公路。黔江两河大桥、武隆江口大桥、酉阳龚滩大桥、彭水郁山大桥和这座高谷大桥，都与黄家夫的名字连在一起。建设梅子关隧道，他是总工程师兼副指挥长。37年来，高谷乌江大桥是他修建的第8座大桥。这座桥全长195米，主跨150米，总投资1470万元。1996年4月开工建设后，他带领建桥技术人员大胆使用新工艺、新科技成果，在保证质量的前提下，以节省200万元投资于1997年6月竣工。

即使身处逆境，也要勇往直前

黄家夫出生于高谷场上的一个地主家庭。从童年到少年，他徜徉在乌江岸边，听江水怒号，看纤夫拉船，听种种传奇故事，心中渐生对大自然的好奇和对技术工艺的宗教式虔诚。

“嗨嗬！嗨嗬！嗨嗬！嗨嗬！”

随着纤夫拉纤的号子声由远而近，一只歪屁股盐船泝流而上，进入黄家夫这位英俊少年明澈的眼帘。

歪屁股盐船是旧时乌江航运的主要工具。它用木板铁钉拼接而成，尾部不平，左边斜翘向上，逐渐向中线偏移，作为后梢支点，尾冠明显歪斜，故称“歪屁股”。

经常在江边踯躅的黄家夫估计了一下，歪屁股船长约六丈，宽约一丈二尺，吃水深度约五尺。因经常看这船上下水，他已知道这船的内外结构。船头梳脑上翘与船底相接的一段，叫筒子。与筒子紧挨着的是前舱，接着是戽潮舱，专门集中全船漫水，由此戽出船外。向后紧挨着是四五间货舱，货舱铺底板，距离船底六寸左右，以保证货物不被浸水打湿。尾舱即厨房，上置锅笼等炊具。各舱顶面，分别用木板铺开，为船员食宿之地。船面中部，用木板横装五尺多高、一丈八长的舱壁，其上以木条改成半圆形骨架，支撑固定船篷。固定船篷两端，叠放活动船篷数块。晚上以篙竿搭起临时支架,把活动船篷打开,卸叠前后舱顶,就成一间水上卧室。所有船篷,都用两层竹篾中夹蓼叶制成。篷顶上,用木枋架设梢凳,作为后驾长操纵后梢之地。

船上人员,时多时少,除有职称的几个人固定外,纤夫是上水时临时雇用,下水解散,多时全船有二十余人,少时就只有十来人。后驾长即船长,前驾长即副船长,以下有头篙、二篙、三篙,再往下就是寒缺、焖蒸等人员。

船在黄家夫的视野中越来越近。纤夫们头戴白帕,全身只穿一条袄裤,脚穿一双麻织草鞋,沿着左岸的栈道跌跌撞撞地爬上来。脚用力向后蹬,手使劲朝前抓,拇指粗的麻绳勒进他们的右肩,手上、脖子上青筋暴露,汗珠子一颗一颗往下滚。

黄家夫被这种不屈不挠的精神深深震撼了。他幼小的心灵萌芽了这样一颗种子:生存就是竞争,即使身处逆境,也要勇往直前。

忽然,一个大浪打来,船头猛地偏向岸边,船上立即响起一片粗野的叫骂声。只见后、前驾长站在梢凳上,轮流操作后梢,三个撑篙的,各握一根篙竿,一手稳住半悬竹篙,一手拉住系于船沿缠于竹篙上的短绳,立于简子侧边,看见后梢拨之不动,三篙齐下,抵向岸石,勒紧短绳,只听"咕、咕、咕"三声响,船头便慢慢撑离岸边,驶向航道。

黄家夫开始憧憬山外的世界,然而千山阻隔,峰回路转,路途是那么遥远。

船工们告诉他:从乌江这条水路下去,有涪陵城。那里有一条大江叫长江,泝流而上是重庆城,顺江而下可以到大上海。重庆和上海都好耍得很,有大洋马、大洋车、大洋人……

其实,这些船工大都是附近山里人,从没到过这两个地方。他们靠乌江为生。从涪陵拉船上行至龚滩,每天最多只能走 20 来里。遇到险滩,货必起岸,空船也要十几个人才拉得动,沿途拉滩的时间占全程的三分之一。涪陵至龚滩的一个航次,最少 20 天,最多长达 73 天。木船下行过滩,还须"吊滩",即船尾在前,船头系缆于岩石上,缓缓放开,倒行过滩,翻船死人的事时有发生,每年海损货物约占总运量的 20% 。

这年黄家夫刚满 6 岁,他出生在抗日战争爆发的那一年,他的童年、少年都是在战争的硝烟氛围里度过的。他听大人说,这船上的盐巴就是运到抗日前线的。

山区要改变贫困,首先必须要大办交通

求学可以走出山外。1958 年,黄家夫通过勤奋努力,积极表现,考进了我校。

在学校,他钻进书斋,如饥似渴地学习专业知识,并广泛涉猎交通史志,以揭开乌江的真实面纱。黄家夫在学校里学的是公路桥梁专业。乌江这条河流告诉他:他未来肩上的担子是多么沉重。

1960 年夏季,黄家夫毕业分配在涪陵地区交通局工作。1962 ~ 1963 年,他被派到地区养路总段,成了路况测量队一名临时负责人。国民党溃逃前几乎焚毁了国道 319 线川湘公路所有的技术档案,现在需要重建。领导将这个任务交给黄家夫。他二话没说,就带领十几个人上路了。他们每人一个铺盖卷,一架行军床,一辆架子车,天天风餐露宿,从雷神店一直推到秀山洪安,仅用一年时间就完成了任务。

这一次经历,使他成了川湘公路的活档案。黔江交通的落后,使他有切肤之痛。这里不仅水运条件差,陆路更是险象环生。白马山、萝卜垭、火石垭、梅子关、高坎子、九道拐、猴子山……像一道道拦路虎,阻隔着山区群众与外界的联系和交流。这一线到处是一片赤贫之地,到处是面带菜色的人们,有的村寨几乎饿死得一人不剩。

“山区要改变贫困,首先必须要大办交通!”从那时起,黄家夫就认准了这个道理。然而,踌躇满志的黄家夫却生活在那个壮志难酬的年代。

自十一届三中全会后,1988 年,秀、酉、黔、彭、石 5 县再次因行政体制的变化而进入又一个重大转折期。已 51 岁的黄家夫得知 5 县要单独成立一个地区的消息后,隐隐约约地感到,自己事业的黄金期要到了。

时间迟了一点,但毕竟还是来了

1988 年九月,黄家夫离开涪陵温馨的家,翻过梅子关,来到刚刚成立的黔江地区交通局报到。以后 3 年,他以总工程师、副指挥长的身份,在梅子关隧道建设工地大显身手,以至于喉咙里长出了肿瘤,也不能及时去

医院诊治。

打通梅子关的设想,一开始并没有得到四川省有关部门的认可,他们认为地质条件差,工程难度大,质量难以保证。经多方争取立项后,当时一些专家和技术人员都不愿承担这项工程的设计工作。黄家夫也没有搞过隧道工程,正在考虑这项工程如何进行时,行署领导税正宽和有关部门负责人登门点将了。

“老黄,梅子关能不能打得通,就靠你了! 这是一项事关黔江开发开放的形象工程啊!”税正宽说,脸色因这几天的焦虑面带黝黑。

“我愿意为全区人民和地委行署分忧。隧道工程我虽然没有直接干过,但我相信并以我的人格担保,这个隧道能够打通!”黄家夫心直口快,看准的事从来都敢说敢干。

作为分管交通,又是地区公路建设领导小组组长的行署副专员,税正宽浓眉舒展,紧紧握住黄家夫的手说:“老黄,你是这项工程的总工程师,地委行署相信你能啃下这根硬骨头。有啥子困难,提就是了!”

黄家夫没提过多的要求。他只建议把全区一些技术骨干调拢来,以便统筹使用,发挥大家的集体智慧。此后,他带领大家尊重科学规律,大胆决策,很快就设计出了施工方案。

但施工一开始就遇到了麻烦。开挖进洞10多米处时,山体突然崩塌,刚形成的隧道转眼间就消失了。当掘进到70多米时,工作面上又出现了大塌方,形成了一个约有三层楼房高的空洞。经勘测,发现隧道处在地震后形成的一个断层上,断层与隧道轴线平行成四度夹角,断层随隧道轴线走向到底有多长也是个未知数,同时还发现空洞的顶端距地表只有五六米了,随时都有冒顶的危险。断层成了“拦路虎”,施工进度降到了一个月仅6米,工程几乎全停了下来。

在工程指挥部的领导下,黄家夫等工程技术人员带着难题奔赴成都和重庆,走访了母校和西南交通大学,请专家教授“会诊”。在专家教授的帮助和指导下,黄家夫大胆采取了我国从澳大利亚引进的一项新技术——新奥法,即先架拱后砌墙。具体方法是:洞口南段锚喷混凝土1.5米以后,拱圈立模现浇0.3米厚混凝土;边墙安预制块厚5米;洞身段全部采用锚喷2米厚混凝土作永久性结构。这样,终于把与轴线平行,有251米长的断层给制服了。同时,黄家夫等人还采用了另外两项新技术,一项是预应力铆索桩技术,它治理住了70多米长10多万立方米的大滑坡;另一项是加筋墙技术,这种技术不仅缩短了工期,还节省了投资上百万元。黔江地区公路建设中的隧道技术一跃走到全省前列。

施工过程中,黄家夫几乎天天都要到现场去,危险常常伴随着他。一次洞里出现塌方,他爬上架子查看,不小心摔下来,竹签把手掌插穿,鲜血直流,痛得钻心,他却说没事。筑路工更是好样的,他们一干就是10多个小时,并有两人为此献出了年轻的生命。

梅子关隧道竣工后,涪陵、万县等地都曾派人前来取经。原来对这项工程持反对意见的有关部门,也不得不为黔江人敢于办事、善于办事的气魄和能力所折服。

金钱面前,原则至上

为了工作方便,黄家夫动员妻子,把家从黔江搬到了彭水。在彭武公路工程指挥部3年,他只请过一天病假,基本没休息过星期天。每天上下班,来回4趟,坚持不坐公车,步行几公里。这种执着,体现在他面对金钱等多种诱惑上,就是十分讲原则。

一天晚上,彭武公路九曲河大桥的施工方完成600多万元的工程,为表示感谢,施工方派人给黄家夫送去了两盒茶叶。黄家夫平时和这些人关系很友好,就收下了茶叶。在收检茶叶时,发现里面另塞了1 000元钱。

"我们因为工程建设成了朋友,但朋友之间的友谊不能用金钱来衡量,而应该用工作配合来契合。茶叶我收下了,钱你拿回去!"黄家夫眉头一皱,面带不悦。"你对我们公司的工作,支持帮助那么大,我们该感谢你嘛!"来人诚恳地说。黄家夫硬是把钱退给了他。

几天以后,那人又来家里玩,说是有位朋友给黄家夫带了封信。黄家夫接过信封,胀鼓鼓的,感到蹊跷,当面打开,发现里面装的是一大沓钱,总共有2 000元。"老弟,你就这么看不起我呀?"黄家夫说。那人对这句软中带硬的话不大理解,尴尬地笑笑,收回了信封。

搞大的工程建设,这种事很容易碰到,但黄家夫都一味拒绝了,从不动摇。他深知钱的好处,家里也并不富裕。黔江搞公路建设除了人才,缺的也就是钱。在为公家争资找钱上,他又常常表现得十分灵活机敏,总是见缝插针，不放过任何一次机会。

1993 年 3 月，黄家夫赴京出席八届人大一次会议。此时，黔江到酉阳龙潭段的 319 线公路改造因资金困难，工程进度受阻。一天，李鹏总理参加四川代表团讨论，在谈到贫困地区发展问题时，十分关切地向牟绪珩和黄家夫两位代表问起了酉阳交通建设的情况。牟绪珩如实地作了汇报，讲了进度和困难，引起了总理注意。

“这不是一次争资的绝好机会么?”黄家夫敏锐地感到。座谈后他立即草拟了一份报告，在征得四川省交通厅的一位代表同意后，两人立即去找交通部部长黄镇东，说明黔江地区的酉阳县目前公路建设资金缺口大，希望交通部能予以支持。黄镇东答应了这一请求。在随后交通部召开的苏州计划会上，黔江地区破例得以参加，并得到了3 000万元的建设资金。

1995 年 3 月，黄家夫赴京出席全国人大八届三次会议。会议期间，黄家夫获悉国家领导人将于秋季考察三峡库区。于是，黄家夫以黔江地区三名代表的名义，给国家领导人写了一封言辞恳切的信，汇报了 319 线改造的进展情况和目前遇到的困难，并邀请国家领导人适当的时候到黔江去考察。在国家领导人的关注和交通部的关心支持下，黔江地区又得到了 2 500 万元的建设资金。

乌江静静地流淌，逝者如斯夫。时光把黄家夫从一位英俊少年变为白发长者，也把他抛洒热汗、曾经十分封闭的土地变得敞亮起来，无论是与外界的空间距离还是心理距离都已越来越短。

碧海丹心

——记1962 届校友戴启元

在记者采访过程中,已经退休的原海南省交通厅副厅长戴启元校友是那么的和蔼可亲,给记者留下了深刻的印象。从他朴实热情的话语中,能够感受到他炽热的内心世界,那份对交通事业的热爱,注定将伴随他的一生。

为学:一颗进取心

戴启元 1959 年考入重庆交通学院,先在道路桥梁专业学习了两年,后又学习了一年的汽车运输与财务。在学校,戴启元认为学到最宝贵的就是一种吃苦精神,也就是重庆交通大学办学 60 年来凝练形成的办学特色——“铺路石”精神。

采访结束时,记者郑重邀请他重返母校看看,参加学校的 60 周年校庆,戴启元校友发出爽朗的笑声,说没有问题,我基本上每年都要回去一次。在问到他对学校有什么寄语的时候,他认真地回答,希望学校能将“重庆交大”这个品牌做得更加响亮,争取能在全国占有一席之地。当问及他对自己人生的评价时,他说了这样一句话“修行在自身”,令记者陷入了沉思。

为企:一份责任心

1962 年,戴启元毕业后参军到西宁,直至 1969 年才复员回到成都,被分配在四川省运输公司第57车队工作,一直工作到1992年。期间,他从一名普通的工人,成长为四川省长途汽车公司经理、党委书记。1992年,应国家建设之需,他被调到海南汽车运输公司工作,担任总经理一职。

1992年到海南汽车运输公司工作后,他发现公司在全国20多家同级别单位中仅排名倒数第三位。刚上任的他,可谓是临危受命,当时摆在他面前的首要困难就是解决公司上下5 000余人的吃饭问题,工资早已不能足额发放,因为公司亏损额已达到2 000万元,这在当时是一个不可想象的数据,正面临着之前和他所在公司同样的状况,破产就在边缘。同时,由于初到海南人生地不熟,语言不通,加上条件异常落后,更重要的是要转变海南人的观念需要一个漫长的过程,看到这种情形,他也曾一度想过放弃。但越是危急的时刻,越是考验七尺男儿的时候,他最后还是选择了坚持下去,决定不走了,暗暗鼓励自己说"这个世界上就没有被难死的人!"。

"在困难面前,你强它就弱"。干,说干就干。思路清晰的他,第一步就是开展大量调研工作,深入员工家中,挨家挨户询问家庭情况、对公司的期望等;第二步是与公司的业务骨干深入交流,详细询问公司在经营过程中遇到的专业技术难题;最后与公司的管理层彻夜商谈,解决企业发展过程中的遗留历史问题及顽疾。同时,他启动了公司内部体制改革,重新确定分配制度,并加强干部队伍建设,实行公开竞聘等措施。这些措施的实施,见效很快。

时间总是在有心人拼搏和默默耕耘的过程中悄然流逝。转眼间两年过去了,企业发生了明显的变化,解决了遗留问题,理顺了企业管理,规范了运输流程,避免了运营安全问题,一举扭转颓势,并实现了小额盈利。春节时,当企业负责财务的同志告诉他企业实现盈利这一消息时,他深深松了一口气,但眉头却依然紧锁。因为,公司5 000余员工中,接近四分之三的人没有一个属于自己的住房,四分之一的员工一家两代甚至三代仍然住在40平方米的小屋中,生活条件极为艰苦。

怎么办?怎样才能让企业实现大幅盈利,让员工住上理想的房子。戴经理和公司的团队又开始了新的思考。他们决定,一是以价格优势抢占市场,把"海汽快车"做成品牌;二是拓展线路和车辆,开通省际线路,根据人流情况合理设置车程车次,推行"一个品牌,农村包围城市,打入内陆"的战略,企业收益从8 000多万一下子上升到了7个亿,占公司收入的三分之一;三是提升服务,扩大公司影响,这一举措得到了社会和乘客的认可;四是加强运营安全管理,避免大额意外开支,确保公司社会形象;五是加强企业内部管理,建立激励和惩罚机制,激发员工的工作积极性,营造积极向上的企业文化氛围。通过这"五条举措",公司3年内实现了上千万的盈利,同时为部分员工修建了住房,员工纷纷住上了带有洗手间的住房,解决了基本的职工生活保障。

到2007年底,企业已实现的年盈利额等同于他刚到企业时的总产值,他紧皱的眉头这才慢慢舒展开来。因为他出色的营销能力、管理才能和专业水平,使他得到了公司中层以上干部的认同,也使公司受到了全国范围的关注,一时间全国各省市的交通运输单位纷纷跑来"取经"。由于为海南人民所作出的贡献,他受到了国家劳动部的奖励,在1998年被授予了全国"五一"劳动奖章。现在海南很多车站的站长见到他都还会热情的招呼他,还经常半开玩笑半认真地说:"戴老走到我们中间的任何地方提任何要求都不为过。"

为官:一片赤诚心

1998~2005年,戴启元调任海南省交通厅副厅长,主管道路运输和交通安全,这是他的老本行。从企业家到领导,他很快转换和适应了自己的角色。在任期间,海南省没有重大交通事故发生,解决了全省运输市场混乱的问题,在全省推行了"班线车滚动发班经营模式",坚决防止恶性竞争、杀价、黑车等问题的发生,使海南省交通运输行业效益实现了全部盈利,保持了行业的稳定;研究出了全国交通运输系统首批减排示范项目,每年节约燃油等能源经费超过1亿元,研究成果在全国处于领先水平。通过努力,海南省的客运事业发展可谓风生水起,发生了翻天覆地的变化,为海南人民的出行带来了极大的便利的同时,也为全国各地人民到海南旅游度假创造了优质的交通出行条件。

从领导岗位上退下来后,戴启元还是没有休息,厅里任命他为海南省道路运输协会会长。经过他的努力,协会目前已有会员单位超过80家,工作人员也已超过100人。

他就是这样的一个人，有着重庆人特有的炽热，对事业的激情，对生活和家庭的责任心，而对自己终身所从事并钟爱的事业，他有一颗永不褪色的“碧海丹心”。

离开海南时，从飞机上看到海南矗立在大海的包围之中，四周一片蔚蓝。在雄壮的大海上空，我仿佛听到了一阵阵涛声，我想这正是对那些忠诚于事业、忠诚于人生者，跌宕出来的赞歌！

中国拱桥飞跃发展的开拓者

——记1965届校友、中国工程院院士郑皆连

郑皆连，1965年毕业于我校桥梁及隧道专业。重庆交通大学、广西大学博士生导师，现任广西科协主席、交通部专家委员会委员、中国公路学会桥梁专业结构工程学会副理事长、广西公路学会理事长、广西科学技术进步奖评审委员会委员，曾担任广西交通厅副总工程师、副厅长兼总工程师、交通部技术顾问等职。1999年当选为中国工程院院士，享受国务院政府特殊津贴。

1968年，他首创了我国双曲拱桥无支架施工的新工艺，解决了不立拱架修建拱桥的难题；1976年，他主持设计了广西第一座无支架施工的箱型拱桥，之后的10多年中，他共修建此类大桥40多座，累计长度2万延米，占广西公路大桥总数的70%左右，节省了上亿元的建设资金。他提出的千斤顶斜拉扣挂连续浇注拱肋外包混凝土等技术，为世界拱桥建设史上的首创，他还两次获得国家科技进步奖。

从“桥盲”到顶级桥梁专家

1941年7月15日，郑皆连出生于四川内江一个农民家庭，1965年毕业于我校桥梁及隧道专业。这个在进入我校学习之前对“桥”几乎一无所知的青年人，是怎样成为中国拱桥飞跃发展的开拓者，成为一名中国工程院院士的呢？

郑皆连大学毕业后被分配到广西百色公路总段工作。1968 年,郑皆连接到建设广西灵山三里江大桥的任务。当时的郑皆连在别人眼里还是个不起眼的大学生,但他没有在意别人的评价,克服艰苦的条件,默默收集资料,计算数据,绘制模图……功夫不负有心人,他创造了我国双曲拱桥无支架施工的新工艺,首次创造性地解决了不立拱架修建拱桥的难题。由于施工方法的突破性意义,在广西产生了轰动性影响。仅广西采用此方法施工的双曲拱桥就达上万延米,节省木料逾万立方米。那一年,仅仅是他大学毕业的第 3 个年头。

郑皆连的名声已经出去了,但他自己深知学习的重要性,大学所学的知识与实践还有距离,还需要不断完善自己的知识体系。这期间,他除了从事公路桥梁的设计施工外,还要承担科研和建设管理等繁重的工作。尽管这样,他凭着"初生牛犊不怕虎"的冲劲,在 1976 年,他主持设计了广西第一座无支架施工的箱型拱桥——来宾红水河大桥。其间,他经过精密的论证,吸取 75 米跨径的福建闽清大桥成功经验并大胆改进,主持设计了重量轻、施工方便、经济美观的钢筋混凝土薄壁组合箱型拱,还与技术人员一起,一举解决了超重超长钢筋混凝土箱拱无支架空中吊装、合龙的难题。这座被《文汇报》记者称之为"母桥"的桥梁设计理念从此传遍广西的四江五河。在这之后的 10 多年中,广西一共设计修建了此类大桥 40 多座,累计长度 2 万延米,占广西公路大桥总数的 70% 左右,节约建设资金上亿元。

1977 年开工的柳州二桥是一座预应混凝土箱型连续桥梁。当时许多人对大桥能否成功建造表示怀疑。郑皆连发扬大学时的学习精神,凭着自学的日语,翻阅了当时日本的大量资料,最后提出箱梁的制作及顶推工艺,采用"多点顶推法"施工,终于将 9 655 吨重、541.6 米长的预应力混凝土箱型连续梁顶推到位,轴线最大偏离值仅 1.5 毫米,造价低于国内同类型桥梁的 20% 。

1996 年,郑皆连任邕宁邕江大桥钢骨钢筋混凝土拱桥设计与施工技术研究课题组组长和大桥专家组组长,提出了千斤顶斜拉扣挂悬拼架设拱骨架技术和连续浇注拱肋外包混凝土技术。经专家鉴定,他的系列研究成果均为世界拱桥史上首创,居国际领先水平。国际著名桥梁专家也发來贺电,仅广西路桥总公司就利用此技术建成 5 座特大跨径的钢筋混凝土拱桥。由于郑皆连创新了拱桥工艺,中国大跨径拱桥不论数量还是质量,都跻身世界前列,在世界大跨径拱桥前 5 位中,中国占据 4 席,名列前茅的就有1997年竣工的重庆万州长江公路大桥，主跨达420米。这些桥梁的修建，对当地经济的发展产生了巨大的推动作用。

深忧人才断层，尽心培养“后来者”

郑皆连不仅在桥梁设计与研究方面不畏艰难，勇于开拓创新，作为一个知识分子，他用桥梁证明了自己的价值，在塑造了自己华彩生命的同时，也不忘知识分子的风骨。他认为，压缩项目的工作周期和施工日期，在加大建设成本的同时，会为工程质量留下安全隐患。郑老用自己几十年科研设计工作的经验总结说：“什么是科学？就是用最小的投入，达到一个最优的效果！”除了工程选址外，工程时间、规模也是科学发展需要考虑的因素。工程实施必须有专家论证，而不应该根据领导意志来决定工程是否实施。一些发达省市的领导只提建设某项工程的需求，而把工程的选址、规模、方案，完全放手由专家进行论证，科学组织实施，如润杨长江大桥、苏通长江大桥，杭州湾跨海大桥等就是最好的例子。郑老经常这样说道：“如果可以，在每个工程结束后都要立一座碑，上面写着工程决策者的名字。”经过时间的沉淀、使用的验证，就可以知道这是座丰功碑还是耻辱碑了。

令郑皆连深感担忧的是后继人才出现断层现象，他说自己感到愧疚的是由于工作忙，不能集中精力培养人才。最近几年，为把更多的精力投入到路桥建设的科研中，他主动辞去行政领导职务，承担一些拱桥科研课题等工作，还曾任我校兼职教授并参与学校研究生及青年教师培养工作。2004年12月27日，郑皆连回到母校，并受聘为我校特聘教授，为我校组建科技创新团队，领导团队成员从事科研、学科建设及人才培养等工作。在聘任仪式上，郑皆连动情地说：“学校教育、培养我成才，我对母校深怀感情，作为校友，我非常乐意，也应该为母校的建设和发展作出贡献，为祖国的桥梁事业培养更多更优秀的人才。”

荣誉无数，仍称“自己只是个普通工匠”

郑皆连至今主持设计的大桥曾获得国家优质工程银质奖2项，主持的研究成果获得国家级、省级科技进步奖7项，其中国家二、三等奖各1项，省级一等奖1项、二等奖2项。1988年获国家有突出贡献的中青年科技专家称号，1991年经国务院批准享受政府特殊津贴。虽然取得了这么多的成就，但他在1999年当选为中国工程院院士的时候还这样谦虚地说：“自己非名牌学校毕业，没有国外学习经历，没有在黄河、长江修过桥，自己只是个普通工匠……”

就是这样一位留着小平头、中等个子的六旬老人，经常会深情地看着一座座如天外飞虹的桥梁。如果只是用各种的官阶头衔来介绍他显然都不够分量，因为承载他生命厚重的，是他在专业领域对中国乃至世界桥梁的卓越贡献。

直辖大地写风流

——记1970届校友李健

李健,1970年毕业于我校,历任中共四川省巫溪县交通局局长、巫溪县委书记、万县市委常委、秘书长、重庆市交委副主任(正厅局级),2002年起担任重庆高等级公路建设投资有限公司(以下简称"重庆高投公司")董事长、党委书记、总经理。

蜀道难,难于上青天。要想将重庆建设成为长江上游的经济中心,实现跨越式发展,交通枢纽建设必须先行。重庆高等级公路建设投资有限公司在董事长、党委书记、总经理李健的引领下,以彻底突破重庆经济发展的交通瓶颈为己任,发扬"苦干、实干、奋进拼搏"的精神,通过纵横捭阖的大手笔运作,在8万平方公里的直辖市土地上,精彩纷呈地演绎了一幕幕天堑变通途的神话。

以空间换时间,以时间赢发展

2002年10月,重庆市最大的"民心工程"——"8小时重庆"公路一度搁浅,彭水、酉阳、城口、开县的路段停止施工。而此时,工期已过去三分之二,但工程量却只完成了50%。

"8小时重庆"最初的投资途径是:总共约33亿元的投资由中央及市里承担三分之二,区县(自治县、市)自筹三分之一资金。自筹三分之一资金对重庆市的区县(自治县、市)来说是一道难题,除渝中区、涪陵区、九龙坡区等少数地方外，绝大部分区县基本都是"老、少、边、贫、库（区）"，一些地方每年的财政收入至今还不到1亿元，根本无法负担修路的十几亿资金。到2002年底，全市各区县（自治县、市）累计欠银行贷款和施工款约30亿元。其实，不光是区县（自治县、市）建设资金，市级建设资金也只能用"捉襟见肘"来形容。

李健深知，重庆市成为直辖市后，面临最大的问题是经济总量小，结构不完善，基础设施欠账多，只有加大投入，完成10年的爬坡上坎阶段，走出基础设施建设的瓶颈制约，才能有接下来10年的经济起飞。据测算，重庆要保持目前这种快速发展势头，今后10年在交通、电力、工业、房地产、公共设施建设等方面需要差不多1万亿元的投资。这笔巨资对重庆来说，是无法承受之重。

"没有缺钱的政府，只有办法不多的政府。"这是重庆市委常委、常务副市长，素有"资本市长"之称的黄奇帆的经典名言。也正是循着这种思路，才有了包括重庆高投公司在内的八大国有投资集团的成立。尽管成立了企业，市政府并没有多掏一分钱，它们的资本金主要来源于四部分：一是以政府多年来在基础设施等领域投资所形成的固定资产划转注入；二是以国债资金或财政资金拨付等方式注入，将这些年中央支持重庆发展的100多亿元国债，按使用性质分类注入相应的企业集团；三是以政府所储备的土地资产直接注入；四是对企业集团实行税费优惠减免所形成的资产。

大量资产的注入，增强了企业的融资信用。2002年12月12日重庆高投公司成立，政府把原来分散于各区县（自治县、市）"8小时重庆"的13.2亿元的项目资金，集中在了重庆高投公司。有了这笔资本金，重庆高投公司有了集中的信誉，形成了一定实力的融资平台，银行向公司授信130亿元。于是，"死钱"变"活"了，公司利用这笔资本金滚动贷款，合同贷款使用金额达80亿元。

机制一变，活力倍添。集资金、管理和人才优势于一体的重庆高投公司，在成立不到4个月的时间里，就在10多个区县（自治县、市）350多公里的高等级公路上打响了攻坚战。李健身先士卒，在接管"8小时重庆"工程后的9个月里，放弃了所有的节假日，有190多天坚持在施工现场督战，安全帽、雨鞋和雨伞成了他车上的"三件宝"。正是他这种吃苦耐劳的精神，极大地鼓舞了广大建设者奋战的激情，使凝聚着两届重庆市委、市政府心血和3 000万重庆人心的浩大工程才得以如期完工。

“8小时重庆”工程通车后，以空间换时间，以时间赢发展，从重庆最边远的城口、秀山、巫山等县城乘汽车到主城区的时间由16个多小时缩短了一半，使得边远地区经济发展实现了前所未有的高速增长。

投资平台上演“生钱术”，突破交通建设金融瓶颈。据了解，重庆公路建设总投资中，除中央和重庆市政府负责解决30%～40%的资金，其余均由重庆高投公司通过银行贷款和其他融资渠道自行解决。换句话说，要修成全市36条县际公路，重庆高投公司必须出资60～70亿元。

李健称，近几年，重庆高投公司将陆续完成2 000多公里县际公路建设，回购近3 000公里高等级公路，需要上百亿资金。到2010年，重庆公路里程将达35 000公里，需要797亿资金来打造长江上游交通枢纽，筹资任务可谓异常艰巨。

巨额资金从何而来？李健成竹在胸地表示，重庆高投公司在实际工作中，已经摸索出银行贷款、国家补助、土地储备以及旅游开发等多种投融资渠道，将为解决全市公路建设资金摸索出一条可行之路。重庆高投公司的成立，是重庆市政府对高等级公路建设投融资体制的重大改革，就是要把过去分散到各区县（自治县、市）的资金集中起来，由高投公司来管理这部分国有资产，并将其作为资本金，采取市场化运作的方式，对全市所有高等级公路实行统一贷款或引资，并统一进行建设和管理。

2002年底，重庆高投公司挂牌上市时，便显示出了巨大的发展潜力，重庆六大商业银行的负责人不仅主动登门，而且还当场向高投公司授信118亿元。有银行资金做后盾，新生的高投公司自然如虎添翼。李健邀请来15家全国知名设计院的专家，对全市的路网进行规划设计，并很快接管了“8小时重庆”工程中的彭水、酉阳段共133.4公里公路的建设任务，又开工建设了105.9公里的县际高等级公路和开工改建垫江—丰都、大足—荣昌、合川—潼南的3条二级公路。“其修路速度之快，是过去靠区县的力量永远也无法办到的，”一位远郊的县长如是说。

在李健的带领下，重庆高投公司的融资工作绝非仅仅停留在银行贷款上。重庆高投公司大胆尝试“你给我土地，我给你修桥修路”这种新型的公路融资模式。该模式不仅可以缓解区县财政压力，还能解决投资方的资金难题，实现项目滚动开发。1 600亩、4 000亩、7 300亩……通过公路、桥梁项目换取土地储备升值，不断巩固原始资本的积累，体现了以李健为首的高投公司一班人超前的市场意识以及熟练驾驭资本和市场的非凡魄力与胆识。

2004 年 2 月，重庆高投公司与北碚区政府签下协议，以土地置换的方式修建了北碚嘉陵江碚东大桥。

碚东大桥是重庆高投公司全额投资 2 亿元，北碚区人民政府以每亩 10 万元共 4 000 亩土地进行置换的。建成后，将与绕城高速公路（拟建）、渝合高速公路、国道 212 线、省道 204 线相通，届时将成为北碚区的重要交通枢纽。除此之外，总投资 3 亿元的长寿长江大桥也即将动工，高投公司从长寿长江大桥处获得 5 000 亩土地；总投资 4 亿多元建设渝南大道，获得巴南区 4 500 亩土地。

为加快库区建设，将库区经济驶入快车道，重庆高投公司与云阳、丰都、奉节和忠县等 10 多个区县均达成修建公路的类似协议。由此，重庆市 36 条县际公路的建设将大大提速。

积极探索多元化可持续发展之路

李健积极探索多元化可持续发展之路，提出了公路建设为主业，土地储备等多元化发展，经济效益和社会效益并举，用主业带动相关产业，用相关产业弥补主业的思路，实现了企业的可持续发展。目前，已经在重庆主城区和公路沿线区县储备土地 2.6 万亩，并投巨资包装大足旅游，由高投公司取得整体经营权，经营期限为 50 年。这是继丰都南天湖、石柱黄水森林公园后，高投公司投资旅游融资的又一运作项目。

2004 年年初，高投公司就正式回购大邮公路，并拆除社会反映强烈的龙水收费站，对大邮公路直接进行经营、维护和管理。李健说，这是他们为改善大足县的旅游环境作出的贡献，哪怕每天减少 3 万多元的收费，也是值得的。

大足旅游环境的改善为重庆旅游业整体环境锦上添花。业内人士认为，作为重庆三大旅游知名品牌之一的大足石刻，虽然年接待游客均在 100 万人次以上，但与云冈石窟、敦煌莫高窟等旅游景点相比还有相当距离。而且，在留住过夜游客的重庆旅游客源市场中，很难与长江三峡、都市景观形成合力。其主要是因为大足旅游除拥有知名的大足石刻外，几乎没有能够吸引外地来渝游客的特色景观。高投公司的大手笔投入，如果能实现大足旅游的根本性改变，将让重庆旅游业如虎添翼。

无标底有限低价评标，不给腐败任何空间

交通建设领域，历来是腐败的重灾区。颇令人困惑的是，近年来尽管所有工程都推行了招投标，为什么仍然还是有腐败存在呢？

善于独立思考的李健，在深入调研现行招投标制度、透彻分析和总结国内建设工程招投标腐败案例教训的基础上，提出了在县际联网公路建设中采取无标底有限低价的评标办法。

新的评标办法规定：业主不设标底，只对投标单位的资质进行严格审查后，在每个标段招投标中，随机抽取10～12个投标单位，根据投标单位的报价去掉1～2个高标和1～2个最低标，把剩下的中间8～10个有效标底的平均值作为标底。投标单位标底如果高于或低于平均有效值一定比例，都会被视为废标。平均值下浮一定比例为最优标，经过筛选后再取低标的前三名为准中标单位，最后中标单位除了向业主提交合同价10%的银行保函作履约担保外，还另需向业主缴纳一定数额的风险保证金。

李健深有感触地说，采取无标底有限低价评标办法，确定的中标价相对较低，据测算，与综合评标法相比，可降低报价10%左右。再就是减少了评标的人为因素，采用该法确定的第一中标人具有唯一性，且无需业主制定标底，避免了综合评分中对技术标进行打分的人为因素影响，同时通过随机抽排投标单位，有效防止了串标、围标、抬标等不良行为。特别值得一提的是，新办法强化了施工单位的履约能力。因为采取分别去掉1～2个最低报价和最高报价单位，以及低于投标单位投标价平均值5%为废标的办法，有效防止了投标单位低价恶性竞争，使第一中标单位的报价基本在合理范围内，能够保证中标单位的合理利益。与此同时，实行工程承包合同、廉政合同、安全合同一起签约，采用现金担保的方式，防止中标人在工程建设中违约，公司掌握了主动权。

目前，重庆高投公司先后对13个项目、37个合同段采取无标底有限低价评标办法，其标价比以前采用的综合评分法确定的中标单位的标价平均减少10%的建设资金，累计减少投资1亿元以上。该办法得到了交

通部肯定，并在全国检察系统反腐工作会上作了经验交流。

社会责任诠释企业文化内涵

有人说，县际联网公路，是一项“为民、惠民、利民”的大民心工程，是边远山区人民走出大山、甩掉贫困、奔向小康的捷径，而重庆高投公司则担当了打造这一捷径的重要角色。笔者在连日来的采访中了解到，2004年9月27日，重庆高等级公路建设投资有限公司与工行重庆分行正式签订了20亿元的贷款合同，用于回购与高速公路或高等级公路联网的一、二级公路。李健称，此举意味着全市部分一、二级公路的收费站将被取消，客货运输成本将进一步降低。

据悉，这20亿元贷款主要用于回购以上述形式修建并已联网的一、二级高等级公路，同时减少收费站。此前，高投公司已回购了部分区县已建成的34条高等级公路共1 644公里，减少收费站21个。

一位长期往返于铜梁至石鱼的农用车驾驶员说，过去这段只有4公里长的公路，因为有铜梁收费站，即使跑空车也要交5元过路费，现在该站取消后，往返两地过路费都免了，降低了成本。客运经营业户也大大受益，一客车驾驶员说，原来璧山县城至铜梁县城过路费要23元，取消西璧站后，现在过路费只有15元，降了35%，利润相应也就增加了。

修路不仅让市民受益，也让修路的近10万名民工得到了实惠。早在2003年6月，李健就率先提出，在“8小时重庆”工程中实行工程队伍结账民工工资公示制，建立绿色通道确保民工工资按时足额领取。该公司通过回购公路方式，帮助部分区县支付了历年拖欠的民工工资，总额高达10亿多元，惠及民工超过10万人，维护了社会的稳定与和谐。

现在，重庆高等级公路建设进入新一轮热潮，每年投资几十亿元，涉及数10万民工的就业和生活。为此，李健又推出了有6大举措的民工工资保证金制，保证民工工资按时足额发放。

这位曾历任巫溪县委书记、万县市委常委、秘书长、重庆市交通委员会副主任等要职的董事长，以切实解决民工问题的高度政治责任感提出：工程计量报表必须单列民工工资；公司支付工程款时，在施工单位所在地公示；监督施工单位在使用工程款时，必须首先支付民工款；设立拖欠民工工资举报电话;凡施工单位拖欠民工工资的不再支付新的工程款;以及拖欠民工工资的施工单位,不得参加公司的工程投标。这6大举措可谓切实有效,真正体现了一个共产党员"权为民所用,情为民所系,利为民所谋"的高尚情怀。

重庆高投公司还在全国率先实施守护万千生命的"生命工程",在全市国、省道公路安装防撞护栏1 500多公里,使重、特大伤亡安全事故降低了75%,死亡人数减少了98%,损失降低了97%。

此举引起了交通部高度重视,得到了领导的高度赞扬。交通部为此召开专题会议,从2004年起在全国范围内启动公路安全保障工程。

在李健办公室,笔者看到一位友人为他题写的一首诗,对其归纳总结得颇为精当:"曾经巫峡云里走,汗洒千山写春秋。遥问大宁清江水,可知游子思乡愁。"出生在四川广安的李健对第二故乡重庆饱含真情,35年前,他与妻子文启菊一起从我校毕业,走进最贫困的巫溪县,两人互敬互勉,共同面对人生的风风雨雨,凭借着大学时一个当团支部书记、一个当班长培养起来的默契,支撑起了他们家庭和事业的美满与辉煌。每当谈及妻子,李健坚毅的眼神立即变得温柔起来:"其实大学阶段,她是我的'领导',非常聪明能干,可现在她甘愿站在我的背后,默默地给予我支持与鼓励,如果我现在算是做出了一点成绩的话,那'军功章'里有她的多半。"

李健以务实创新的工作作风,以身先士卒的人格魅力,以经济效益和社会效益并重的战略思路,团结带领重庆高投公司一班人,使高投公司日益成为发展思路清、发展潜力大、发展领域广、发展信誉优、发展实力强的政府投融资集团。

如今,已经退休的李健,担任了重庆市政府参事室参事,他说自己还会在这块土地上继续奉献自己的力量。

情满长江

——记1974届校友何升平

何升平,1974年毕业于我校轮机管理专业,重庆市第一届人大代表、第一届政协常委;重庆市第一、第二届党代会代表;第十届全国人大代表。先后在重庆长江轮船公司机务处、长江旅游公司工作,历任重庆长江轮船公司副总经理、总经理,2003年任重庆市交通委员会党委委员、副主任。

来之不易的三峡船闸"通行证"

2005年4月22日,武汉,长江上水雾弥漫。重庆市交通委员会副主任何升平赶到这座与重庆一江相连的城市,出席一个对重庆来说至关重要的会议。在这次会上,交通部组织国家发改委、国务院三建委、重庆市和湖北省的相关部门,讨论三峡船闸完建期通航方案。

2006年9月15日,三峡船闸开始完建,在接下来的一年时间里,船闸区将成为"单行道",三峡坝区的航运会受到阻碍。完建期间,三峡船闸上行过闸基本不受影响,但下行过闸能力只有1 600万吨,而在2006~2007年期间,下行过闸需求为2 600万吨以上,缺口达1 000万吨之多!水运受阻,一小部分物资将通过铁路自然分流,绝大部分物资只有以翻坝(通过陆路乘汽车翻越三峡大坝)方式运输。

在2005年初召开的全国交通工作会上,时任交通部部长的张春贤明确提出"制定并实施三峡长期翻坝方案,提高综合通过能力",并表示要"尽快研究和实施旅客、汽车滚装和集装箱永久翻坝方案,统筹翻坝码头布置与建设、后方公路的衔接及建设”。张春贤的话语传递出一个明显的信息:由于三峡船闸通过能力不足,集装箱、滚装汽车和旅客运输都将在三峡船闸完建期翻坝,而且,在一年的完建期结束后,这部分客货运输将永久翻坝。

“形势非常严峻。而重庆首当其冲,有可能直接影响到我市外向型经济、支柱产业和三峡旅游业的发展。”何升平说。

作为市交委分管水上交通运输、交通系统安全工作的他很清楚地知道,这些年水运已是我市当之无愧的第一运输方式,重庆有85%的外贸运输走的是长江水运,汽车、摩托车、化工、钢铁等支柱产业的大宗运输也必须“仰仗”廉价的长江水运。在三峡过闸物资中,重庆的物资约占65%,这意味着几百万吨堆积如山无法过闸的物资只有通过翻坝或铁路分流运往下游,无论做哪一种选择,运输成本都会增加,这对重庆来说是不能承受之重。

三峡船闸完建期长江水运受阻对重庆经济的影响,引起了市委、市政府的高度重视。最终,何升平临危受命前往武汉,争取获得三峡过闸的“通行证”。

在何升平赴武汉开会前,集装箱、汽车滚装和旅客运输翻坝已基本上是“铁板钉钉”的事。一路上,何升平都在考虑,如何改变参会人员的想法,扭转局势。“光陈述重庆的难处肯定不行,还必须晓之以理,动之以情。”何升平和其他相关部门的同志商量后决定各个“击破”。

会上,经过一夜准备的何升平代表重庆方发言,他向与会代表算了3笔账,第一笔账是重庆的经济账:到2006年,重庆集装箱吞吐量将达到36万个标准集装箱,翻坝将使它们的运输成本大大增加;第二笔账是下行过闸运量账:在下行过闸物资中,集装箱运量所占比例并不大,运量最大的是煤占了总量的79%,让集装箱翻坝对提高船闸的通过能力来说是杯水车薪,但对重庆地方经济的制约却是显而易见的。第三笔账是投入产出账:如果集装箱翻坝,坝区必须专门建集装箱码头和配套道路,至少需要花3亿元。如果长江下行运量出现大幅度减少,会得不偿失。

何升平有力的陈述得到了包括中科院梁应晨院士在内的专家的支持,最终,会议采纳了来自重庆的意见——集装箱不翻坝。

此后,在何升平等人的努力下,重庆又先后获得滚装船过闸、长线客船直接过闸等颇具“含金量”的“通行证”。“单向航行肯定会对重庆工矿、货运企业带来一定损失,但挺过这个坎,重庆航运有望迎来新一轮的发展高峰。”何升平自信地说。

航运中心助推经济中心

何升平常说自己这一辈子与长江航运结下了不解之缘，在学校学的是航运专业，后来又在长江轮船公司、长江旅游公司工作，现在在交委又分管水上运输，因此他与长江有着深厚的感情。

在2007年召开的重庆市第三次党代会上，市委书记汪洋提出，重庆要加快建设长江上游经济中心，加快建设城乡统筹发展的新型直辖市，力争在西部地区率先全面建成小康社会。何升平深感激动。

他说，长江上游航运中心就是要助推重庆成为长江上游的经济中心。所谓长江上游航运中心，就是以水运为载体，以腹地为支撑，充分依托“一环八射”铁路骨架、“三环十射”高速公路网和“一大两小”机场的强大辐射作用，利用长江、嘉陵江、乌江“一干两支”国家高等级航道的通行能力，以高密度的集装箱班轮产生的聚集效应，再加上优越的航运、金融、贸易、信息、口岸等服务，带动临港经济发展，使得重庆港形成对周边地区的产业聚集优势。西部航运中心包括将重庆建成长江上游辐射西部地区最大的集装箱集并港、大宗散货中转港、旅游客运集散中心、汽车滚装运输主通道、船舶生产基地和交易中心、航运信息中心和人才高地等。

因此，何升平代表市交委提出了打造长江上游航运中心的计划：到2010年，全市港口货物吞吐能力达到1.25亿吨、集装箱160万TEU、汽车滚装140万辆，船舶运力达到500万载重吨，货运量达到1亿吨，基本建成长江上游航运中心。重庆市在“十一五”期间将花410亿元打造长江上游的航运中心，这包括航道治理，改善我市长江三峡库尾及以上干线航道289公里，长江干线我市境内航道全部达到三级以上；通过嘉陵江草街、利泽和乌江银盘、白马等航电枢纽建设，重点渠化和整治嘉陵江、乌江等主要支流，全面达到四级以上航道标准。在港口建设方面，将启动35个建设项目，这包括主城、万州等重点港区的码头建设，2010年前建成寸滩二期、万州江南等集装箱码头。

如今，虽然已经退休，与长江打了大半辈子交道的何升平依然难以割舍那份对长江的挚爱之情，他表示还将继续为打造长江“黄金水道”奉献自己的光与热。

谁持彩练当空舞

——记1976届校友刘士林

要想采访刘士林还真不容易，几次联系未果，终于在他从南非回来的第二天"逮"到了他。

刘士林，中等个头，一副眼镜，一口唐山口音，平易近人。谁能想象得出就是这么一个普普通通的老头，却是我国赫赫有名的桥梁专家。他主持设计的世界第一大跨石拱桥——山西丹河特大石拱桥，南京长江第二大桥、黄埔珠江大桥、京杭运河特大桥都是蜚声海内外的著名工程。目前他是中交第一公路勘察设计研究院有限公司党委书记，国务院特殊津贴获得者，南京二桥建设功臣，中国公路学会桥梁与结构委员会副理事长、国家标准化委员会公路桥梁标准化委员会副主任委员、陕西省劳模、我校兼职教授。

与桥结缘

1973年，刚满20岁的刘士林来到我校学习，那时的他正踌躇满志，心怀为祖国建设一展身手的抱负。"桥梁与隧道专业"却让他有了几分失意，修桥的会有什么出息，闷闷不乐的他走进了课堂。

第一节课是孙家驷老师的课。一上课，孙老师就说，今天上课前让我们先来重温一下毛主席的一首诗词《水调歌头·游泳》："万里长江横渡，极目楚天舒。不管风吹浪打，胜似闲庭信步。风樯动，龟蛇静，起宏图。一桥飞架南北，天堑变通途。更立西江石壁，截断巫山云雨，高峡出平湖。神女应无恙，当惊世界殊。”孙老师的声音不大，普通话也不尽标准，但这首早已谙熟于心的诗词，却像一面重鼓敲击着刘士林的心，“一桥飞架南北，天堑变通途”那是怎样的气势恢弘啊，让他心潮澎湃激动不已。就在那一刻，他认定自己要做一辈子的修桥人，做一名优秀的桥梁专家。

1976年，刘士林来到交通部第一公路勘察设计院第三测设队从事桥涵设计工作，随后他被分配到了陕西长庆油田道路的施工现场。那个时代，大学生是不被认可的，工人们打心眼里瞧不起初来乍到的刘士林。简陋的工作环境、艰苦的生活条件都没有吓退刘士林，但工人们眼中的不屑却让他在心里打起了“退堂鼓”。刘士林是一个不肯服输的人，他暗下决心一定要成为一名让工人信服的技术人员。

于是，工人们发现这个新来的大学生有点“不一样”：白天他和工人一起上工地，遇到技术问题，他主动请缨，虚心求教。他发现，很多老工人虽然没什么文化，但长期的工作实践，却让他们拥有一手解决技术问题的“绝活”。刘士林总是一遍又一遍地诚恳请教。饿了，他和工人们一起吃清水白菜干馒头，困了，他和工人们一起挤大通铺。就这样，刘士林终于得到了工人们的认可。

此后的几年时间里，刘士林先后参与了京津塘高速公路天津段桥涵、江苏灌河大桥、内蒙古准格尔矿区三座大桥、京津塘高速公路永定新河等大量的勘察设计工作。其中京津塘高速公路天津段工程设计荣获1993年度国家优秀设计特等奖。在工作中，他接触了很多国外的先进技术，使他意识到我们与国外勘察设计方面存在的差距，1985年他前往德国学习了桥梁设计与桥梁CAD。

在两年的学习时间里，刘士林格外刻苦，同学都说他是“拼命三郎”，说他真正是把别人喝咖啡聊天的时间都用在了学习上。因为成绩优异，德方提出让他留在德国，面对别人梦寐以求的机会，刘士林的选择却让大家“大跌眼镜”，他婉言谢绝了德方。他说自己的根在中国，自己的梦想在祖国才能实现。

谁持彩练当空舞

学成归国的刘士林，开始在中国桥梁界大显身手。刘士林作为主要设计人员先后参与的广珠公路钟林段工程设计荣获1993年度交通部优秀设计二等奖，作为项目负责人的惠州东江特大桥、渭南渭河大桥同时获得1998年度交通部优秀设计三等奖，银川黄河大桥荣获1996年度宁夏回族自治区优秀设计奖。刘士林也因此获得了人事部颁发的中青年有突出贡献专家称号。

1997年，山西丹河大桥开始建设。由于丹河大桥荷载标准高，桥梁高度大，在桥梁设计与施工过程中，有许多关键技术问题需要解决。加之我国现行的规范及世界相关规范中也没有这样高标号的砌体力学性能指标可供使用或借鉴。因此，刘士林受命成立了"特大跨径石拱桥设计与施工关键技术研究"课题组，开展课题研究工作。课题组为大桥建设进行了艰苦卓绝的工作和周密细致的准备。他们使用最现代化的仿真计算手段，对主拱圈落架技术与施工工艺，现场原材料的物理、化学及力学指标测定，砌体力学性能试验，高标号小石子混凝土配合比试验，主拱圈模型试验，施工监测与施工控制，桥静载试验、动载试验等内容进行了重点研究。课题组的每一项技术突破，每一项技术和工艺规范，都可以载入我国公路石拱桥教科书。这些成果都被成功地应用到了丹河大桥的建设中，对丹河大桥的顺利建成起到了必要的技术保障作用，同时也对我国大跨度石拱桥的发展与进步，提供了一整套系统、完善的科学方法。

1997年10月，国家"九五"重点建设项目——南京长江第二大桥开工兴建，工程投资概算达33.5亿元。全桥由南汊桥、北汊桥、江中八卦洲公路及南、北岸引线"两桥三路"组成。作为项目负责人的刘士林投入到了北汊桥的建设工作。

当时已经是中交第一公路勘察设计研究院副院长的他，为了更好地了解工地一线的情况，超前谋划相关技术质量问题，常常深入工地，有时干脆就住在工地。特别是在工程建设最关键的6个多月时间里，他每天超负荷工作15个小时以上。早上7点钟他总是准时出现在工地，深夜两三点钟他也还在工地上巡视、检查、督促。身为手握数亿元资金项目的负责人，却整天往工地上跑。有一次雨季施工，夜里下大雨，他睡不着觉，担心基础受影响，硬是半夜起来开车到现场查看。"他拼命三郎的劲又回来了。"熟悉他的同事这样说。

经过3年建设，南京长江第二大桥顺利通车。国内相关行业专家、交通部专家组和国家计委重大项目稽查办一致认为工程质量、进度、投资控制和建设管理方面，都代表着我国当今国内大跨径桥梁建设的新水平，达到了国内领先，世界一流。交通部在为南京二桥开通仪式发来的贺电中称赞："二桥的工程质量和建设管理代表着我国公路基础设施建设的新水平，在我国桥梁史上树起了一座新的丰碑，是全国交通行业的光荣和骄傲。"北汉桥建设项目也因此获得2002年度全国第十届优秀工程设计项目银质奖，该桥成为亚洲第一大跨三向预应力混凝土变截面箱形梁桥，刘士林也被江苏省委、省政府授予"南京长江第二大桥建设功臣"光荣称号。

此后的福宁高速公路下白石特大桥、广淮安五河口斜拉桥、西藏通麦吊桥、广州东二环珠江黄埔大桥等国家建设都留下了刘士林忙碌的身影。

为桥梁大国向桥梁强国转变的梦想而努力

1999年，刘士林成为中交第一公路勘察设计研究院党委书记。8年来，他常常对别人说，自己的人生追求就是两句话："堂堂正正做人，清清白白办事。"当干部，无非是两个"干"字：一是干事，二是干净。干事，体现着一种精神；干净，则是一种境界。在党的重托和人民的信任面前，只有干事和干净的人，才有资格说："我经受住考验了，我问心无愧。苦与乐，宛如建桥人情感世界的两个主色调，其对立、统一、转化、发展构成了我们的人生，展示了我们的精神面貌。因而，我们多姿多彩。"这是他对于自己作为一个交通人的人生所做的哲学思辨。

在长期的工程设计中，刘士林越来越意识到目前中国还只是世界桥梁大国，还不是强国，要实现向桥梁强国这个转变需要我国桥梁建设者的努力。于是，尽管他的工作是那么的繁重和忙碌，可他却在这份辛苦中体味着快乐，一种为实现梦想而努力的快乐。

春风化雨山河秀
长路当歌壮我怀

——记1976届校友赵志福

赵志福，1976年从我校道路桥梁专业毕业后，先后从事公路测量、工程施工、管理工作。1991年11月担任天水公路总段副段长，1992年11月担任天水公路总段段长，1998年8月开始，先后担任甘肃省公路局局长、党委书记，2006年11月，由于年龄原因，赵志福从党委书记的位置上退下来，担任甘肃省公路职工思想政治工作研究会会长。

他用青春构筑西藏军民连心路

1972年9月，赵志福进入我校道路桥梁专业学习。四年的大学生活，既教会了他修路建桥的知识与技能，也培养了他坚定刚强、乐于奉献的品格。1976年毕业后，赵志福抛弃了优裕的工作环境，不顾家庭的强烈反对，毅然选择了到条件艰苦、海拔很高、要求极严的西藏军区工作，成为全区唯一的公路测量队的一名技术员。西藏平均海拔在4 000米以上，素有“世界屋脊”之称，全区为喜马拉雅山脉、昆仑山脉和唐古拉山脉所环抱，地形地貌复杂多样，且日照时间长，辐射强烈，空气稀薄。在当时的情况下，不少人即便是国家分配，也很不情愿到那里去工作，而赵志福却恰恰相反，主动申请到西藏工作，用他的话说，就是趁着自己年青，为藏族人民多修点路，让他们早日富裕起来。正是抱着这样的信念，1976～1985年的10年时间里，作为公路测量队里一名普通的技术员，赵志福起早贪黑，刻苦钻研，边测量，边建设，边放线，边放点，在广袤的边境地区，赵志福就和同事们一起，整天扛着笨重的仪器在夜色和深山中颠簸，千余公里的边防线上，留下了他们深深的足迹，倾注了他们大量的汗水和心血，提起牦牛托运原料的年代，赵志福至今还记忆犹新，说到那一条条亲自参与建设的连心路，赵志福无怨无悔。

他靠实干开辟甘肃人民致富道

从1986年回到甘肃工作以来，赵志福任劳任怨，踏实工作，默默地耕耘在甘肃省交通建设事业上，继续着他不变的追求，谱写着他无悔的人生。1998年，赵志福被交通厅党组任命为甘肃省公路局局长，和公路局的广大员工一起从黄河两岸到甘南草原、从河西走廊到陇东高原，长路当歌，埋头苦干，建设、养护着一条条致富路，为甘肃省全面建设小康社会默默贡献着自己的力量。在赵志福的带领下，甘肃省公路局于2005年被命名为“全国文明单位”。

作为领路人的赵志福，始终牢记“发展经济、公路先行”的责任，提出了“以建设改造促发展、以公路养护保畅通、以强化管理增效益、以产业开发保稳定、以文明创建树形象”的工作思路，建养并重、养管结合，走出了一条“建设主导、养护支撑、管理保障、科技指导”统筹协调发展的路子；实现了公路建设速度、养护质量、投资效益与可持续发展的统一，全面完成了“十五”期间公路养护管理的各项工作任务；使公路建设、养护、管理、收费等各项工作迈入了新的发展轨道，公路养护管理得到全面加强，路网整体服务水平明显提高，工作成效得到了社会各个方面的广泛认可。近5年来，甘肃省公路局一班人在赵志福的带领下，共完成投资149亿元，全省公路通车里程已经达到40 751公里，公路密度由“九五”末的8.66公里/百平方公里增加到9.57公里/百平方公里；国省道干线公路中二级以上公路里程达到5 655公里，占总里程的43.8%；高级、次高级路面里程达到10 018公里，占国省干线的86.9%，公路平均好路率达到77.28%。

在赵志福的正确领导下，在甘肃省公路局全体员工的共同努力下，省、市、州到县全部实现了通油路，县到所有乡镇全部通了公路，88.87%的行政村通了公路，94.93%的行政村通了机动车，在全省境内形成了以12条国道38条省道为骨干、1 083条县乡公路和近145条专用公路为支脉的公路交通网络。公路养护管理实现了持续快速发展，为甘肃省经济发展、为全面建设小康社会提供了良好的道路交通条件，作出了积极贡献。2002年10月，甘肃省公路局被中央文明委命名为“创建文明行业先进单位”，2003年被甘肃省省直工委命名为“优秀基层党委”，2004年被人事部、交通部表彰为先进单位。

他用铺路石精神谱写公路人之歌

公路行业精神是公路文化的核心和灵魂，是凝聚人、激励人、引导人最重要的精神力量。身为公路局党委书记的赵志福对此有着清晰的认识，将2006年确定为“公路文化建设年”，动员广大公路职工深入思考，各单位把总结提炼公路精神和塑造公路精神结合起来，加深对行业精神的认识，用敬业奉献的“铺路石”精神塑造“公路行业精神”之魂，总结提炼出了“团结协作、创新进取、敬业奉献、甘当路石”的行业精神。在这个过程中，酒泉总段团委开辟了《青工论坛》，举办了《我用青春铸路魂》演讲比赛，引导青年职工树立敬业奉献的人生价值。庄浪公路段原副段长、部级劳模文长泰，生前在平凡的公路养护岗位上做出了不平凡的贡献，在他的身上集中体现了养路工人的优秀品质和精神风貌，平凉总段教育职工发扬忠诚敬业、无私奉献的“长泰精神”。临夏总段也用“艰苦奋斗、奉献为荣”的“胡光精神”丰富塑造公路精神，使职工更加生动形象地理解公路精神的内涵。也正是在他的指引下，甘肃公路行业第一次正式形成了“团结协作、创新进取、敬业奉献、甘当路石”的行业精神。“团结协作”是团队精神的基本内容，“创新进取”是公路行业紧跟时代、不断发展进步的力量源泉，“敬业奉献、甘当路石”是奉行行业职责的价值追求。对开展“公路文化建设年”活动，广大员工积极参与，在活动中深受启发和教育，大家一致认为，公路行业精神，是时代精神、科学态度、道德信念、行业特色的统一，是“铺路石”精神的升华和概括，是聚合着公路人志气、人气和才气的精神财富，是公路行业文化建设极其重要的成果。

行业歌曲是行业文化的组成部分，是展示行业形象、教育职工、凝聚力量的重要手段。在“公路文化建设年”活动中，赵志福一方面发动公路职工参与创作，一方面邀请专业作家进行词曲创作。通过相互借鉴融合，第一次正式创作形成了《甘肃公路人之歌》。歌曲表现了公路人架桥修路、造福社会的豪迈之情，表现了公路人艰苦奋斗、敬业奉献的精神风貌，曲调激越豪迈，能充分激发和展现公路人的风貌。在这次活动中，还有135人创造出了包括小说、诗歌、散文、报告文学、纪实文学、杂文评论、快板花儿等体裁形式的文学作品380余篇，总量达到了近50万字，在职工中引起了强烈反响，大家都觉得系统内真是藏龙卧虎、人才济济，进而强化了自己的自豪感和进取心。

一个内陆城市的“出海”新思维

——记1977 届校友朱百喜

朱百喜,1977 年毕业于我校道路桥梁专业。1987 年开始从事国际工程承包工作,先后任乌干达三号公路项目经理、坦桑尼亚同松路项目经理、苏丹乌—霍路项目及苏丹其他 6 个工程项目经理、重庆对外建设总公司副总经理。2002 年 8 月回国任重庆对外建设总公司党委书记、总经理。2004 年被国务院评为享受政府特殊津贴专家,并在同年获得英国皇家建造师资格。

受命危难,远涉重洋开拓市场

1996 年,因受乌干达欧文电站项目的影响,重庆对外建设总公司陷入困境,职工人心浮动。在内忧外患之时,公司决定开辟新战场,承接自己的工程项目,以重塑公司形象,挽回影响。时任公司副总经理的朱百喜受命于危难之中,多次率员远赴印度、柬埔寨、马来西亚、阿联酋、苏丹等国考察工程项目情况。

通过分析,朱百喜以企业家睿智的眼光,看准了苏丹这个一般人看不上眼的市场。苏丹是一个铁路运输十分落后、航空运输又极不发达的国家。公路运输在国民经济中的地位尤其重要。但苏丹的公路也相当落后,当时尚未建成一条等级公路。他准确地预计:“在苏丹全境修建现代化的公路,形成全国性的公路运输网,将是苏丹政府的重要目标之一。”

经过周密的可行性分析，朱百喜提出以公司当前的状况，在非洲发展是最为实际的，如果能打入苏丹这个国际市场，以此为契机，公司才有可能在非洲站稳脚跟。因此他购买了苏丹西部公路乌拜依德—卢福德项目标书，并多次赴苏丹考察现场，分析标价，制作标书，进行投标谈判，以多年积累的国外工作经验和扎实的专业技术知识，在项目的投标过程中向业主充分展示了公司的实力，赢得了业主的信任，最终力克群雄，以 5 439 万美元的合理标价在 1996 年 11 月与苏丹政府签订了该项目合同。这也是重庆对外建设总公司以自己的名义承接的第一个国际工程总承包项目。

1997 年 1 月，朱百喜带领先遣组到达苏丹，此后他一直担任苏丹公司经理并兼任乌—霍路项目经理，全面负责总公司在苏丹的工作。

扎根非洲，用青春续写外建历史

苏丹西部公路东起乌拜依德，途经霍威、努胡德、乌姆克达达、尼亚拉、法希尔等苏丹重镇，且可直通南部的近邻乍得边界。而乌—霍路是苏丹西部公路中重要的一段，该段公路的建成将为促进苏丹西部的经济发展起到关键的作用。然而当时的苏丹，一片贫瘠，从 1983 年开始，苏丹内战风起云涌，宗教矛盾和种族纠纷愈演愈烈。在那里几乎看不到完整的基础设施和建筑，机场、港口破烂不堪；达到等级的公路几乎没有；医院、学校等基础设施残破稀缺；除了刚刚兴起的石油工业项目外，工业建设一片空白；农业生产还处在刀耕火种、靠天吃饭的阶段；在战事最激烈的南方地区，更是满目疮痍、百废待兴。那里不但缺水，沙漠气温更是高达 50 多摄氏度。要在沙漠中新修一条公路，其生活、作业环境之艰辛可想而知。

最先公司没有人愿意去苏丹工作，朱百喜就耐心做工作，晓之以理，动之以情，做好家属的思想工作，同时解决家属的实际困难。他还以身作则，身先士卒，顶着烈日风沙，带头找水源、建石场、下工地。

1999 年上半年是朱百喜在苏丹工作异常艰苦的时期。因为资金紧张，业主已经一年多没有支付工程款，连施工机具所需要的柴油都无钱购买，主体项目几乎处于停滞状态。在这种情况下，公司总部建议中止合同。是中止合同,还是继续施工?这是一个关系到公司兴亡成败的重大决策。艰难的抉择摆在了朱百喜的面前。如果中止合同,符合公司总部的指示,他没有任何责任,但总公司无项目支撑,只会因欧文电站项目欠下的债务而破产,这么多年的心血将付诸东流。如果继续履行合同,总公司又无资金支持,需要项目自己想法维持施工,而且相关责任全部压在他一个人肩上。作为主帅的他辗转反侧,彻夜难眠。

经过反复思量,分析利弊,朱百喜终于做出了决定:继续履行合同。为扭转资金匮乏的局面,他想尽一切办法和业主协商,由业主出面找供油公司供油,以保证工程不停工;同时他又积极寻找小项目来支持大项目施工,组织人员以低价积极争取到了8个外包工程和分包工程,收入126万美元,这笔资金解了乌—霍路的燃眉之急,解决了职工的工资费用和项目的维持费用,保证了主体项目的继续实施。通过努力,终于渡过了最艰难的时期,在业主欠款近1 000万美元的情况下完成了工程。苏丹乌—霍路项目的成功实施为总公司摆脱困境迈出了最为关键的一步。

2002年7月20日,乌—霍路项目正式竣工通车,苏丹总统巴希尔、国家路桥部部长、北科尔多瓦州州长及其他苏丹政要抵达北科尔多瓦州州府乌拜依德,出席通车典礼。总统和部长对重庆外建公司在业主资金困难的情况下支持政府、保证工程完工给予了高度评价。重庆外建在苏丹政府和民众中赢得了极好的声誉,为下一步项目的开展奠定了良好的基础。

继乌拜依德—霍威103公里道路后,在朱百喜的带领下,公司又先后在苏丹承接了喀兹盖尔—迪拜巴特54公里道路、中油六区27.5公里道路、油田开发日费合同、大尼公司管道道路19座桥梁、迪拜巴特—迪林60公里道路、阿特巴拉—海牙150公里道路等工程项目,合同总额愈1亿美元。

多年来,朱百喜始终坚守岗位,把满腔热忱投入了苏丹这片土地。难得回国休一次假,也是来也匆匆去也匆匆。他常常说自己最大的遗憾就是不能承欢父母膝下。父母年岁已高,而他却常年在外奔波,不能尽人子之道;对妻子和女儿,他也是满腹愧疚,作为丈夫和父亲,他欠她们太多太多。在女儿小学升初中、初中升高中、高中考大学、大学毕业分配以及女儿生小孩等关键时刻,均因为公司的工作,在国外奔波,未能尽好父亲的责任。

坚定信念，带领全司员工再立新功

2002 年 8 月，朱百喜被上级主管部门任命为公司党委书记、总经理。作为公司党政一把手，他的担子更重了，他不负众望，带领公司员工再接再厉，继续开拓国内外工程承包市场。

2003 年，重庆对外建设总公司国内项目完成产值 28 690 万元人民币，国外项目完成产值 1 845 万美元，均超过前 6 年的总和；国内项目新增合同额 24 012 万元人民币，国外项目新增合同额 9 776 万美元，国外工程新签合同额超过前 10 年的总和；全年职工人均工资增长率为同期的 20% 以上。总公司的负债由原来的 94% 下降到 73%，为公司今后的持续发展创造了一个良好的融资环境。重庆对外建设总公司先后被评为重庆市建筑业先进企业、重庆市守合同重信用企业、重庆市百强企业。朱百喜本人也被评为重庆市建筑业优秀经理。

公司发展了，在掌声和荣誉面前，朱百喜并未满足，还在努力寻找更多的公司发展契机。他说人生重要的不是得到什么，而是满怀热情去做什么，只要努力了，也就无憾了。

2009 年，重庆外经贸集团挂牌，看起来只是一家公司成立了，但它实际上体现了一个内陆城市的“出海”新思维。担任集团总经理的朱百喜表示，他们将紧紧抓住国家实施“走出去”战略的契机，带领更多的渝企到海外接单，不断提高国际化经营管理能力。

又是一个新的发展起点，朱百喜壮志在胸。

奋战高原　情系西藏

——记1977届校友罗布山培

“我的青春都献给了西藏的公路事业”

1963年,罗布山培只有18岁,只是一个普通的牧民。而在当时的西藏牧区,“参加工作”和“工人”对牧民来说是遥远和陌生的概念,但是县里和乡里领导“建设新西藏”的号召唤起了年轻人心中的热情。于是,带着对拉萨的向往,罗布山培和200多名青年牧民一起来到了这座高原圣城。

铺路修桥是苦力活,罗布山培和其他大多数人一样,主要工作只是简单地打石头和拉沙子,但在这些西藏第一代产业工人看来,他们并不是在打石头和拉沙子,也不仅仅是在修建一座大桥,他们是在建设自己的家乡,在创造一个全新的世界。

1963年冬天,刚参加工作的罗布山培一次在工地上发现泡在水里的模板被河水冲走了,不会游泳的他一点也没有犹豫,勇敢地跳进拉萨河冰冷刺骨的河水中,扒住模板漂流几百米把模板推向岸边,保护了国家财产。因表现突出,1964年罗布山培被评为先进生产者。

1965年8月25日,为了庆祝西藏自治区成立,西藏派出了一个十几个人组成的代表团前往北京和其他内地省份参观。罗布山培有幸成为其中的一员。9月30日,罗布山培一行来到北京,就在这一天的下午,国庆庆祝活动的工作人员来到罗布山培的住处,交给他一个信封,告诉他说:“这是周总理给你的请柬,请你参加国庆招待会。”

“我当时汉语不太好,还不知道请柬是什么东西,但是当我听到‘周总理’这三个字的时候,我的血液一下子沸腾了。”罗布山培笑着说。

“通过别人的帮助,我知道了那是一张敬爱的周恩来总理邀请我参加国庆庆典的请柬,当时的心情即使是现在我都无法用语言表达,那是我终生难忘的幸福时刻!”

10 月 1 日一早,罗布山培在工作人员的带领下从左侧登上了天安门城楼。阅兵仪式后,罗布山培和其他受邀观礼的人们按事先的安排从右边下城楼,接受毛主席和周总理等领导人的接见。“经过时我们距离毛主席和周总理的距离也就 1 米多,毛主席比电视上看到的更高大”,罗布山培激动地描述受到接见时的情景。

“从城楼下来时,我们都有些晕了,所有人都憋足了劲喊口号,可是下来以后我们竟然不记得自己到底喊没喊了。”罗布山培回忆说,经过一小段时间的平静后,他就在心里暗暗地想:“我要努力工作,服务人民!”

因为常年在西藏各地修路养路,罗布山培仅在 1982 年之前就搬了 30 多次家,所有的生活用品都丢失了,唯独请柬和出席证这些珍贵的物件始终精心保存带在身边。这份请柬获选了西藏十大“大时代的物证”。北京大学中文系教授、中国民俗学会副理事长段宝林说,这份请柬是西藏劳动人民当家做主的历史见证。西藏人民由农奴变为国家主人,这是破天荒的巨大变化,在世界人权史上应该大书一笔。

如今,说起这一段往事,罗布山培还是心潮澎湃。

“我是学校招收的第一批藏族学生”

拉萨大桥 1965 年建成投入使用后,罗布山培转战西藏各地修路、铺桥。1972 年,幸运又一次降临到罗布山培身上,他被保送到重庆建筑工程学院道路桥梁系(1971 年,重庆交通学院与重庆建筑工程学院合并,1979 年国家恢复重庆交通学院建制,隶属交通部管理)读书,学习修路架桥的专业知识。

已是 27 岁的大学生罗布山培很珍惜这来之不易的学习机会,没有多少汉语基础的他首先从补习汉语开始。因为是学校招收的第一批藏族学生，老师和同学对罗布山培也非常关照，不仅在生活上关心他，还特别安排了一个内地同学帮他补习汉语知识，特意把4年的大学学习延长为5年，其中第一年专门为汉语学习时间。“这5年，我没有回过一次家，我要把同学们度假的时间拿来学习，这样才能尽快跟上内地同学的进度。”7月的重庆是有名的‘火炉’，为了降温，罗布山培经常是搬来两张木凳，提来一桶水，把脚泡到水里，坐在盥洗室的门口看书，从日常用语开始，一字一句地学。慢慢地，老师上课的内容听得懂了，和同学交流也没有问题了。“在学校读书的时光是我一生最宝贵的时光，正是这几年的学习，让我从一个牧民彻底地转变为一个知识分子，让我可以用另外一种方式报答祖国和人民。”

1977年，罗布山培带着学到的专业知识和在内地求学感受到的浓浓民族深情回了家乡，回到了高原，回到了他梦寐的工地上。1975～1978年，他在工程四队任副队长，1978～1980年，他在墨脱公路二大队任党支部书记，1980年11月～1981年12月，他又回到工程二队任党支部书记，20世纪80年代罗布山培任西藏交通厅公路处副处长，直至2001年在西藏交通厅办公室主任岗位上退休。“工作40多年来，西藏的每一条公路我都走过了，先是修路，然后是养路，毫不夸张地说，我把我的青春都献给了西藏的公路事业。”

“希望西藏更美好”

因为常年奔波在西藏各地，罗布山培45岁才结婚，唯一的孩子罗布扎西也和父亲一样，选择了在重庆上大学。罗布山培唯一遗憾的是孩子没有读上重庆交通大学，不能像他一样从事交通行业的工作。

1998年，他搬进了现在这栋两层藏式的房子，房前和院子里种满了花草，充满了生活气息，屋子里按照藏族的习惯摆放着切玛（五谷丰登斗）、卡塞（用酥油炸的面食）、佛像等，最醒目的仍然是毛泽东主席的画像。

自2001年8月以来，罗布山培退休已经快8年了，但其中大约有4年的时间他退而不休，被交通厅返聘负责农民工的权益保护工作。

在罗布山培看来，农民工的维权尤其是追讨欠薪是一件得罪人的工作，但第一代产业工人的敬业爱岗和服务人民的精神使他能够很好地担负起这个协调的角色，4 年时间里为大量农民工解决了各种劳务纠纷，为他们讨回了自己应得的劳动报酬。

罗布山培曾经是青海省格尔木的人大代表，按他的话说，政治不能不关心。退休后，对家乡西藏可持续发展的关心，使他把更多的精力放在了西藏法制建设的谏言献策上。

面对全球气候变暖和日益增多的登山运动对西藏雪山产生的影响，罗布山培向西藏自治区人大提交了制定《雪山法》的建议；青藏铁路开通后，他又呼吁制定《铁路运输安全保护条例》；为了更好地保护西藏的传统文化，科学认识和对待西藏的民俗，罗布山培提交了一份关于制定《西藏自治区地方葬事管理条例》的意见。《拉萨市城市总体规划(2007—2020)》(方案)公示期间，罗布山培认真地写下了《对拉萨城市规划的建议》，从地下设施的完善、拉萨河的开发、城市立交桥的建设等方面进行建议。

采访到最后，罗布山培拿出了他在 2004 年为纪念川青藏两路通车 50 周年写的一首诗《公路》，不无感慨地说，我是一个西藏的交通人，我关心着西藏交通的每一点发展，为这些进步而自豪，我希望西藏的明天更美好。

附:《公路——献给川青藏两路通车 50 周年》

公 路
——献给川青藏两路通车 50 周年

伟人一声时代令，筑路炮声振山河。
勇士钢铲劈山峰，白云深处喇叭响。
路桥建成高原红，北京拉萨紧相连。
殿前车流八方行，五四马车马卸鞍。
众人走出大山躜，万人乘车观新城。
迎朝奔向公路旁，昂首跨越千百年。

各族儿女共欢庆，拉萨河岸耸丰碑。
公路卫士能奉献，献了青春献子孙。
道路越建越宽广，高原城乡百业兴。
古老山南延新路，雅砻宝地财贸盛。
后藏粮仓道路畅，科技种植喜事多。
阿里人文甲天下，神山神湖财路通。
藏北高原牧商兴，路通矿藏财源来。
昌都三江架金桥，康巴汉子经商忙。
贡布阿达驾自车，深山实现四通村。
圣地拉萨似天堂，繁荣兴盛功在路。
四通八达公路网，千家万户奔小康。
高速公路将普遍，雪域就是香巴拉。

矢志不渝　奉献交通

——记1977届校友周杰

面对如丝如带、横空出世般的省际大通道，内蒙古自治区交通厅副厅长周杰心中涌动着难以抑制的喜悦与激情，他熟悉这大通道经过的一山一水，他抚摸过这大通道上的每一座桥梁涵洞，他无数次踏过大通道上的每一处路基路面……当初，是他，首先带领着千军万马开进重重叠叠的山岭，闯进海海漫漫的沙漠，走进了茫茫无际的草原，在没有路的地方开山筑路，在没有桥的地方飞虹架桥。寒来暑往，其中的艰辛与磨难，其中的苦辣与酸甜，谁解个中滋味？谁人得以倾诉？丈夫怀大义，拳拳赤子心，悠悠天地知！

周杰1977年7月毕业于我校公路工程专业，为了积极响应国家号召，支援祖国边疆建设，他毅然奔赴自然环境恶劣、贫穷落后的内蒙古阿拉善盟，成了当地公路施工队伍的一名技术人员。就是在这里，他凭借着对公路交通事业的无比热爱和献身交通事业矢志不渝的信念，也凭借着在学校掌握的扎实的公路专业知识技术和与生俱来的不畏艰险勇于拼搏的精神，一步步开始了自己艰难的创业历程。伴随着改革开放的步伐，周杰茁壮成长，由于政治素质优秀，工作求真务实，成绩突出，创新意识强，具有极强的组织管理能力，为当地交通事业作出了积极的贡献，从一名基层技术员，逐渐走上了管理岗位，成为阿拉善盟主管交通的领导。

1996年，周杰调任内蒙古自治区公路局局长、党委书记，主管内蒙古自治区全区的公路建设与养护管理工作。新的岗位、新的环境、新的起点、新的征程，意味着更大的机遇与挑战。这里，给他提供了一个实现自己理想更为广阔的平台。

机遇从来就是青睐于那些有准备的人。1997 年,国家实施西部大开发战略,加大了基础设施建设力度,内蒙古作为西部偏远落后、交通极度不发达的自治区,公路建设就首当其冲地摆在了自治区基础设施建设工作的前面。随着政策支持力度加大,外资项目引资成功,1999 年,首条利用世界银行贷款建设的包头—东胜段高速公路项目(全长 103 公里,交通部批准概算 16.2 亿元)拉开了帷幕,周杰出任了世界银行贷款项目办公室主任。在他的带领下,内蒙古自治区首条利用世界银行贷款建设的高速公路,克服了重重困难,历时 3 年,高质量、高效率地圆满完成了各项建设任务,工程质量达到部颁优良标准,工程提前 1 个月完成,工程总造价节约 3 亿元。世行项目 G210 国道工程先后被自治区评为:“草原杯”工程质量奖、“优质样板工程奖”和完成“优质工程奖”,周杰也在高等级公路项目建设中积累了丰富的管理经验,为今后的工作打下了坚实的基础。

2002 年,内蒙古自治区政府决定成立内蒙古自治区省际通道建设管理办公室,开工建设全长 2600 公里,总投资约 340 亿元,建设标准为高速与一级的省际大通道。作为内蒙古自治区交通事业宏伟壮丽蓝图的“三横九纵十二出口”中重要的“一横”,也是这张蓝图上最难描绘的“一横”的省际大通道,途经自治区 9 个盟市,辐射地域面积约 83 万平方公里,占自治区总面积的 70.3%,建成后受益人口约 1 914 万人。尽管这是一张令人激动、令人神往的蓝图,但当时国家仅有规划、并不打算在“十五”期间开工建设,也就是国家并不打算在这条路上投资,而自治区本级财政财力有限,虽有心支持却无力投资,银行、投资商看不到前景和回报,也不愿意投资……谁能在这万般艰难的情况下,完成这梦幻般的设想?把这旷世难题、万钧重担交给谁才能担当得起呢?交通厅党组千寻万选,最后又把目光落在了交通厅助理巡视员、自治区公路局局长周杰的身上。

说实话,即便在全世界范围内找,里程如此之长、跨度如此之广、投资额如此之巨、等级如此之高的公路项目也是难寻一个,何况当时交给周杰的仅仅是一张图纸,要钱没钱,要人没人,要经验缺经验啊!尽管他对自治区党委、政府、交通厅党组的信任十分感动,但他更深深知道,要干好这个项目,需要的不仅仅是勇气,这也许是他一生中最富挑战的最大最有意义的事业了。他调动了自己平生的全部智慧和魄力,投入了自己的全部激情和全部心血,组织精兵强将,夜以继日、争分夺秒,在全国范围内寻找投资商，紧锣密鼓地开始项目建设的各项工作。

如今，被誉为"草原长虹，大地丰碑"、"自治区人民的幸福路"的省际大通道，这条匍匐在祖国北疆的巨龙，正在成为连接大东北和大西北的经济大动脉，拉动着内蒙古自治区经济社会的腾飞，承载着全区 2 300 多万人民致富奔向小康梦想的大通道，开始了它的辉煌历程。

而作为曾经的项目法人，现在的内蒙古自治区交通厅副厅长周杰，这位具有儒将之风的管理者，这位具有无比定力和雄韬伟略的领导者，在他的身上显露出的那种对人民无限忠诚、对事业无比热爱、高度自觉的责任感和使命感，那种智慧与魄力，团结与协作精神的典范，那种执著追求、拼搏奉献精神写照的"大通道精神"，正鼓舞着、激励着、指引着内蒙古自治区新一代交通人的前进方向。

今天，这位毕业于重庆交通大学的学子——周杰，又在他新的征程上运筹帷幄，为全区各族人民早日踏上富裕之路，为构建自治区和谐交通而殚精竭虑的奉献着自己的聪明才智，酝酿着全区交通事业的新一轮大发展。

奏响交通建设的最强音

——记1977 届校友侯金龙

侯金龙,我校道路桥梁专业 1977 届毕业生,教授级高级工程师,全国交通优秀科技工作者,全国优秀施工企业家,享受国务院政府特殊津贴专家,交通部专家委员会委员,“三优”工程评审委员会委员,中国路桥集团专家委员会委员。历任交通部公路二局工程师、副处长、处长、总工程师,中国路桥集团公路一局副局长、局长、党委副书记,现任中国交通建设集团有限公司副总裁、党委常委,其成果先后荣获全国优秀工程银奖、全国工程建设一等奖、国家科技进步三等奖。以其卓越的企业经营能力和科技创新能力蜚声中国交通建设行业。

从公路施工企业的航母舰长到中国工程建设的高级职业经理人

2001 年 7 月,侯金龙出任中国路桥集团第一公路工程局局长。他利用在交通部公路二局多年积累的工作经验,积极探索体制创新和管理创新,建立 ISO 9001 质量管理体系、GB/T 28001 职业健康安全管理体系和 ISO 14001 环境管理体系;推行项目法施工,培育内部市场竞争机制;建立项目标后预算制度,变革绩效考核方式;稳步推进产权改革,逐步探索建立现代企业制度。仿佛玩魔方一样,他让庞大的施工企业高速运转起来,到任3年，公路一局年经营额上了两个台阶，从20亿元增长到40亿元，发展成为以承建国内外高等级公路、长大隧道为主，集施工、监理、设计、科研为一体的国家大型专业化公路工程施工企业。他的业绩，得到了社会的广泛认可，《中国公路》杂志称赞侯金龙为“公路施工企业的航母舰长”。

2005年，在中国路桥（集团）总公司、中国港湾建设（集团）总公司基础上合并组建的中国交通建设集团有限公司（以下简称“中交集团”）成立后，侯金龙担任公司副总裁。面对激烈的市场竞争，他提出了“保持路桥建设、集装箱起重机、疏浚行业的传统优势，继续向铁路建设领域拓展”的经营思路，成为了“中国工程建设的高级职业经理人”。

目前，中交集团是中国最大的港口建设及设计企业，是中国领先的公路、桥梁建设及设计企业，是中国最大、世界第三大的疏浚企业，是全球最大的集装箱起重机制造商。2006年，中交集团总营业额为1 148.81亿元，与2005年相比增长38%。其中，基建建设营业额达760多亿元，疏浚市场的营业额达104多亿元，完成疏浚工程量约4.28亿立方米，占国内疏浚市场份额的80%，疏浚能力占到了国内的50%以上，并提出了2010年以前中交集团装备数量跻身世界前两位的发展目标。

除传统优势项目外，中交集团正在重点拓展铁路建设和海外市场两个板块。

2006年，公司在进军铁路建设市场实现重大突破，新签合同总金额达87.72亿元，目前公司在建铁路项目主要包括武合铁路、太中银铁路等。公司还有意参与哈大等铁路建设项目，继续投身铁路建设，计划每年争取获得200亿元左右的市场份额。

作为中国第二大国际承包商，中交集团根据市场的变化不断进行业务重心的调节，如果国内市场走弱，公司势必会拓展海外市场，所谓“东方不亮西方亮”。

侯金龙认为，中交集团与其他公司相比，除了规模优势和行业优势之外，还有三大优势：第一是科技创新优势、第二是人才优势、第三是配套设备优势。这三大优势是最具竞争性的。他正在充分发挥这些优势，带领“中交人”创造一个又一个惊喜。

做中国交通建设科技创新的追求者、实践者和贡献者

侯金龙在接受《中国水运报》采访时说:"作为交通建设领域的国有大型骨干企业,中交集团的生存与发展与交通行业、与社会经济发展紧密相连、息息相关。作为交通建设领域的领军企业,中交集团是推进中国交通建设科技创新的追求者、实践者和贡献者。"

目前,中交集团拥有两个国家科技研发中心、一个省级科技研发中心,6个重点实验室、12个科研院所,构成了中交集团科技创新支撑体系。仅"十五"期间,中交集团就荣获国家科技进步奖6项、詹天佑土木工程大奖15项、省部级科技进步奖59项、国家级优秀工程勘察设计奖19项、中国建筑工程鲁班奖10项、自主知识产权专利81项,并承担了我国70%的公路和水运行业标准的编制、修订任务。

为促进企业可持续发展,中交集团制定了《"十一五"科技创新规划》,明确了企业科技创新的目标、任务和措施,并着力将人才资源向人才资本的转变作为一项工程来研究,建立并完善院士、大师、领军人物以及其他层次人才的培育机制,不断推动交通科技创新。

侯金龙说,创新是企业可持续发展的灵魂。企业科技创新能力的高低,直接影响企业的生存和发展。虽然他在说中交集团,其实他本人也在用自己的实际行动诠释着自己对科技创新的理解。

在交通部公路二局、中国路桥集团公路一局工作期间,侯金龙参与了湖北沙洋汉江大桥、广东龙溪大桥、黄石长江公路大桥、厦门海沧大桥等桥梁的建设。任海沧大桥项目总经理期间,他主持的"现代施工管理技术运用"荣获全国工程建设企业管理现代化成果一等奖。他主持完成了交通部"八五"科技攻关项目——黄石长江公路大桥QGL—265型挂篮课题研究。他主持组织厦门海沧大桥的商埠牵引系统、紧缆机、缆载吊机和缠丝机等研制,节约资金创造效益1 965.8万元;用海水代替自来水冷却大体积砼内部温度,节约费用135万元;猫道施工方案的优化,创出三个第一;海沧大桥被专家评定为100%优良工程。

他还主编了《斜拉桥》、《公路与桥涵工程常用施工技术问答》等专著,撰写了近100篇关于路桥工程技术和施工管理方面的论文,并获得国

家、省、局级优秀论文、QC 成果一等奖 10 余篇。同时兼任工程、水运、桥梁、铁道建筑协会的理事长、副理事长、理事等职务，是交通部六大国内跨海大桥的专家委员。成果荣获全国工程建设企业管理现代化成果一等奖，第七届国家级三等企业管理现代化创新成果、全国工程建设企业管理现代化成果二等奖、福建省科学技术一等奖和厦门市科技进步一等奖。

实干和创新的榜样

——记1977届校友逯一新

采访1977届校友、中交公路规划设计院有限公司副总经理（原中交公路规划设计院）逯一新是件很难的事，因为他特别低调，不愿过多谈及自己的业绩。但在中交公路规划设计院的员工眼里，他以实干和创新默默地感染着大家，是大家无声的榜样。

1977年，逯一新从我校桥梁与隧道工程专业毕业后，来到当时的交通部公路规划设计院工作，一干就是30年。

关于他的实干，《中国交通报》2006年8月刊登的《前炒面胡同的人们——中交公路规划设计院纪事》一文中有这样一段精彩的描述："山西晋城到河南济源公路，建设条件非常艰苦。走进大山，满眼都是悬崖峭壁，沟壑纵横，哪儿有路啊？有段7公里长的无人区，连羊肠小道都没有。2004年开专家会议，主管副院长逯一新一行人爬下山谷，再也没有返回的力气了，绕到河南省，驾驶员才把他们接回来。逯院长在项目初期一直在现场坐镇指挥，几乎天天带队跑线路、看地形，翻山越岭，忘记了自己50多岁的年龄，给项目组的年轻人作出了无声的榜样。"

在中交公路规划设计院，逯一新一步一个台阶，从标准规范室副主任、标准规范室主任到院长助理、副院长，从助理工程师到高级工程师，他以自己的实干赢得了认可，赢得了实实在在的业绩。

逯一新作为项目负责人主持参与了广东虎门大桥、南京长江第三大桥、包头黄河大桥和宁夏石嘴山黄河大桥等大型工程的可行性研究、设计和设计变更工作，并配合项目施工，取得了优异成绩。其中广东虎门大桥项目荣获了第九届全国设计金奖（2000 年）、国家科技进步二等奖（2000 年）和交通部优秀设计一等奖（1999 年）。1997 ~ 2004 年，作为主管院领导的他主持了四川成都—南充高速公路、江苏无锡—宜昌高速公路、广东梅州绕城高速公路、南京绕城高速公路、太澳公路（晋城段）、天汕公路（梅州段）的初步设计、施工图设计，完成了项目的组织和管理工作。主持了廊坊采留一线公路设计、青岛市滨海公路（南段）试验段勘察设计、苏通大桥南北接线施工图设计及施工配合等工作。逯一新还主持了南京长江第四通道预可研究、宁波绕城东段工程可行性研究和宁波高速公路网规划等工作，作为编制组成员编写了《公路工程可靠度设计统一标准》，项目荣获 2003 年中国公路学会科学技术进步二等奖；拓展中交公路规划设计院在项目管理工作方面的新业务，启动了佛山——沐建设的计划进度管理和海南南港大桥代建工作两个项目。

同时，逯一新还参与编制了《公路工程结构可靠度设计统一标准（GB/T 50283—1999）》，编写了《虎门大桥工程》第二册悬索桥部分的内容，并兼任北京公路学会理事、《交通世界》理事会理事和中国交通企业管理协会理事等职务。

逯一新是中交公路规划设计院的员工眼里实干和创新的榜样，也是我校师生的榜样，他的精神和实际行动，同样感染和激励着我校师生奋发图强，为祖国交通建设事业贡献自己的力量。

宁夏大地筑路人

——记1977 届校友裴建成

裴建成，我校1977届校友，宁夏回族自治区政协第八届委员会委员，现任银川市兴庆区第一届人民代表大会代表，宁夏交通厅科技信息处处长。

1977年，裴建成毕业于我校道桥系桥隧专业，毕业后在宁夏公路管理局中宁公路段工作。先后参加了宁夏境内黄河第二大支流红柳沟桥、中宁黄河特大桥、石嘴山黄河特大桥的建设与管理工作。因工作出色，1984年任宁夏公路管理局中宁公路段副段长，1991年任段长。1994年调任宁夏交通厅工程管理处副处长，1995年任处长，负责自治区的交通基本建设管理工作。1999年，调任石中高速公路南段工程建设指挥部担任指挥长助理、建设处处长，负责当时自治区规模最大、技术难度最高的叶盛至中宁高速公路建设任务。2004年，他又肩负起石中郝高速公路全线351公里的建设管理工作的重担。2007年任宁夏交通厅科技信息处处长。

裴建成先后参加了中宁黄河公路大桥、石嘴山黄河公路大桥、六盘山公路隧道、银川黄河公路大桥、中卫黄河公路大桥、银—灵—吴一级公路、姚叶高速路公路等自治区重点桥梁、公路建设项目的建设管理和工程监理工作。1999年参加石中高速公路叶盛至中宁建设项目的建设，任建设处处长，负责项目的建设管理工作。他积极研究推广应用高性能混凝土、光纤传感技术，使吴忠黄河桥建设项目提前8个月完工，整个叶盛至中宁建设项目比计划提前一年通车运行，2003年11月受到自治区人民政府的表彰奖励。1989～1993 年连续 5 年被本单位评为先进工作者。1993 年受到全区行政机关升级奖励。1995～1997 年连续 3 年被交通厅评为优秀公务员。2005 年被评为中国公路学会第三届中国公路百名优秀工程师。

裴建成在宁夏公路管理局中宁公路段工作其间，大胆探索公路养护管理的新方法，推行“五定一包”养护生产责任制，大中修工程推行百元产值工资含量管理办法，以养护为主，开展多种创收活动。在当时的历史条件下，这些措施降低了养护生产成本，养护质量稳步提高，单位、工人的效益明显得到改善。单位也连续 3 年完成上级下达的好路率指标任务，因此连续被上级主管单位评为全区养护管理先进单位。

在交通厅工作期间，裴建成先后主持建设管理或参与的自治区重点公路建设项目有宁夏第一座特长型公路隧道六盘山公路隧道、第一条一级公路银古一级公路、第一条高速公路姚叶高速公路的规划建设，银川黄河特大桥、中卫黄河特大桥、银平公路全线改造、石营公路的新建，其中银川黄河特大桥获交通部优质工程二等奖。其时正逢宁夏公路建设由低等级公路向高等级公路跨越、管理模式由计划指令型向市场竞争型转型的时期，有许多新的课题、新的问题、新的技术需要研究、学习、掌握，他更是走遍了宁夏的山山水水，坚持以谦虚、务实、求真、协作的态度与广大工程技术人员就工程建设中出现的重大问题一道共同探讨研究的同时，注重借鉴国内外成功或不成功的事例加以剖析，采取走出去、请进来的方式加快掌握建设高等级公路所需要的各项新观念、新技术、新方法。正是以他为代表的广大工程技术人员的不懈努力，这些项目从建设管理水平、工程建设质量、新技术、新工艺、新设备的采用到工程技术人员的培养、公路建设市场的培育都一步一个台阶，得到了提高和发展，也为自治区抢抓国家加快公路等基础设施建设政策的难得机遇打下了坚实的技术、人力和物质基础储备。

负责石中高速叶盛至中宁项目期间，裴建成勤于思考，勇于探索，善于开拓，不断创新工作方法。他与指挥部同志反复研究、分析，首次提出在区内国家投资的项目中采用国内公开竞争性的招标方式确定施工单位的设想，并付诸实施，取得了良好的经济效益和社会效果。在借鉴外省市经验的基础上，率先提出了采用复合标价方式确定标底的办法。实践表明，这种办法既维护了国家利益和业主的利益，也有效防止了承包商恶性低价抢标的行为，避免了因造价过低而造成工程质量无保障的隐患，保证了工程建设的质量，维护了中标单位的合理利益，这种标底确定方法后来被交通部确定为交通行业统一的标底确定方法之一。第一次在区内的国内公路投资项目中采用单价支付的合同管理模式，有效地控制了工程投资，及时反映了工程造价动态。第一次在国内明确提出了“创精品工程”的内涵，即“优良工程加外观无缺陷”。结合项目特点，提出了以监管工作为龙头，以吴忠黄河特大桥路基规范化施工为重点，以检查、督促、评比总结为奖惩手段的现场管理思路，管理制度不断创新，研究制定了石中高速公路南段工程路基、构造物“创精品工程”实施办法；精品工程申报评定办法；施工与监理工作检查评比办法等一系列项目管理办法，适时建立了工程进度、质量跟踪卡制度，积极推行工序传递单制度，强化现场工序质量的监控，定期不定期地组织施工单位召开现场观摩会，学习先进的施工工艺和管理办法，有效地提高了项目管理的制度化、程序化和规范化。

作为一位高级工程师，裴建成在工程技术上从不故步自封，敢于求新创新，坚持以技术创新、引进，以科技进步促进工程质量、效益的提高。主动学习国内外先进技术，他与同事们先后查阅了大量技术资料，力主在吴忠黄河特大桥上部混凝土施工中采用了参配一定量的粉煤灰、硅粉的高性能混凝土技术，极大地改善了混凝土的和易性和早期强度，这是该技术在自治区公路工程中首次成功的应用，不但提高了该桥的混凝土浇筑质量，而且使大桥的工程进度提前 8 个月，在冬季来临之前合龙，消除了结构越冬可能带来的质量隐患，为整个项目提前通车运营打下了坚实基础；在该桥混凝土桥面铺装层表面引进涂抹防水层新技术，有效解决了桥面渗水问题，增强了桥面不同结构层间的黏合力。积极与科研院校合作，引进光纤传感器检测技术，对该桥上部构造施工的受力情况进行健康监测，保证了桥梁施工和竣工时的质量控制；采用位居国内第一的 30 吨重锤大应变动测法检测桩基承载力，不仅为大桥桩基质量鉴定提供了迅速、准确的第一手资料，又解决了以往特大桥梁桩基检测需做试桩，投资大、时间长的弊端。在全线还引进了先张法预应力整体放张设备和具有当今世界一流水平的旋挖钻钻机进行桥梁桩基钻孔，极大地提高了工效，加快了施工进度，节省了材料，提高了施工效益和安全性。为防止路面变形开裂，在区内路面上面层沥青混合料中第一次推广添加了 AS—沥青道路专用增强纤维,效果明显。为美化高速公路的环境,保证中央分隔带绿化成活率,根据不同的土壤、水文条件,推广应用输水滴灌技术、排盐碱技术,刻苦钻研并指导施工单位推广应用“植物生长调节剂”、“康地宝盐碱土壤改良剂”,从而使叶中高速公路绿化工程取得了较好的生态社会效益。一份耕耘,一份收获,叶中高速公路不仅工期提前一年完成,而且工程投资也比概算结余了 2.3 亿元,工程质量也达到了优良标准。

由裴建成担任课题组组长的“光纤传感器技术在吴忠黄河大桥施工阶段健康监测中的应用研究”课题,经自治区科技厅组织鉴定,研究成果达到国际先进水平,并获 2004 年度自治区科学技术进步二等奖。这一成果的成功应用一方面保障了吴忠黄河大桥整个施工过程的施工安全,对大桥的施工质量、成桥后的实际工作状态、承载能力等多方面作了全面、科学的评价,为完善桥梁设计理论和施工工艺提供了科学的依据;另一方面积累了大量的原始数据,丰富了桥梁结构监测技术和手段,积累了光纤传感技术的使用经验,对推动我国大型桥梁结构的设计、施工以及监测技术的科技进步起到了重要的作用。同时通过对施工阶段的健康监测,保证了施工安全和施工质量,为及时查明施工过程中底板出现裂缝的问题和制定有效的解决方案提供了真实可靠的数据,避免了盲目施工可能造成的浪费 1 600 万元;施工阶段埋设的光纤应变传感器可永久使用,为今后该桥长期的健康监测打下了基础,节约了监测费用而且节约了工程后期检测投资 60 万元;另一方面增强了结构的耐久性,节省运营期间的维护费用 500 万元;加快了施工进度,缩短了悬臂施工的周期,与原定施工计划相比,全桥合龙时间提前了 8 个月,大桥竣工通车时间比交通部规定的日期提前了一年,使大桥提前一年投入使用。由此带来的间接经济效益计 1 460 万元。该项目比计划工期提前一年于 2002 年 11 月以优良工程通车,为自治区经济社会发展发挥了极大的作用。在交通部组织的多次全国质量年活动大检查中获得了好评,还荣获自治区交通厅 2000 年度优秀在建项目称号。

2004 年,为了探索解决困扰自治区高速公路建设的路面早期病害问题,他又与指挥部同事们一道承担起学习引进美国 SHAP 计划中的路面铺筑技术成果任务,并取得了阶段性成果,为自治区高速公路路面新技术的推广应用积累了工程技术力量和经验。2005 年,他参与编写了《宁夏高速公路沥青路面施工指南》，并组织培训监理、施工人员，指导试验路的铺筑，在银武路全线铺筑获得成功。

1989～1993年裴建成连续5年被评为先进工作者；1993年受到全区行政机关升级奖励；1995～1997年连续3年被评为交通厅优秀公务员；1998年后连续担任自治区第七届、第八届政协委员；2003年当选为银川市兴庆区人大代表，多次被指挥部评为先进工作者；2003年因在宁夏高速公路建设做出的突出贡献，受到自治区人民政府的表彰奖励；2005年被评为中国公路学会第三届中国公路百名优秀工程师；2006年被自治区人民政府授予实现“三大目标”先进个人。

轮转的舞台　精彩的人生

——记1978届校友王延觉

从高校教师到湖北省天门市副市长，从高校副校长到中部省区首家创投公司掌门人，从湖北省科技厅党组书记、厅长再到今天的教育部科学技术司司长，这些人生多重角色的转换，让他拥有了学者的认真、商人的睿智以及官员的沉稳。

王延觉，我校1978届校友，历任湖北省天门市科技副市长、中共天门市委委员，华中理工大学科技开发总公司常务副总经理，华中理工大学党委组织部部长，华中理工大学党委常委、副校长，华中科技大学校长助理、产业集团总经理，华中科技大学校长助理、产业集团董事局主席、产业集团总经理，华中科技大学党委常委、副校长，湖北省科技厅党组书记，湖北省科技厅党组书记、厅长，现任教育部科学技术司司长。

刻苦学习扎下坚实基础

1976年，年仅19岁的王延觉来到离家千里的重庆读书，那时学校的地址还在黄沙溪，艰苦的学习环境和学习条件，挡不住这个湖北小伙子的学习热情，至今，他的很多同学都还记得他就着昏黄的路灯认真学习的情景。回忆自己的学习生活，王延觉说学习要因人而异，要有自己的一套方法，随大流只会浪费时间，时间是非常重要的。母校留给我最好的礼物就是，让我始终遵循的一个信念：老老实实做人，踏踏实实做事。

毕业后，王延觉回到了湖北，先后在华中理工大学任教，担任校领导职务，还担任了湖北省天门市科技副市长、中共天门市委委员等。无论走到哪里，担任什么职务，他都一直认真遵循着这一信念。

打造高校校办产业航母

新世纪，随着“科教兴国”战略的全面实施，我国高等院校日益融入经济社会发展大舞台，承担起发展高科技产业的重任。

2000 年 5 月，王延觉出任华中科技大学产业集团总经理。在“发展高科技，实现产业化”的方针指引下，王延觉提出“育人为本，产、学、研三足鼎立”的办学模式，将发展科技产业提高到办学思想的位置上，使科技产业进入持续发展的快车道。

2000 年 6 月 8 日，华工科技产业股份有限公司 3 000 万 A 股在深交所成功上市交易，成为华中地区第一家具有高校背景的高科技上市公司。2000 年 7 月，企业孵化大楼——华工科技产业大厦建成启用。2000 年 9 月，武汉华工创业投资有限责任公司组建。标志着多年来华中科技大学致力于构建的高校技术创新体系的构架已基本完成。2000 年 11 月，华中科技大学第二家股份制公司——武汉天喻信息产业股份有限公司和第三家股份制公司——武汉华中数控股份有限公司先后成立。同年 12 月，“武汉华中科技大产业集团有限公司”成立，标志着全校科技产业经营性资产剥离等基础性工作已基本完成，为进一步理顺产权关系，调整产业结构，形成规模效益，统一协调发展，保证科技产业持续、快速发展打下了良好基础。

2001 年 1 月，华中科技大学产业集团组建。这标志着以资本为纽带，按照“产权清晰、权责明确、政企分开、管理科学”的现代企业制度建立的高科技产业群的出现。2001 年 6 月，华中科技大学科技园被科技部、教育部正式认定为国家级大学科技园。9 月 10 日，华中科技大学科技园基础建设全面竣工。2003 年 4 月，湖北省第一家高校科技企业孵化器——武汉华工科技企业孵化器成立。2003 年 9 月，在校园周边建成18 000平方米的孵化区，与华中科技大学科技园产业区相互呼应，标志着“一园两区”规划格局的完成。

努力营造中小企业新环境

2007 年,王延觉担任了湖北省科技厅厅长。“与沿海发达地区甚至周边省份相比,湖北省科技型中小企业的发展相对滞后,这成为制约湖北省科技优势向经济优势转变的瓶颈。”王延觉说。他担任湖北省科技厅厅长时,湖北省正处于加快发展、努力构建中部崛起的重要战略支点和建设两型社会的关键时期。如何将科教优势转化为发展优势,不断提高自主创新能力,支撑引领经济社会发展成为湖北省科技工作的重要使命。

“必须把加快科技型中小企业成长作为湖北省科技工作的重中之重。”王延觉说。于是,在他的带领下,2008 年湖北省科技厅发起实施了湖北省科技型中小企业成长路线图计划。该计划基本目标是:集聚和整合各类科技资源,构建面向科技型中小企业不同发展阶段需求的全方位服务体系;筛选具有投资潜力的重点科技型中小企业,组织和调动社会服务网络,培育一批现代企业和上市后备企业;促进科技型中小企业的特色化、专业化和区域化,突出特色产业的聚集,建设若干科技型中小企业聚集的产业集群和示范区。

数据显示,自国家创新基金实施以来,湖北省共争取贷款贴息项目 139 项,贴息金额 9 813 万元,带动银行贷款超过 15 亿元。2007 ~ 2008 年,湖北省获得科技型中小企业创投引导基金支持金额 3 434 万元,特别是吸引科技型中小企业创投引导基金 1 600 万元参股该省创投机构,占全国总量的比重超过 10%,位居全国三甲。湖北省成为了科技型中小企业创新创业的热土。

我们深信,如今已是教育部科学技术司司长的王延觉,必将一如既往地贡献自己的光与热,为祖国的教育事业和科技发展再添新彩、再立新功。

十年造新城　千里路畅通

——记1978届校友陈孝来

陈孝来，我校1978届校友，历任四川省巫山县经委副主任、县经协办主任、县政府副县长，四川省奉节县委副书记、县政府副县长、县长、重庆市奉节县委书记。2006年12月，任重庆市交通委员会副主任、党委委员。

打造新奉节

20世纪90年代，有着"千年诗城"美名的历史名城——重庆市奉节县，根据国家三峡库区的建设需要，确定了搬迁任务。"地无三尺平，峰有万丈高"，是对奉节地理环境的真实写照。长江流经奉节43公里，两岸除了蜿蜒8公里的瞿塘峡外，唯有老县城是块冲积而成的1.2平方公里的小平坝，其他地方则是"七沟八梁一面坡"，海拔500米以下没有一块面积达1平方公里的平台，是一座"挂在山上、钉在滑坡上的城市"。

不屈不挠的奉节人开山辟地，填沟平壑，治理各种灾害，决心要用最快的速度、最优的质量、最新的形象，打造出一个崭新的"诗城"。为了赶抢时间，不误三峡工程，施工现场那种"后来居上"的建设场面和罕见的建设速度使人赞叹不已。1995年，刚刚当上县长的陈孝来以高度的责任感、忘我的精神投入到新城的策划和建设之中，为了确保工程质量，他养成了"夜查施工现场"的习惯，稍有懈怠的施工者都惧怕他的"回马枪"。

国务院三峡工程检查组的同志来检查后感叹道："奉节新城尽管定板最晚，影响了施工进度，加上城址山体破碎，你们在这种严峻的形势下，仅半年时间就进入实质性施工阶段，保质保量地推进工程进度确属不易。"

经过几年的努力，新建的奉节县城，宽阔整洁的街道在峡谷间延伸，各式各样的桥梁横跨山谷，一座座楼房拔地而起。

一棵树带富30万果农

新的奉节，要有新的发展。作为重庆市贫困县，奉节该走出一条怎样的发展之路？作为一县之长的陈孝来常常为思考这些问题寝食难安。令许多人没有想到的是，陈孝来抓住一棵果树为奉节带来的商机，为奉节县的发展闯出了一条路子。

奉节脐橙和白帝诗歌一样，是夔州古今史上两大"特产"。奉节原来并不产脐橙，有的只是普通的红桔。1953 年 8 月，奉节县农业局园艺场从重庆江津农场移来一棵代号为"72 - 1"的脐橙树。没想到千里之外名不见经传的江津脐橙，到了奉节却"淮枳变橘"，脱胎换骨成酸甜可口、色形俱佳的果中珍品，带着奉节名字的脐橙，美名从此不胫而走。

20 世纪 90 年代末，虽然奉节脐橙名声在外，但由于当时不少果农还存在"果树是靠吃露水长出来"的观念，重栽轻管，管理粗放，认为在生产管理上下工夫是"花冤枉钱"，使奉节脐橙的果品质量和市场竞争力每况愈下。时任奉节县"县官"的陈孝来看在眼里，急在心里。他立即组织县农业局的技术人员，要求他们向果农大力推广农业新技术，推广设施栽培、无公害生产、科学施肥、节水灌溉等先进技术，全面提升果品质量和产量，增强在国内外市场的竞争力。但这些举措并没有得到果农的认可，许多果农依旧沿袭着以前的种植习惯。怎么办？思来想去，陈孝来决定选择几户果农作为示范以此带动其他果农。

石桥村果农王世清早在 20 世纪 90 年代初就开始大面积种植脐橙，是当地有名的种植大户。于是陈孝来决定亲自带领技术人员在他那里推广先进的果树栽培知识。看到自己的"县官"上门，王世清这个朴实的庄稼汉非常感动，当即决定他家的果树全部按照农业局的要求种植。当年王世清的脐橙获得了大丰收，而且因为果品质量好，卖了不错的价钱。在示范户的带动下，奉节县90%以上的果农都按照技术人员的要求管理种植脐橙了。

据统计，仅2002年，全县种植脐橙的果农有20多万人，加上贩运户和为贩运户加工筐箱的农民，人数接近30万人，按每吨3 000元的市场价计算，全县仅此一项的收入就达3亿多元，果农人均收入达1 000元。

2004年，陈孝来开始着手打造“夔门技工”这一劳务品牌，从2004～2006年的两年间，奉节县共投入1200余万元资金，对4万人进行了就业技能培训。充分发挥职业教育在劳动力转移培训中的主导作用，大力发展职业中学；设立移民培训中心，政府主动牵线搭桥，学员们根据市场的需要学习速成专业上岗。随着各大就业培训设施的完善，奉节县已逐步形成了一道功率大、覆盖广的“电网”，为下岗失业、无业人员“充电”，越来越多的“夔门技工”走出了夔门，走向了全国。

规划农村致富路

2006年陈孝来担任了重庆市交委副主任。位置变了，但为人民群众服务的心没有变。

“要致富，先修路”。这句熟稔于世的俗语，对于高度重视“三农”问题的中国，特别是对于肩负城乡统筹试验之职的重庆意义重大。“大城市，大农村”格局的重庆，历来把农村公路建设作为交通发展的重中之重来抓。“十一五”期间，农村公路建设是重庆农村经济社会发展投入最多的基础设施之一，也是覆盖面最广、老百姓受益最多的民生和民心工程。

长期基层工作的经历，让陈孝来对农村公路的感触颇深。由于农村公路建设滞后，陈孝来以前自己跑完奉节县，得花上10天半个月时间。在一些农村地区，农民从家里赶到乡镇上只能步行，需要好几个小时。这样的状况，大大抵消了高等级公路建好后给农民带来的便捷。“如果把国道、省道公路比作是连接人体器官的‘大血管’，那农村公路便是器官内部的‘毛细血管’。无论是主、静动脉还是‘毛细血管’，都是维持人体正常功能不可或缺的组织！”陈孝来经常用这样形象的比喻，向大家宣传农村公路建设的重要意义。

“十二五”期间，重庆将在交通运输部的大力支持下，以完善农村公路路网为重点，建成规模适度、结构合理、功能匹配、衔接顺畅的农村公路网络。到2015年，新改建农村公路5万公里，实施行政村通畅工程3万公里，建设7 000公里撤乡并镇公路和中心城镇等联网公路。全市行政村通畅率达85%，乡镇通畅二级以上公路力争达到80%，新建的通村公路达到等级公路以上，做到"有路必养"，农村客运物流较快发展。陈孝来规划着重庆农村公路建设美好的未来。

作为我校的毕业生，陈孝来对母校充满着深深的挚爱之情。他常说，重庆交通的提档升级、库区面貌的巨变，特别是"半小时主城、四小时重庆"重要标志——"二环八射"高速路网提前10年建成，重庆交大都提供了强大的科技支撑、智力支持和人才贡献。作为重庆交大人的他，倍感骄傲和自豪！

公路隧道写人生

——记 1978 届校友蒋树屏

刻苦留学有理想

蒋树屏,我校 1978 届校友。1984 年由国家公派去日本进修,进入大阪工业大学土木专业学习。为了把学到的知识与实际工程结合在一起,他每天一大早就乘公共电车由大阪赶到第二新神户隧道建筑工地,在那儿担任新奥法监控测量工作。下午又乘车赶回大阪,夹着课本到学校听课,直到晚上 10 点钟才离开学校回到寓所。每天有 4 个半小时是在公共电车上度过的,加上复习功课的时间,平常一天只能睡上四五个小时。整整拼搏了两年,蒋树屏以优异成绩结束了大阪的学习生活。

日本神户大学樱井春辅教授听说有这么一位刻苦的中国学生,深受感动,主动提出愿意帮助蒋树屏申请神户市长奖学金,希望他到神户来继续深造。就这样,蒋树屏考上了神户大学工学部樱井春辅教授的研究生,边工作边学习。在樱井教授的精心指导下,他承担完成了锅立山铁路隧道围岩反分析、宇津出公路隧道监控量测、系统锚杆支护效果的理论分析和模型实验等项研究,并获得了神户大学工学硕士学位。

1988 年,当他学成时,几家日本公司以高薪聘请他留下来工作,他都婉言谢绝了。日本驻中国的熊谷组、日本清水建设公司驻北京办事处闻讯都来请他去工作。蒋树屏还是没有答应,他心里非常明白:为日本人服务,挣钱再多也不过是一个高级打工仔。

当蒋树屏回到重庆，人们发现，他没有带回令国人羡慕的“四大件”，他的行李是整整 10 箱图书资料加上一台 PC9801 型计算机和打印机。这些都是他 4 年来节省的每一个日元和所得的神户市长奖学金买来的，这里面饱含着他的心血和理想。

三件大事奠基础

蒋树屏回国后，面对国内公路隧道技术十分落后的局面，主要抓了三件大事。第一件大事是，在重庆交通设计院内筹建了国内唯一的公路隧道及岩土工程试验室。这座试验室配备有 1∶1的长 200 米的实体隧道以及成套的先进试验设备，成为交通行业的重点试验室之一。第二件大事是，发起成立了中国公路隧道学会。当时，公路隧道修筑的不多，而且往往套用铁路隧道的经验，远远不能适应公路交通发展的需要。为此，蒋树屏向交通行业的各级领导呼吁，尽快开展公路隧道的研究。他把当时分散的隧道科研力量聚集起来，成立了中国公路学会隧道学会，使我国的公路隧道科学研究有了一个明确的起点。虽然蒋树屏的科研工作和行政事务十分繁忙，但他还是亲自兼任学会秘书长。第三件大事是，主持编写了公路隧道技术规范。主要有《公路隧道施工技术规范》、《公路隧道通风照明技术规范》、《公路隧道设计规范》（修订）。另外，他还参与编写了《公路隧道养护技术规范》、《公路工程施工监理手册》等指导性著述。完成这三件大事整整花费了他 10 年的心血。

多项创新填空白

蒋树屏把它的全部精力都奉献给了我国的公路隧道事业。他经过多年的研究和实践，发现用常规卡尔曼滤波器的方法难以解决非线性动态系统问题。在实际测试中，他又发现，确定性反分析的结果与岩体实际情况不符，于是他又改用非确定性反分析理论和计算方法。他充分利用卡尔曼滤波器所具有的预报—修正—推优的特点，在揭示围岩非确定性的研究上迈出了惊人的一大步，他的“隧道围岩稳定非确定性反分析的研究”成果，填补了我国空白，达到国际先进水平。

蒋树屏主持的许多重大研究课题都是开拓性的。他主研的国家自然科学基金资助课题“岩土力学反演问题的随机理论与方法”,其成果被同行专家评价为“取得重大突破,填补了国内空白,达到国际先进水平”;他在广东深汕高速公路后门隧道施工中主持开展了“公路隧道围岩稳定监控量测及信息反馈技术的研究”,使得这座1 300多米长的大型隧道,整个施工过程没有发生过一次塌方事故。他主持的交通部重点课题“京珠高速公路粤境北段洋碰隧道围岩稳定与支护衬砌设计技术研究”、“复杂地质条件下大跨扁坦公路隧道施工力学与方法的研究”,为我国公路隧道的现代化施工提供了技术支撑;“特长公路隧道纵向送排式组合通风技术的研究”成果,有力地指导了我国第一长隧秦岭终南山18.2公里特长隧道的建设。他提出并设计的“三车道大跨半拱斜柱棚洞结构”,有效地保护了生态环境。

学风严谨务实际

2002年元旦前夜,蒋树屏不慎摔倒,右脚骨折。但在1月7日,他还是打着石膏,拄着拐杖,如期参加了在吉林举行的学术报告会。紧接着1月10日浙江的一座大型隧道发生火灾,他闻讯拖着病脚赶到出事现场进行调研,凭着掌握的第一手资料赶写出了《锚狸岭隧道火灾的调查与启示》的报告。2005年10月25日凌晨5时30分,施工中的天汕高速公路梅州广福隧道突然发生塌方,正在洞内作业的12名工人被困,情况十分危急。蒋树屏接到消息后,立即兼程赶到施工现场,设计抢救方案,连续指挥抢险34个小时,成功解救12名工人脱险。

蒋树屏学风严谨,科学务实,紧密围绕工程,善于将理论与实际相结合。他对成渝高速公路中梁山隧道提出过改变通风设计的建议,主张取消风渠,安置竖井和射流风机。结果断面设计一下子缩小了8平方米,减少了26 000多方土石工作量,节省工程投资3 000多万元!

西藏墨脱县是迄今为止我国唯一一个还不通公路的县。多年来这条路一直不能完全修通的主要原因是地质灾害严重、气候条件恶劣。地震、塌方、泥石流、大雪封山等,阻挡了公路向墨脱的延伸。以蒋树屏为首的交通部西部科研项目“西藏扎木至墨脱公路建设关键技术研究”小组,由重庆交通科研设计院牵头,联合中交第二公路勘察设计研究院、交通部科学研究院、西藏自治区地震局工程研究所、西藏自治区地质环境与灾害防治科学研究所共同参与，从 2006 年 10 月启动，做了大量的前期准备工作。为了加深对研究对象的了解与认识，弥补该地区基础资料的严重匮乏，2007 年 8 月，蒋树屏带领扎墨公路现场调研组，与西藏自治区地震局地震工程研究所、西藏自治区地质环境与灾害防治科学研究所和中科院成都山地灾害与环境研究所的科研人员一道，对扎墨公路进行了实地考察。科技人员们克服高原缺氧和沿途恶劣的自然地理条件，以科研项目可行性研究报告所确定的研究重点为调查研究对象，即嘎隆拉隧道、典型泥石流和滑坡、公路建设环境保护等。工程技术人员们在海拔 4 000 ~ 5 000 米的高原雪域，背着仪器设备跋山涉水，克服高原缺氧的困难，穿过悬崖险滩，深入关键地点展开基本情况调查，取得了第一手资料，拟定了初步的工程对策，为墨脱公路的实施建设奠定了基础。

硕果累累不停步

最近十几年来，蒋树屏先后担任院总工程师、常务副院长、院长职务，现任重庆交通科研设计院有限公司董事长、首席专家。除了进行科研生产与企业管理，在百忙之中，他还指导博士、硕士研究生 40 余名，为培养西部公路建设技术人才作出了贡献。作为领导班子的主要成员，他积极主持和推进全院的科技体制改革，不断加强科技创新平台建设，大力实施科技成果产业化、工程化，使全院的经营管理、人才队伍、安全质量、企业文化等各个方面都取得了长足的进步。

到目前为止，蒋树屏主持承担了重庆轨道交通大跨暗挖车站工程、忠—垫高速公路谭家寨特长隧道、石—忠高速公路方斗山特长隧道、渝—沙高速公路白云特长隧道等 85 座大型隧道的工程设计。承担了“秦岭特长公路隧道关键技术研究”、“大跨扁坦公路隧道施工力学行为与施工方法”、“隧道围岩稳定非确定性反分析的研究”、“特长公路隧道纵向送排式组合通风技术”、“山区傍山隧道与环保型建设技术”等 30 项科学试验与技术开发，在工程安全、环境保护、节省能耗等方面取得了许多拥有自主知识产权的创新成果。这些成果，为我国山区公路和公路隧道的建设与运营提供了强有力的技术支撑。

内蒙古草原上的"孺子牛"

——记1980届校友徐占云

随着礼炮齐鸣，投资20多亿元，总长127公里的巴新麻段高速公路通车并试运营。至此，北京至西藏国道主干线京拉高速内蒙古境内全线贯通。这条公路一头向伟大的共和国首都延伸，一边连接着宁夏回族自治区，不仅承载着内蒙古自治区党委、政府振兴内蒙古的希冀，也凝聚着内蒙古数千万人民的财富与梦想，同时也为内蒙古公路交通的建设者们提供了一个广阔的大舞台、大机遇，使每位有志于参与内蒙古大开发的建设者都能有所收获、有所成就，都能留下一串串闪光的足迹，树起一座座丰碑。

回首与这条公路相伴的一千多个日日夜夜，见证了这条公路的诞生与腾飞，在这里，他付出了许多，而收获更多，他就是内蒙古自治区国道110巴新麻段高速公路建设项目办主任——徐占云，现任内蒙古自治区公路局副局长。

1971年，在内蒙古伊克昭盟（现为鄂尔多斯市）准格尔旗公路段，18岁的徐占云参加了工作，从一名小技术员开始了他的平凡而辉煌的人生旅程。由于工作认真努力，勤奋好学，于1977年就读于我校道桥系桥隧专业。大学毕业后，他又回到了工作、生活条件艰苦的内蒙古伊克昭盟，并成了当地公路总段第三施工队长。就是在这里，他凭借着对公路建设事业的无比热爱和3年来学到的扎实的公路专业知识技术，开始了艰难的创业历程。从施工队长、勘测规划队长、段长助理、工程处长、伊克昭盟交通局总工程师等职务，一步一个脚印，在探索中不断创新，在奋斗中不断前进。多年来,他凭借着精湛娴熟的专业技术和丰富的施工经验以及优秀的组织管理能力,为鄂尔多斯市当地、为自治区公路交通事业作出了积极的贡献。

1998 年,随着外资项目引资成功,首条利用世界银行贷款建设的包头至东胜段高速公路项目(全长 103 公里,交通部批准概算 16.2 亿元)拉开了帷幕,徐占云被借调指挥部任总指挥长兼中外联合监理总监代表,新的岗位面临着更大的机遇与挑战。在这里,给他提供了一个实现理想的广阔平台。作为全区首条利用外资修筑的高等级公路,他代表业主任中外联合监理总监代表,与非常认真的外方监理代表打起了交道。由于他专业技术精湛,做事认真负责,工作风格不拘一格,在工程管理中、技术方案的确定中以及工程项目的变更中得到了外方监理代表的极大尊重与好评,同时也深得区内外公路界同行的好评。工程先后被自治区政府评为“草原杯”工程质量奖、“优质样板工程奖”以及“优秀工程奖”等多项荣誉。

2003 年,内蒙古交通厅为实现内蒙古自治区境内国道 110 公路全面高速化,决定开工建设全长 127 公里长的巴新麻段高速公路。由于历年来在工程项目管理中工作成绩突出,交通厅党组经过再三斟酌,项目法人的千钧重担最终落在了徐占云的身上。该段公路建设的巨大意义是乌海市将实现当日到达北京,一天即能往返呼市,到宁夏也只需一个小时左右。乌海也将真正成为我国华北连接西北的重要交通枢纽。而对自治区首府来说,高速公路的建成将进一步拉近首府与乌海这座经济工业重镇的时空距离。然而,尽管建设意义重大,但路线位于西部干旱半干旱地段,沿途水资源奇缺、筑路材料不丰富,且大部分段落经过河套盐碱湿软土壤及风积沙带,给工程建设带来了巨大的难度。同时,工程开工时正值举国上下与非典决战的时刻,人员流动受限、设备调运受阻、施工单位进场缓慢,建设难度可想而知。为了保证工程质量、进度,工程一开工的时候,作为项目一把手的徐占云就制定了四个“零”目标,就是质量零事故、零非典、零安全事故、零违纪。从这四个“零”目标入手,不断强化管理,加快工程进度,严控工程费用。最终,圆满完成了项目的建设任务,项目总体评分 95.5 分,成为全区质量分数最高的一个项目。

如今,建成的高速公路正拉动着内蒙古自治区经济社会的腾飞,承载着全区人民致富奔向小康的梦想,而作为曾经的项目法人,现在的内蒙古自治区公路局副局长徐占云，这位具有深厚扎实的理论知识与专业知识以及极强组织管理能力的内蒙古公路交通界的前辈，在他的身上体现出的筑路人的那种辛勤耕耘、无私奉献，对公路交通事业的无比热爱的高尚风格，成为了内蒙古自治区新一代交通技术工作者的楷模与指针。今天，这位毕业于我校的才子——徐占云，又奔波在他新的岗位上，为自治区公路交通事业的发展无私地奉献着。

多年来，他个人先后被评为“先进工作者、交通系统优秀共产党员、优秀管理者、中青年突出贡献专家、全区公路交通建设先进个人”等多种荣誉。这些平凡而又不平凡的荣誉，印证着他在公路交通领域里辛勤耕耘的脚印。

世界每天都在变化着，但徐占云心中执著于公路交通事业的信念却是永恒的，他将在这条路上继续追寻……

情系西部的“铺路人”

——记1981 届校友孙云

他是全国知名的桥梁专家，在交通建设一线，他利用自己的聪明才智，成功建设了多个重点项目，为西部交通事业的发展作出了积极的贡献。他又是一名优秀的企业家，在企业领导岗位，他带领四川路桥集团锐意改革，大胆创新，实现了跨越式的发展。他就是享受国务院政府特殊津贴的青年专家，四川公路桥梁建设集团有限公司董事长、党委书记、总裁孙云。

兢兢业业　奉献交通

从 1981 年起，孙云就一直战斗在交通建设事业的第一线。20 余年来，他先后主持修建了涪陵乌江大桥、武隆乌江大桥、内江沱江大桥、泸州沱江二桥、内江互通式立交桥、涪陵长江大桥等风格迥异、技术独特的大桥，是国内赫赫有名的建桥专家。

1985 年，他主持修建了主跨 200 米、被称为“亚太第一桥”的涪陵乌江大桥。施工中他大胆创新，采用了“高排架柔性薄壁墩液压滑模”工艺，连续奋战 8 个月，成功地解决了 80 多米高的空心薄壁墩的施工难题。为了攻克无平衡重转体施工难关，他巧妙地把转体结构本身和结构用钢作为施工设施，利用乌江两岸的“V”形地形，将拱箱作为转体对象，成功地解决了转体施工的问题，实现了桥梁施工技术上的重大突破，并引起了美、日学者的关注。由他著述的《涪陵乌江大桥200米一跨拱无平衡重转体施工》一文,发表在当年《桥梁建设》杂志上,《涪陵乌江大桥200米拱桥施工简介》参加了全国技术交流会,技术资料列入国内学术界桥梁专业教科书中,填补了我国在该项施工技术上的空白,为高山峡谷地区修建大跨径桥梁提供了成功的借鉴。该桥于1990年获交通部"三优"工程二等奖。

1990年1月,他主持修建武隆乌江大桥。该桥开创了国内采用"七节段拱箱无支架缆索吊装"工艺的先河,"钢筋混凝土箱型拱七节段吊装施工工艺"获交通部科技进步二等奖,为发展大跨径拱桥奠定了基础。

1993年5月,他主持修建了成渝高速公路内江互通式立交桥,该桥全长8.6公里,为西南地区最大的立交桥。他克服重重困难,提前6个月高效优质地完成了大桥建设,被交通部誉为"新时代的成渝精神",获四川省人民政府授予的"四川省重点建设先进工作者"荣誉称号,1997年获交通部"三优"工程三等奖。

此外,孙云还参与修建了湖北鄂黄长江公路大桥、宜昌长江公路大桥,分获"四川省科技进步二等奖"、"四川省科技进步三等奖",他还主持施工了四川10多条高速公路,为四川建成1 500公里高速公路作出了重要贡献。

力挽狂澜　拯救企业

1996年,他担任四川路桥总公司副总经理兼三公司经理。当时的三公司,亏损2 600万元,债务6 000万元,濒临倒闭。

为了掌握公司的真实情况,他深入基层调查研究。南下西昌,北上广元,从川东走到川西,每到一处工地,他都真心实意地与工人们交朋友,耐心细致地与职工同志谈心,认真解决职工的实际问题。他刚正不阿,坚持原则,对投机取巧、牟取私利的行为敢于"碰硬"。针对有的干部利用手中职权让亲属承包工程,搞"私车运营"的现象,他亲自组织开展了大规模的"双清"工作,坚决制止亲属承包工程,清理私车,严加查处,短时间内经清理追回国家经济损失200多万元,群众无不拍手称快。

针对内部管理的薄弱环节,他提出"治理整顿抓管理,开拓进取求发展”的口号，倡导“团结拼搏、敬业爱岗、负重自强、追求一流”的企业精神，确定了公司“一年理顺、两年起步、三年上台阶”的战略目标，积极推行企业改革。

他狠抓基础管理，制定了《经济责任制试行办法》、《物资管理制度》和《财务管理试行办法》等16项管理制度，大力规范职工行为；他全面推行项目法施工，试行“项目风险抵押承包责任制”，向管理要效益；他全力保证“安居工程”建设，解决了长期困扰职工的基地与住房问题；他大胆启用大批德才兼备的年轻人，使公司上下充满了生机与活力。1996年，公司完成产值1.39亿元，一举扭转了连续6年的亏损局面，实现利润76万元；1997年完成产值2.9亿元，实现利润960万元，成为四川省扭亏增盈的明星企业。他也因此荣获四川省“第七届十大杰出青年”称号。

锐意进取　铸就辉煌

1998年，四川路桥集团宣告成立，孙云任董事长、总裁，他对集团进行了调整和重组，走出了一条“专业分工、规模经营”之路，公司的市场占有份额从不足10亿元上升到近70亿元，年产值从不足6亿元提高到30多亿元，年利润从亏损2 600万元到盈利1亿多元，成为国内省级最大经营规模的路桥企业。

完成了第一次创业后，孙云以缔造“百年路桥”为目标，提出了“二次创业”的发展新战略，在进一步巩固发展路桥施工主业的同时，以路桥投资和资本运营为“两翼”，积极推进多元化发展。2003年3月，由四川路桥集团发起成立的四川路桥建设股份有限公司成功上市，公司综合实力大大增强。同时，集团大力投资路桥经营收费项目，先后投资15亿元在宜宾、泸州、资阳地区建设了多个公路和桥梁收费项目，全部建成后将为集团带来5亿元的年收入和2亿元的年利润；集团大举进军水电和房地产行业，已成功投资建设了巴中巴河流域和甘孜州巴朗沟、小金川流域水电开发项目，全部建成后总装机容量达到50万千瓦，年收入将达到6个亿；集团房地产公司在达州市的一个大型房地产项目已开始预售，下一步将进行成都地区的楼盘开发，预计年收入在2亿元左右。

几年来，在孙云的带领下，四川路桥集团连续被评为“四川省国有建筑企业综合实力首强”及“最佳效益首强”,“四川省大型企业集团综合实力 10 强”及“经营规模 10 强”,并连续两年跻身“中国企业 500 强”。

克己奉公　服务社会

孙云是一位富有社会责任感的企业家,在他的主导下,公司在四川一些经济落后、交通不发达的地区,无偿修建了一些公路和桥梁等交通基础设施;在两个国家级对口扶贫县——平昌县和金阳县,投资 5 亿元实施了水电开发、交通基础建设等扶贫项目,极大地推动了当地经济的发展;在四川木里县、松潘县、安岳县、江安县等地投资 150 多万元修建了希望小学和进行教育捐助,深受当地政府、群众的好评。孙云提倡“以人为本”的企业理念,重视引进和培养人才。几年来,他带出了一大批技术、管理人才,为企业和国家做出了重要的贡献。

2006 年,孙云获得了“全国十大桥梁人物”光荣称号。孙云说:“人,最可贵的是要有那么一点精神,只有居安思危,不断超越与现实自我,才能无愧于历史,无愧于我们的时代。”如今,他正带领着四川路桥集团以“发展交通、造福人民”为己任,在西部大开发的历史征程中,谱写着更加动人的壮丽诗篇!

(备注:孙云现为四川省铁建办副主任,省铁路投资集团董事长、党委书记)

做好正在做的事情

——记 1981 届校友李学华

李学华，我校 1981 届校友，1991 年 6 月毕业于中国政法大学法律专业（第二学士学位），2005 年 7 月毕业于清华大学工商管理专业（硕士），高级工程师。现任北京市永邦律师事务所律师、中国国际经济贸易仲裁委员会仲裁员、武汉仲裁委员会仲裁员、大连仲裁委员会仲裁员、北京市政法管理学院特邀法学教授、中铁二局股份有限公司独立董事。

李学华著有《国际道路工程承包商的权利与义务》、《国际道路工程承包中的索赔问题》、《国际道路承包工程报价中的不平衡单价及应用实例》、《京福高速公路三明连接线梅列互通桥支架模板垮塌事故案中的监理工程师是否犯罪》、《全流通的法律问题与解决方案》和《独立董事在上市公司中的作用》等文章。举办有关"建设工程项目合同管理"、"房地产管理法"、"合同法"、"公司法"等讲座 50 多次。

作为一名有 13 年律师执业经验的国际仲裁员，李学华认为工科的学习背景对自己事业的影响很大，不仅让他养成了认真、严谨、细致、踏实的工作作风，而且对数字极度敏感且有雄厚的数学基础，加上 12 年路桥工程、6 年房地产开发和 3 年北京市政府部门领导工作的经历，使其在律师行业中具有特别的优势。李学华做事好争第一，但为人低调，淡泊名利。他常说："我的原则就是要把一件件正在做的事情做好，无论大事小事，无论困难大小。"这一点我们可以从他的工作经历中深刻体会到。

1982 年 1 月大学毕业后，李学华在中国公路桥梁工程公司工作了 12

年,历任工程部工程师、投标组组长、合同组组长,国外项目部负责人,驻内罗毕办事处首任全权代表,驻基加利办事处工程经理,香港新机场项目办公室主任,驻加德满都办事处经理。参加或负责修建7条公路和1栋办公楼的现场施工技术管理工作,参加或主持国内外30多个路桥工程项目的考察、投标、施工指导、合同管理、索赔工作。李学华认为施工现场就是战场,不管是大事的决策还是细节的把握,他都要深入工地,认真了解。他以自己的才华、严谨、毅力和谦逊受到了广泛的好评。卢旺达共和国工程部顾问布也特先生在谈到中国公路桥梁工程公司承包卢旺达布达尔—西昂古古公路工程施工时曾感慨地讲道:“李学华先生是我见过的最好的中国工程师。”

1993年离开中国公路桥梁工程公司后,无论是担任成都阳光投资建设总公司总经理、中国海南国际经济技术合作公司常务副总经理、北京市城市改建综合开发总公司常务副总经理,还是担任北京市经济技术协作办公室副主任,李学华始终坚持自己一贯的工作作风,他思想活跃,果敢干练,善于将理论联系实际,迅速从一名技术干部成长为国有大型企业和政府部门的领导干部。

早在中国公路桥梁工程公司工作期间,李学华就发现中国人由于缺少必要的法律知识,在国际承包工程中常常很被动。于是,他决心报考中国政法大学学习法律,并如愿以偿。随着对法律研究的不断深入,他更是深刻地认识到法律在社会经济活动、生活中的重要性。出于强烈的社会责任感,李学华决定专门从事律师职业,更好地为社会服务,实现自己的人生价值。13年来,他在北京、上海、山东、河北、江苏、福建、广东、广西、海南、湖北、四川、宁夏等地办理诉讼、非诉讼和仲裁案件300多起,涉案总金额达150亿余元人民币,主要是建设工程、房地产、公司法等方面的案件。建设工程案件涵盖投标、承包、分包、计价、索赔、质量纠纷等内容;房地产案件涵盖拆迁补偿安置、土地征用与出让转让、项目合建、购房、项目转让等内容;公司法案件涵盖公司设立、改制重组、收购破产、股权纠纷等内容。在执业过程中,李学华以深厚的法律知识、极强的责任心、出色的解决问题的能力、高尚的职业道德,得到了委托人和同行的认可和尊重。2006年度,李学华承办案件的总金额在北京市律师行业中位于前十位。

如今,作为北京市永邦律师事务所的创办人和建设工程、房地产业务的领军律师,李学华依然保持着谦虚谨慎、严谨细致、勤勉尽职的工作作风,每天工作 12 小时以上,只要不出差,他常常是静静地坐在自己的办公桌前,埋头于堆满桌子的书籍和案卷资料之中,似乎总有忙不完的工作。我国的法治建设任重道远,李学华还将继续在这条道路上凭着那股顽强拼搏、不达目的誓不罢休的精神奋斗着。

长路漫漫情悠悠

——记1981届校友张力

张力,我校1981届校友,原重庆交通科研设计院有限公司董事长。我国著名的桥梁工程专家,国家注册咨询工程师(投资)。第十届全国人大代表,中共重庆市委委员,全国“五一劳动奖章”获得者。1993年经国务院批准享受政府特殊津贴,1996年经人事部批准为国家级有突出贡献中青年专家。他还兼任重庆市科协副主席、中国公路学会常务理事、重庆交通大学与东南大学兼职教授。

他主持建设的桥梁结构动力试验室处于国际领先水平;他先后主持过多项国家或省部级科技攻关项目和重大勘察设计咨询项目,其成果获得国家级科技进步三等奖1项、部省级科技进步二等奖2项、省部级科技进步或优秀勘察设计三等奖3项;作为第一发明人获得中国发明专利权2项。

情系桥梁　成绩斐然

同许多从十年浩劫中走过的人一样,张力也经历过很多人生坎坷,他当过知青,修过铁路,后来又进了交通部科学研究院重庆分院当了一名试验工。1978年恢复高考,他考进了我校道路桥梁专业。在学校,已是而立之年的张力是班上的“老大哥”,也是学习最努力的一个,他要把耽误了10年的光阴弥补回来。毕业后,张力被分配到重庆公路研究所桥梁室，那以后的20多年时间里，他整天说的、想的、干的都是桥梁。

期间，他先后主持了湖北沙洋汉江大桥施工监测和荷载试验工作，推出了一套颇具特色的荷载试验和大桥质量评价办法。他主持的交通部重点科研项目“压磁式混凝土应力测试方法”，其成果成功地应用于我国多座特大桥梁的应力测试，为大桥施工控制提供了重要依据。他在国家“七五”攻关项目的研究中，发明了“盲孔松弛加压法”以监测结构混凝土的绝对应力。这两项成果均获得国家发明专利和交通部科技进步二等奖。

1999年，他主持设计了重庆杨公桥立交桥，这是当年西南地区最大规模的立交桥，线型流畅，气势宏伟。该桥址地形复杂，有5个交叉路口，20个交通流向，总长10 862米。

在他的力主下，桥梁动力结构试验室建设于2000年2月正式启动。这个试验室具有当时国际最大的活动式震动台，可从理论上和实践上研究大跨径桥梁在地震和车震影响下遭受破坏的变态过程与机理，奠定了我国桥梁结构力学的理论基础，对指导我国大跨径桥梁的建设具有十分重大的意义。

大跨径桥梁钢桥面铺装设计、施工技术是当时世界性的工程技术难题，随着我国大跨径钢箱梁悬索桥和斜拉桥的发展，也成为我国公路交通建设的一项重大关键技术。张力率领各专业技术人员竭力攻关，经过大量的实验，先后应用于广东虎门大桥、厦门海沧大桥、宜昌长江大桥、武汉白沙州长江大桥等，取得了良好的应用效果，填补了我国这一技术领域的空白，特大跨径桥梁动力分析与试验研究也于2002年获得了交通部科技进步三等奖。

大胆探索　锐意改革

2000年9月，重庆交通科研设计院转制的时候，一些人流下了眼泪，那是因为与交通部35年的感情难以割舍。然而，张力清醒地认识到，转制是巨大的前进动力，重庆交科院将从此踏上了新的征途。

早在1984年，重庆交科院作为交通部事业拨款制度改革的试点单位开始涉及体制上的改革。20世纪90年代初，张力已经意识到科技体制改革的成败关系到单位的生死存亡,于是该院开始实行事业单位企业化管理,逐步进入市场。1996 年,重庆交科院又作为科技部的科技体制改革试点单位,经历了 4 年的转制准备工作。张力带领全体职工紧紧抓住科技与经济相结合这个“牛鼻子”,从 1997 ~ 1999 年的 3 年时间,经营合同额翻了一番,产值以每年 20% 的速度递增。2000 年年初,时任国务院副总理的李岚清到重庆视察,听取了张力的改革汇报,对他们实施科技成果产业化的做法十分赞赏。

经过在市场近 10 年的摸爬滚打,重庆交科院转为企业的时机已是水到渠成。张力和领导班子很快制定出了企业的发展策略:“以科研作为立院之本,以经营作为富院之路,以科技与经营紧密结合作为强院之策。”这一发展策略的制定,对重庆交科院创新型企业的建设起到了决定性作用。

十年勤探索,一策定发展,几年来交科院先后承担和开展了包括国家自然科学基金项目、国家“973”计划项目、科技部专项基金项目和国家西部交通建设科研项目等在内的科研项目 190 多项,在道路新材料、钢桥面和特殊路面铺装、智能超限检测系统、大跨径桥梁悬吊结构新工艺、隧道智能监测系统的研究等方面,都取得了重大突破。与此同时,年度合同总额、营业收入、利润和资产等主要经济指标年年都创历史新高,使重庆交科院在创新型企业的建设中走出了一条规模、效益、质量均衡发展的道路。

牢记职责　不辱使命

2003 年,张力被选举为第十届全国人大代表。“重庆人民为什么选举我当代表?重庆有几百万人,说实在的,有多少人了解我?但是他们看到这些年重庆交通基础设施的巨大变化:亚洲最大跨度的大佛寺长江大桥;集生态、环保、景观为一身的北碚公路隧道;采用全新技术建成的渝黔高速公路……从科技、勘察设计到施工,全部都是重庆科研设计院的成果。因此,重庆百姓选择了设计院的院长做他们的人大代表。这一方面说明了人民对重庆交通发展的充分肯定;另一方面面也表达了他们对进一步加快交通发展的期盼。”

在张力赴京开会的这天,适逢他母亲的 77 岁大寿。孝顺的张力询问母亲想要什么礼物,老人家意味深长地说,认认真真地多提些修路、造桥的好建议,这就是给我生日最好的礼物。

张力清楚地知道自己肩负着重庆几百万人民的重托,于是他向大会先后提出了“尽快开展高速公路管理立法的前期工作”、“中央开发西部的政策应用于农村公路建设,同时以相应的国家税费收入设立西部农村公路建设专项基金”、“关于制定《高速公路法》的议案”、“关于健全社会养老保险体系”等建议。

2006 年 1 月的一天,张力在报纸上读到了这样一条消息:在同一条街,搭乘同一辆三轮车,3 名花季少女同遭车祸丧生,3 个家庭体味着同样的悲痛。然而,给农村户口的一名少女的赔偿,却不及城市户口同学的一半。张力被这条消息深深地震撼了,“一个农民哪怕在城里生活了 100 年,如果遭遇车祸死亡,他的亲属也只能得到一笔很少的赔偿金;一个城镇居民遭遇车祸后却能得到比那个农民多几倍的赔偿。为什么?”

工作之余,张力一直在思考这个问题。他多次向法律专家请教,发现《民法通则》及其他法律对人身损害赔偿并没有农村居民和城市居民之分。实行差别对待,事实上造成了对农村居民的歧视。于是在 2006 年召开的全国人大代表大会第十届第四次会议上,张力大声疾呼——必须消除城乡居民地位上的差别歧视,那些对农民不平等的条款,必须进行全面清理。“仅仅消除经济上的城乡差别是不够的。要想真正消除城乡差别,建设社会主义新农村,必须首先消除法律上的城乡差别,消除对农民的歧视。”

祖国的需要就是我的努力方向

——记1981 届校友周哲玮

他，一步一个脚印，实现着人生一个又一个跨越；他，把生命融入教育事业，以俯首甘为孺子牛的精神默默耕耘，用勤奋和奉献书写着人生的诗篇。他就是我校 1981 届校友、上海大学常务副校长、副书记周哲玮教授。

周哲玮，1950 年 6 月出生，湖北武汉人，现任上海大学常务副校长、副书记，目前兼任上海市应用数学和力学研究所副所长、中国工业与应用数学学会常务理事、中国力学协会理事、上海市非线性科学活动中心工作委员会主任、上海市非线性科学研究会副理事长、《应用数学和力学》杂志主编。同时，他还是中国教育国际交流协会理事、上海市高等教育学会副会长。

面对众多的头衔，他却显得十分淡然。“我只是把这些当作实现人生理想、为祖国更好奉献的平台”，他从容地说。没有想象中“领导”的威严，只有一个老者与和蔼校友的亲切。他的人生历程犹如一本厚厚的书，一段长长的路，值得我们阅读和探寻。

“正是这种只争朝夕、自强不息的奋斗精神培养了至今仍受益的学习兴趣和学习能力”

1977 年 10 月，恢复高考消息传来，知识青年莫不欢呼雀跃，周哲玮却犹豫了：“已经 27 岁了，还要不要参加高考？”理想还没有实现，不考不甘心，抱着这样的心态，立志要圆“大学梦”的他每天白天在工厂上班，晚上就全身心地投入到高考复习之中。功夫不负有心人，在恢复高考以来唯一一次在冬天举行的考试中，周哲玮顺利地考入了我校。

那是个特殊的年代，谈起进入大学之后的学习经历，周哲玮很感慨地说：“同学们都非常珍惜来之不易的学习机会，学习非常刻苦，老师们也全力以赴，费尽心思的传授知识。”他如饥似渴地汲取知识，数学公式、物理定理使劲往脑袋里装。当时复习资料也少，他就从老师那里借书看，曾经把数学老师7本苏联出版的经典教材一次全部借走。刚开始上课没多久，他就把一本2 800多道题的数学习题集全部做完了。晚上熄灯后，过道里、路灯下都能看到他的身影。正是在这种只争朝夕、自强不息的奋斗中，他不仅仅收获了知识，更培养了对学习的浓厚兴趣和令他至今仍然受益匪浅的学习能力。

“他的思维很活跃，喜欢思考问题，经常‘抓住老师不放’，向老师请教问题。”他的老师、原我校校长龚尚龙教授这样说。

“他学习主动性、目的性很强，有自己的计划和方法，学习勤奋刻苦。他还是班里的班长，组织能力也很强，经常组织大家进行平时的一些考试，促进了良好班风和学风的形成。”当年的辅导员彭安玺老师谈起每年都得“三好学生”的他，有着说不完的话。

“不管境遇如何，只要努力奋斗，坚持下去照样可以做出成绩。”周哲玮是这样说的，也是这样做的。重返精神家园的他，争分夺秒地学习，努力追回已逝去的时光，孜孜不倦地追求自己的理想。1982年，他以优异成绩考入华中工学院（现在的华中科技大学）攻读硕士学位。

“母校勤奋的学风和严谨的校风是我人生中最宝贵的财富”

1982年，我国著名科学家、教育家钱伟长来华中工学院招研究生，由于学习成绩优秀，学校推荐了周哲玮和另外一个同学拜入钱先生门下。1984年毕业后，他到上海工业大学继续跟随钱伟长院士攻读博士学位。之后，他便留校任教，1989年获得“霍英东基金优秀青年教师奖”，随后前往美国克拉克森大学和北卡罗莱纳州立大学进行博士后研究工作。

周哲玮主要从事流动稳定性理论及其应用等方面的教学和研究,涉及固体力学、流体力学、摄动理论、分岔理论、稳定性理论等领域。其中关于经过修正的层流流动的流动稳定性理论的工作是周哲玮本人提出的思想,关于高速射流中新的绝对不稳定性现象的发现和在复合材料壳体稳定性研究中应用能量法求解一般各向异性问题都是前人的文献中所未见到的成果。周哲玮还承担了国家自然科学基金和上海市科技发展基金多项重大研究课题工作。

面对自己取得的成绩,他始终不忘母校的培养。“我非常感谢母校对我的培养和教育,我对母校最深的印象就是她勤奋的学风和严谨的校风,这对我来说是我人生中的一笔宝贵财富。”回想起当年教过他的那些老师,他至今还心存感激。如今,他还在担任由重庆交通大学主办的《应用数学和力学》杂志主编,和母校建立保持了友好、长期的联系。

同时,他也十分感激钱伟长院士的言传身教。钱伟长院士是我国近代应用数学与力学的奠基人之一。他和钱学森、钱三强被周恩来总理赞誉为我国科学家中成就卓越的“三钱”,他的治学精神和教育理念都对周哲玮产生了重要影响。“遇到钱先生,是一种幸运。”周哲玮饱含深情地说。

周哲玮本科读的是土木工程,硕士攻读固体力学,读博士研究的是流体力学。在拿到博士学位的时候,周哲玮请教钱老师:“我今后该向哪个方向发展?”谁知就是这么一个平常的问题,却遭到了老师的严厉斥责:“什么发展方向?国家需要你做什么,你就朝哪个方向发展!”

钱伟长院士有句名言:“我没有专业,祖国的需要就是我的专业。”他的言传身教,也让周哲玮的人生有了很大改变。“当初做钱老师的研究生,一心只想着做学问,成为一名科学家。”他坦言,如果不是老师的一番教诲,自己现在也不会成为一个大学的管理者。

“要为国家的需要办学、为国家的需要而工作学习”

周哲玮的办公室里,放着一只用珍珠做成的造型精巧的牛,这是钱伟长老师赠送给他的礼物。“我想他是在暗示我,作为教育工作者就应该有一种精神——吃的是草,挤出来的是奶。"周哲玮说。

为中华民族的复兴、为祖国的未来培养德智体美全面发展的具有创新精神的栋梁之材,这是钱伟长先生一生为之奋斗的办学目标,也是周哲玮继续贯彻的宗旨。当初钱伟长先生提出以"拆除四堵墙"和"培养全面发展的具有创新精神的人"的办学理念进行革新。改革开始的时候,周哲玮正在跟随钱老读博士,之后又长期从事学校的管理工作,使他十分深刻地认识到了钱伟长先生教学思想的科学性,并身体力行而为之奋斗。

周哲玮指出:"要为国家的需要办学、为国家的需要而工作学习。"他反复向教师和学生提出,要关心祖国的前途、人类的命运。这不仅仅是思想政治工作的要求,不思考这样大事的人,不可能进行最有价值的创新,不可能进入学科的主流,更不可能占据学科主流的主导地位。

"上海作为全国的窗口,需要大量的人才,而上海大学大量的学生对上海人才的提供起到了很大的作用。说轻了,是个人发展的小事;说重了,是关系到国家民族的大业。所以,于个人于社会,我们平时的学习都是如此地举足轻重。"周哲玮这样说。

周哲玮一直坚持钱伟长先生的办学理念,多年坚持要求把教学与科研结为一体。他认为,只有具有创新能力的教师,才能培养出具有创新精神的学生,因此,教师必须人人搞科研。从帮助学生掌握正确的思想方法的要求来看,教师不亲身参与创造性的工作,对最新的前沿领域工作的思想方法和工作方法就没有体会,也不足以引导学生掌握这种方法。近年来,上海大学开始探索本科生参与教师的科研活动,从研究工作中取得不超过总学分三分之一的研究性学分的教学模式,让学校的本科生受益匪浅。

当问及对自己的评价时,周哲玮微笑着说:"一个人必须弄清自己寻找的是什么,要克服种种诱惑,财富、地位、权利都可能是陷阱。我是一个幸运的人,我在利用一个很好的平台,做着自己想做的有意义、有价值的事情,祖国的需要就是我努力的方向。"

勇立潮头唱大风

——记1981 届校友孟黔灵

孟黔灵，我校1981届校友，中交第二公路勘察设计研究院有限公司党委书记、董事长，国务院政府特殊津贴获得者。

1999年，对有着近40年发展历程的中交第二公路勘察设计研究院有限公司(以下简称“中交二公院”)来说，是一个重要的转折点。1999年，而对在此工作了17年的孟黔灵来说，是一个严峻的挑战。自1982年从我校道桥系公路工程专业毕业后被分配至中交第二公路勘察设计研究院工作至今，他历任了工程师、专业组长、勘察队副队长、队长、院办公室副主任、主任、副院长兼党委副书记到现在的党委书记、董事长，这些年着实走得不易。

1999年9月，按照交通部现代化企业政企分开的总体要求，中交二公院从交通部“脱钩”，由事业单位转为企业体制。同年12月，孟黔灵出任院长。

随着社会主义市场经济体制的深入发展，特别是与交通部“脱钩”后，长期以来存在的一些深层次的问题和不足日益凸显：思想观念跟不上改革发展的形势；经营机制不适应市场经济要求，管理不到位；主业单一、延伸不够，拓展新业务缺乏相应专业人才；富余人员多、人员结构不适应科技型企业，包袱重、成本费用高。

逆水行舟，不进则退。以孟黔灵为首的院领导班子苦苦地思索着、寻觅着，企业的出路在哪里？改革的良方是什么？

院领导班子最终达成共识：首先，要确立“实施质量经营战略，加强管理，走效益型发展道路”的经营理念；其次，继续保持技术优势、科技优势，努力培养企业核心竞争力；再次，坚持“集中求发展、分散求生存”和“一业为主、两头延伸”的经营模式和发展思路。

时间到了2006年，公路勘察设计行业受国家宏观调控政策和市场主体多元化的影响，竞争异常激烈。中交二公院又面临着一个生死攸关的发展关口。严峻的形势，带给孟黔灵的是巨大的压力和沉甸甸的责任。痛定思痛后，孟黔灵大胆提出：必须解放思想，更新观念，转换经营管理模式，改革调整组织管理体系，变被动经营为主动经营。同时，响亮地提出了“第三次创业”和“建立国际型工程公司”的战略目标。

思路决定出路。1999～2006年，是中交二公院40余年发展史上发展得最好最快的6年。6年来，孟黔灵果断决策，锐意创新，兢兢业业，拼搏进取，带领着企业闯过了一道又一道难关，铸就了一个又一个辉煌。经济效益成倍增长，市场份额逐年增加，技术领先和科技创新业已成为企业创品牌树形象的亮丽名片，在山区高速公路、高速公路改扩建、公路海底隧道勘察设计等方面形成了独特的核心竞争力，承揽了一大批诸如沪宁高速公路及扩建工程、沪蓉西高速公路、京珠高速公路、鄂黄长江大桥、西藏墨脱公路、厦门海底隧道等颇具影响的重点工程。2001年获“全国交通系统先进集体”称号，2004年获“中央企业先进集体”称号，2004年名列首届“中国工程设计60强排名”第15位。

命运之神也给了孟黔灵丰厚的回报。2001年荣获“中国路桥集团劳动模范”称号，2003年荣获中国公路学会科学技术一等奖和国家科技进步二等奖，2003年荣获武汉市“五一”劳动奖章，2005年荣获中国路桥集团科技开发一等奖和中国公路学会科学技术二等奖，2006年荣获武汉企联优秀工作者，并多次当选为武汉市人大代表、湖北省人大代表和中共武汉市党代会代表。

2006年7月，中交二公院完成公司制改造，孟黔灵出任董事长、党委书记。职位变了，舞台大了，可孟黔灵对公路勘察设计事业的那份挚爱没变，对加快改革发展、振兴国企雄风的那份信念和执著没变。他说：“作为一家在公路勘察设计领域享有很高声誉的老牌劲旅和‘国家队’，我们要以明确的发展思路统揽全局，以创新的思想观念引领企业，以强烈的品牌意识和技术领先优势拓展市场，紧抓机遇，直面挑战，努力实现公司又好又快地发展。”这是一个优秀的交通管理专家的心声，也是历史赋予他们这一代公路人的庄严使命！

掌舵长江竞风流

——记1981 届校友黄强

1981 年,黄强从我校毕业后,分配到长江航运管理局基层一线单位——长江航道局武汉航道分局洪湖航道处担任技术员,从此他的人生就与长江航运结下了不解之缘。在这里,他迈出了人生中坚实的一步。1984 年,他担任长江航道局团委书记;1986 年,被组织部门选派到中央党校中青年干部研究生班进行了 3 年的系统学习深造;1989 年毕业后,担任交通部长江航务管理局党委组织部副部长,逐步走上了领导工作岗位。

"有为才有位,有位才有威"

1992 年,年仅 34 岁的黄强调任武汉水运工业学校校长。在学校执教期间,他锐意改革,执著创新,确立了"抓深化教改,促规范管理,办文明学校,创一流中专"的办学宗旨,不断改革完善学校的各项规章制度,学校两个文明建设成绩优异,1994 ~ 1995 年度被评为"湖北省双文明先进单位",并于 1994 年被国家再次确定为"国家级重点中专"。在此期间,他发表了一些水运专著,在业内产生了较大影响。随后他相继担任交通部长江航务管理局党委副书记、长江三峡通航管理局党委书记、交通部长江航务管理局局长、交通部长江航务管理局党委书记。经过多个岗位的磨砺,黄强逐渐成长为一位创新型、复合型的领导干部。

实干,是黄强的一贯工作作风。他说:"只有自己干好了,才能领导别人干。有为才有位，有位才有威。”“要追求卓越，敢于超越前人，事业才有发展”。1998年元月，作为长航系统最年轻的厅级领导，黄强调任长江三峡通航管理局任党委书记。在任期间，他对事关全局的重大问题及主要工作，充分研究，科学决策，以改革开拓的精神，在三峡坝区和葛洲坝坝区分别设置集航道、港监、公安为一体的通航综合管理机构，探索出一条职责分、工作不分，机关分、基层不分，一站多能，一艇多用，人员精干，工作高效的新路子，创文明行业工作一年上一个新台阶。1999年，长江三峡通航管理局被命名为三峡坝区和长航局“双文明建设先进单位”。

2000年，黄强就任交通部长江航务管理局局长。求实奋进的他，上任伊始，就花费大量的时间深入到基层一线，到沿江港航管理部门和港航企业进行调查研究，在掌握大量第一手材料的基础上，他认为，长江航运的发展关键在航道，核心问题是拓深、畅通航道。为此，他主持编制了《长江干线航道发展规划》（以下简称“《规划》”），被交通部评审为是未来20年长江干线航道发展与建设的指导性文件，并一举获得了2003年交通部水运工程咨询成果一等奖和国家工程咨询成果一等奖。同时，这个《规划》也是我国内河航道建设史上第一个被交通部批准的规划。通过这个《规划》，理清了长江航道建设发展思路，成为长江航道今后一段时期建设发展的依据和蓝图。他十分重视并大力推动长江航运科技创新工作，促进科技成果向生产力的转化，提出了“数字航道”、“智能航运”的理念，由他主持研究开发的长江下游电子海图科研成果填补了国内空白并取得了实用效果。2005年，黄强调任长江航务管理局党委书记，在保持共产党员先进性教育活动中，他主持撰写的《创新“四个机制”　突出“活细严实”——探索共产党员“长期受教育、永葆先进性”的有效方法和途径》论文，被交通部推荐到中央保持共产党员先进性教育办公室，得到高度评价，并推荐到“全国保持共产党员先进性教育活动与党的先进性建设理论研讨会”和有关研究机构、工作部门参阅，这也是长航系统党建工作第一次得到中央有关部门的肯定，也印证了他“追求卓越，有所作为”的人生格言。

“要跳出长江看长江、跳出行业看行业”

“思索成就博大”——黄强勤于思索，喜爱看书，在书籍的海洋中翱翔,陶情修德,思索品悟。他业余时间爱好围棋,喜欢在黑白棋理中感悟博弈之道,成就大局意识。他在不同场合都讲:“长航局作为长江航运的首脑机关、管理机关,必须要创新、求实,必须为行业服好务。要跳出长江看长江,跳出行业看行业”。在他的领导下,长航局作为交通部派出机构,逐步理清了政、企、事业之间的关系,逐步完善了统筹、协调、服务、监督的机能,初步形成了符合社会主义市场经济要求、开放型的长江航运经济体制,长航局机关列入国家公务员编制,形成了以“团结、务实、严谨、创新”的工作风格,确立了以“面向全长江,服务全行业”为宗旨,以“综合协调,联合行动”为主要方式,以“信息掌握、法律规范、政策引导”为主要手段的管理总体思路。在他的领导下,长航局先后在长江干线开展了川江汽车滚装船运输市场、长江涉外旅游船运输市场和客船、液货危险品运输市场专项整顿工作;连续3年深入开展“水上运输安全管理年”活动,整顿“四客一危”船舶,消除安全隐患;打击“江盗水匪”行动从根本上改善了长江水上治安环境,推广长江水上110报警服务联动工作,及时解决了船舶和群众的危难险急之事;《三峡坝区碍断期通航管理办法》既保障了船舶航行安全又保障了三峡施工的安全;顺利完成了三峡库区淹没复建工程;长江航运运输生产连年创新高。2006年,长江干线港口完成货物吞吐量7.8亿吨,长江干线已经有3个亿吨级大港。目前,从事长江省际运输的水运企业达2000多家,民营和个体船舶经营者近10万个,直接从业人员达100万人。长江水运货运量已超过了美国的密西西比河和欧洲的莱茵河,成为目前世界上内河运输最繁忙、运量最大的通航河流。

“创新,只有不断创新,长江航运才有大的发展”

敏锐果敢、善于创新、把握机遇是黄强的特征。他说“一代人要有一代人的追求”,“创新,只有不断创新,长江航运才有大的发展”,“一旦确立了目标,就要大胆地干”。在黄强的心中有一个大大的长江情结,高度的责任感和事业心使他为长江航运发展问题殚精竭虑。他说:“长江航运要发展,闭门造车是没有出路的,对内要长江一家人、行业一盘棋,对外要广泛寻求上级的大力支持、社会的广泛关注。”在他的不懈努力下,长航局与沿江各省市港航单位建立了定期沟通协调机制,打破了各自为政、条块分割的局面。《长江之歌》诞生20周年之际,他和他的同事们组织了"黄金水道长江行"新闻采访活动,成功举办了"长江黄金水道与国际航运峰会",邀请了新华社、《人民日报》、《中国交通报》、《中国水运报》、《综合运输》等国内外重要媒体的记者,从长江上游的重庆开始,顺流而下,经三峡、武汉到南京,行程近2 000公里,全面采访了长江航运建设与发展的现状。正是这两次活动,让长江再次成为社会关注的焦点。2005年、2006年,在党中央、国务院领导的直接关注下,交通部与沿江七省二市先后在北京、南京成功召开了"加快黄金水道建设　促进长江经济发展"的座谈会、长江水运发展协调领导小组第一次会议。两次会议建立了省部联手、区域联动的协调机制,交通部与沿江各省市签订了《"十一五"期长江黄金水道建设总体推进方案》,确定了"十一五"期长江黄金水道建设要实施航道治理、港口建设、船型标准化、三峡过坝运输扩能、水运保障、干支联动等6大工程。而黄强提出的航道建设要"深下游、畅中游、延上游"等观点被直接引用到了《"十一五"期长江黄金水道建设总体推进方案》中,合力推进黄金水道、促进长江经济发展,奏出了新世纪、新航运新一轮大发展的华美乐章。

"你从雪山走来,春潮是你的风采;你向东海奔去,惊涛是你的气概……"这首大型电视片《话说长江》中的主题歌《长江之歌》,是黄强最爱听、最爱唱的一首歌,也在不断地感动着他、激励着他。

天山脚下的铺路人

——*记1982 届校友马振海*

马振海,1982 年毕业于我校道路系公路工程专业,现任新疆公路局总工办主任、副总工程师。从我校毕业后,扎根西部,在天山脚下甘做一名普普通通的铺路人,一干就是 20 多年,为新疆的交通事业作出了重要贡献。

筑路天山

新疆自古就是交通要道,当年的丝绸之路上,成千上万的客商往返穿梭,悠悠的驼铃声在大漠上空回荡了几个世纪,嗒嗒的马蹄载着东西方的文化也在这条路上奔跑了几个世纪。新中国成立以后,新疆的交通建设得到了突飞猛进的发展,但由于特殊的地理和自然环境,交通依然成为制约当地经济发展的"瓶颈"。

20 多年前,正值青春年华的马振海当时正被一首叫《达坂城的姑娘》的歌曲吸引着。"达坂城的石路硬又平哪,西瓜呀大又甜,那里来的姑娘辫子长呀,两个眼睛真漂亮。"多么美好的画面。于是毕业时,马振海主动要求去新疆,但他没有想到就是这个决定,让他成为了一名实实在在的天山铺路人,无怨无悔奉献了自己的全部青春年华。

刚到新疆,最先迎接马振海的不是甜甜的葡萄、哈密瓜,不是香喷喷的牛羊肉,更不是美丽的新疆姑娘,而是沙尘暴。那铺天盖地的黄沙,让马振海狼狈不已，脸上、身上包括嘴里都是沙子。喝的水里有沙，吃的肉里有沙。而这些都不算什么，由于新疆特殊的气候，沙尘暴频繁，施工工地经常遭受沙尘暴袭击，只得停工数日，为了赶上工程进度，大家不得不在夜间工作。一同分来的大学生，不少都打了“退堂鼓”，纷纷找借口离开了施工一线。马振海也动摇了，这时一位老同事用自己40多年扎根新疆、勇做天山脚下铺路人的亲身经历告诉他：“有人说，筑路人的精神像一首诗，但生活却不像诗一样优美，筑路人是将自己对人生的追求，对奉献的诠释默默地抒发在那不断延伸的公路上，筑路人宽广的情怀就应该如同彩虹般绚丽，山岩般壮美，随着飞驰而过的车辆传遍四面八方。”马振海的内心被深深地震撼了，于是他安下心来决定做一名铺路人，再苦没有怕过，再累也没有怨过。

由于公路施工工作点多、面广、线长、头绪多，马振海做起工作来小心谨慎，认真细致，每一份报表、每一张图纸，他都要亲自考察分析；每一组数据，他都要亲自验算；每一道施工程序、每一块施工标牌，他都要亲自过问。对公路质检亲自把关，每天总是忙得不可开交，工程施工繁忙时，平均睡眠不足6个小时。对于这个年轻的技术员，工地上有人说他“精”，但说得更多的是他“傻”。“精”说的是业务上他一点不含糊；说他“傻”，他干的活比谁都多，睡得最少，操心最多，拿得不多，干得不少。

此后的20多年间，马振海负责了新疆多项公路的建设，他的名字与天山脚下一条条公路紧紧相连。

天山脚下修高速

2006年，新疆红山口—鄯善的高速公路开始修建。该公路起点位于红山口K3 785+000处，向西北方向在K3 827处上跨兰新铁路，经七克台镇、鄯善火车站镇、吐哈油田至鄯善县，全长94.123公里，是连接国道的主干线，也是新疆境内平均交通量最大的一条公路主干线，担负着新疆与内地90%以上的公路客、货物运输，该公路作为亚欧大陆桥的重要组成部分，在中国对外贸易方面发挥着重要作用。马振海承担参与了该公路的设计工作。

红山口—鄯善的高速公路全线处于东天山南麓的低山丘陵带，地处吐鲁番盆地东部地区，属于洪积扇、低山间低（谷）地、微丘、山前冲洪积倾斜平原与山前洼地组成的地貌形态。其中路线起点海拔 1 300m，路线终点海拔约 516m，呈北东低西南高地形。由于地处欧亚大陆腹地，受地形影响，地区气候具有独特的暖温带荒漠气候的特点，春季升温迅速，夏季炎热，6 ~ 8 月最高气温在 35℃，极端最高气温在 45.2℃，秋季较短，降温快，冬季寒冷期短，风雪少。日照充足、热量丰富、昼夜温差大、降水稀少、蒸发量大、湿度很小、干旱严重、气候干燥，恶劣的气候条件成了公路建设的“拦路虎”，再加上新疆特有的盐渍土和风积沙，都给公路建设带来了很大困难。

面对这些困难，马振海并没有退缩，他和自治区交通厅质检站对红鄯高速公路工程进行了详细的质量检查，并听取多方面的意见反馈，有针对性地解决施工中出现的难题。面对严重的盐渍土路段，他们采取远距离挖掘非盐路基填料的方法，舍近求远地将一车车非盐土运到施工路段，确保了填筑质量。

施工期间，已是新疆公路局总工办副主任、副总工程师的马振海长期“泡”在工地上，与施工人员同吃同住，解决技术难题。他的同事做了一个统计，在开工的大半年时间里，马振海只回过两次家，加在一起的时间还不到 20 天。

情系天山

长年累月的户外施工工作，严重地损坏了马振海的健康，胃病、腰椎间盘突出等疾病一直困扰着他。但一遇到施工任务繁重时，马振海就会忘掉这些病痛，全心投入到工作中。他常常开玩笑地说：“工作就是我治病的法宝。”

忘我工作，根本顾不上家里，家里人常常埋怨他过问家事太少。马振海也常常愧疚地说，自己不是一个好爸爸，不是一个好丈夫。如今新疆的交通建设正方兴未艾，自己作为一名交通人，就必须全身心投入，做一名天山脚下的铺路人。

丹心挚爱筑坦途

——记1982届校友刘祖祥

商丘不大，但在河南乃至中国这都是一个令人陶醉的名字，商丘是个令人向往的地方。

商丘位居河南东部，她是国家历史文化名城，国家园林城市，全国绿化模范城市，中国优秀旅游城市，全国长寿之乡。她历史悠久，文化灿烂，博大精深，奥妙无穷，有着五千年文化积淀，五千年华夏传统的相守相望。

河南的公路很美，商丘的路在河南尤为突出，行走在商丘的国、省道公路上，眼前一望无边是清新的绿，随风扑鼻的是沁人心脾的花香。2003年12月，胡锦涛总书记在商丘考察期间，乘车途经国道105、310及省道203等路段时，曾对商丘公路的畅、绿、美、靓多次给予赞扬。商丘公路有今天的这番成就，商丘公路局局长、重庆交通大学路桥82届校友刘祖祥居功至伟。

1982年大学毕业以后刘祖祥在公路行业一干就是20多个春秋，先后任技术员、工程科副科长、科长、副局长、局长等职务，是从一线脚踏实地、一步一个脚印成长起来的领导干部。20多年来，他以自己的实干，默默实践着要在公路战线干一番伟业的人生理想。

春种一粒粟，秋收万粒籽，作为商丘地区公路事业的领头人，他带领公路系统广大职工，从一个辉煌走向另一个辉煌。在他和历任领导的共同努力下，商丘的公路也由昔日的坑坑洼洼和“晴天一身土，雨天一身泥”的状况，变成了如今的“路平似镜面，林荫遮骄阳”的迷人美景。商丘公路事业的每一次飞跃，都倾注了刘祖祥大量的心血和汗水。他是忠实的见证人，也是优秀的实践者。由于表现出色，1985 年，刘祖祥被省公路学会吸收为会员，1995 年任河南省基础工程学会理事，先后被评为省交通系统“劳动模范”、“河南省百名优秀工程师”、第八届“好路杯”竞赛“劳动模范”等荣誉称号。2002 年被中国交通企业多种经营管理委员会授予“优秀经营管理者”称号，2003 年被省总工会授予“河南省五一劳动奖章”，2004 年又荣获“河南省劳动模范”光荣称号。

2002 年初，刘祖祥由副局长走上局长的工作岗位。上任后，他带领全市 6 000 多名公路职工，以改革创新为动力，立足当前，着眼未来，深入探索公路事业的可持续发展战略，以求真务实的作风和开拓进取的精神，实现了商丘公路建设大跨度、跳跃式的发展。

2003 年是商丘公路建设的高峰年，为切实保障工程质量，提高全员质量意识，刘祖祥局长充分发挥领导班子成员的作用，党委成员一人一条路，质量与效益挂钩，荣辱与共。为了掌握工程建设第一手资料，他从没休息过一个星期天，只要一有空，就带领工程、质检等部门的同志，深入工程建设一线，调查研究。

科班出身的刘祖祥不擅言谈，特别不擅长谈自己的成绩，如同重庆交通大学的很多校友一样，在工作岗位上默默地奉献着。每当别人说起商丘公路最近几年的变化，他总是说：“那是因为有一个各级领导关心、支持的好环境，有一支特别能吃苦、特别能战斗的好队伍，有一套科学、创新、促人奋进的管理方法和激励机制，自己只是实实在在地干了几件事而已。”

他说的话虽然平淡，可他的作为却早已树起了丰碑。2003 年，商丘市公路局共完成投资 10.7 亿元；征收通行费 1.2012 亿元，完成年计划的 110.2%；全年征收汽车养路费 1.1 亿元，完成年任务的 121.6%；新增绿化平台 608 公里，动土方 1 043.8 万立方米；在 G105 线全国文明样板路创建工作中，拆迁各类建筑物达 18 万平方米……一项项工作，一个个成绩，都真实地记载着刘祖祥为公路事业呕心沥血的日日夜夜。

随着社会主义市场经济体制的逐步完善，一些传统的管理理念已不能适应公路事业快速发展的现状。

为增强商丘公路系统内部活力，刘祖祥首先从工程建设体制和公路养护体制改革入手。在工程建设中，将建设项目全部推向市场，实行招投标制，理顺业主、监理单位和承包商之间的关系，有效控制工程造价和工期。在养护体制改革中，刘祖祥在多方探索的基础上，在全市积极试行“国路民养”的养护新体制，用市场经济的规则去规范养护生产方式，市场经济的杠杆调节作用成为养护管理的一种有效手段。这项改革极大地促进了养护工作生产力的发展，激发了广大养护职工的积极性，实现了“三高一低”（即养护效率提高、员工工资提高、好路率提高，养护成本降低）的改革目标。2003年，全市道路干线好路率达92%，其中国道好路率达98.64%，省道好路率达89.5%，全部超过了省局下达的指标。

工程质量是百年大计，是工程的生命，是效益的统一体。如何严把质量关，把每个工程都建成精品工程、形象工程呢？刘祖祥响亮地提出了“只要优良工程，不要合格工程”的口号，要求提高全员质量意识，打造精品工程，并结合自己多年的施工实践，对工程建设的管理模式进行了积极的探索和大胆的改革，取得了显著成效，商丘的工程质量管理措施在全省进行了推广。

在工程建设中，他摒弃了对施工单位“保姆式”的管理体制，实行国际通用的“菲迪克”条款管理模式，建立业主、监理与承包商之间的合同关系，各工地设有业主代表、总监、副总监、驻地监理及试验监理工程师等，施工过程中每道工序完工后承包商自检合格，经监理抽检认可后，方可进行下道工序。从而使全员牢固树立了质量意识，确保了工程质量。

刘祖祥还在工程施工中提倡推行了成本管理，严把材料准入关，对主要材料进行统管。如沥青、水泥等，通过统一招标来订购供应，未通过招标的原材料一律不准使用，责任人负质量责任。如总投资6 000多万元，全长11.1公里的北海路改建工程，哪一段、哪一层，谁标的桩、谁施的工、谁验的收，都标得清清楚楚，切实增强了工程建设的透明度。通过这项改革，仅主材料一项该工程就节约成本近百万元。

与此同时，他还在工程建设中实行了风险抵押金制度，从项目负责人、工程监理、技术人员到一般施工人员，根据责任大小，分别交纳2～3万元不等的风险抵押金，确保在质量问题上人人有压力，人人有责任，纵向到底，横向到边。从而把工程质量同每个人的切身利益挂起钩来，形成了人人讲质量、人人关心工程质量的良好氛围。

道路通行费征收是筹集公路建设资金的重要渠道，但人员多、开支大、还贷率低，一直是困扰收费行业的大问题。为彻底扭转这一局面，刘祖祥局长在深入调查研究的基础上，借鉴外地的成功经验，在各收费站大胆推行了“同工同酬”制度，实行定岗定酬、严格考核、末位淘汰。这项改革措施，不仅有效降低了各项开支，而且极大地激发了职工的上进心，提高了职工的责任心和爱岗敬业意识，“不爱岗就下岗，不敬业就失业”已成为大家的共识。2003 年通行费收入突破亿元大关。

刘祖祥并没有把脚步停留在昔日的辉煌上，而是看得更远，把眼光放在了公路事业的可持续发展上。为发挥规模优势，增强市场竞争能力，刘祖祥与班子成员取得了共识，组建公路施工企业，打造商丘公路行业的航母。河南路桥发展建设总公司组建近一年来，发展势头良好。其在继商亳高速公路中标后，又相继在鹤濮路、周口阿深高速公路、叶信高速公路等项目中标。截至目前，已中标 10 多亿元的工程项目，取得了历史性突破。刚组建不久的商丘市路鑫高速公路有限责任公司，也成功走向了市场，并按照市场模式运作，一举中标商周高速公路。监理、设计、施工也都成功进入了市场，走出商丘，走向河南，并稳步向西部市场迈进。豫东公路勘察设计有限公司已成功进入新疆西部市场，2003 年已完成 89 公里道路的测设工作，另外 180 公里的测设工作正在进行中。商周高速公路建成后，该局将意味着新增固定资产近 20 亿元。随着商周高速公路等一批新项目的开发，商丘公路事业可持续发展已初露曙光。

公路事业的发展关键靠人才。刘祖祥走上领导岗位以后，不但善于发现人才，更善于使用人才，大胆从一线职工中选拔优秀人才，压担子，定任务，给其成长的环境，对中层领导实行聘任制，根据工作业绩决定其去留，从而在全局形成了“班子成员团结协作、勤政务实，中层干部主动性、创造性工作，基层职工埋头苦干、无私奉献”的良好氛围。

一条条公路，就像阳光下一条条闪亮的彩带，在大地上蜿蜒。刘祖祥就像一名出色的艺术家，手持这彩带，在商丘大地上舞出了一个又一个辉煌：商丘市公路局在全省“好路杯”竞赛中，已连续 5 届保持金杯称号，连续 6 年保持“省级文明单位”称号，3 次受到市政府通令嘉奖，先后荣获“全国五一劳动奖状”、“全国精神文明建设先进单位”等荣誉称号。

黄河舞虹

——记1982届校友张习贤

神州之首——中原，这块中华文明的发祥之地，以博大的胸怀容纳和慰藉了从巴颜喀拉山奔腾而来的黄河水，任其在豫州一望无际的大地上恣意舒展着身姿，滋润着这块崇尚英雄文化的沃土。

庚寅年仲夏，带着对华夏文化的敬仰，带着对重庆交通大学历届校友艰苦创业的深层探求，我来到了千百年来走出了无数风流人物而在不同的领域引领着中华文明的进程并以不同的方式诉说着光荣的河南大地……

初识"曼德拉"

郑州，天下九州通衢之地。

自从2004年中央的"中部崛起"战略实施以来，这座中国八大古都之一的历史名城俨然成为中国中部崛起的引擎，城市面貌日新月异。感谢现代文明所带来的交通便利，我全然没有数千里长途的旅程劳顿，短短的100分钟空中飞行，从祖国西南部的长江之滨就来到了中部的黄河之畔。

在车流如织的未来路的一所酒店中，我见到了河南校友会的秘书长李煜炎和专职副会长张习贤。

一少一老，年轻而显得精明、儒雅的河南校友会秘书长李煜炎与已从焦作公路局副局长岗位上退休而依然精神矍铄的校友会专职副会长张习贤,在最初的见面中留给我的印象是很有意思的对比感。

寒暄中,李煜炎告诉我,在河南采访的时间里,全程由张习贤副会长负责安排和陪同,同时,也很慎重地向我说:“张局长也是一个很值得写的人物。”

在河南近一周的时间里,我与张习贤朝夕相处,渐渐地了解了这位有着黑黑的脸膛、高阔的额头,神似“曼德拉”,说着要使人很认真听也不一定能完全听懂的豫东商丘话的汉子,在他身上有着那样多有意思的故事。

河南宁陵。

农历1949年8月下旬,张习贤出生在这里一个还算富裕的传统农家。

张习贤祖父虽然目不识丁,但却不乏精明,也置下了几十亩地,养育了包括张习贤父亲在内的3个儿子。由于吃尽了没有文化的苦头,祖父省吃俭用供3个儿子上了学,指望后辈们有朝一日能光宗耀祖。

张习贤的父亲排行老二,在3个儿子中最有造化,竟然考上了开封的学校,这在当地可是一件很长脸的大事。然而,老二在城里读书时,目睹国民党政权的倒行逆施和腐败,于是,就接受了进步教育,思想逐渐倾向于革命。1948年春节前,时值震惊中外的淮海战役刚刚结束,中原形势初定,但宁陵还没有解放,还算是国统区。老二回家过节,遵父亲之嘱书写春联张贴在大门上,在冬日的阳光下,祖父瞅着红红的对联正乐呵呢,大儿子也回来了,一看这对联怔了一下,悄悄地对张习贤的祖父说:“爹,有这对联这年咱是别想过了,您瞧,这上联写的:万众一心打过长江去,下联是:众志成城活捉蒋介石。”祖父一听这话是又惊又怕又怒,回身捞起一根木棍就向老二揍去。这一棍可好,将张习贤的父亲打进了解放军的部队里,从此,南下、入川、进藏、入党、提干,一直到1957年才转业回到宁陵当了地方干部。

由于父亲的革命影响使张习贤的人生轨迹有了方向的初定,但由于父亲性格的执拗也使这个家庭的命运发生了巨大的转折。1962年,为响应当时干部下放农村的号召,张习贤的父亲报名坚决要求回老家务农,而且说明不是到农村当什么公社秘书、民政助理之类,而是一个彻底的干农活的农民,在组织上多次做工作无效的情况下,只好将他作自动退职处理。

就这样，生活又回到了开始时的原点。

张习贤自发朦之初，勤奋的个性以及聪颖的领悟力使他在学习上成绩格外突出，从小学到高中的无数次统考中，名列前茅的名字中总是少不了“张习贤”几个字。他满怀希望地编织着自己的理想之梦，即使由于父亲的选择导致家庭的日渐贫穷之时，也没有放弃。1968 年夏天，当张习贤高中毕业以后，发现自己无处可去，无奈之下只好回乡，如同自己的祖辈一样扛起了锄头，日出而作日落而息，成为了真正意义上的农民。

十年的时间不算短，尤其是在人的如同金子般宝贵的青春时期。张习贤无法抗拒命运，但依然怀揣一团希望之火，用坚韧的天性忍受着生活的磨砺。

高中毕业，这在 20 世纪 60 年代的农村可是一个大大的秀才了，但张习贤没有接受生产队在农活安排上的照顾，反而要求做最重最累的活路。在他的潜意识中，需要由这种极度的体力劳动来减轻心灵上的失落感和痛苦。

当积肥队长，张习贤长期挖厕不已，后来竟然不知“臭气”。

古宋河水利工地，张习贤的优秀表现获得指挥部奖励，奖品是那个时代最荣光的物品——一套《毛泽东选集》。

在大队、公社的毛泽东思想宣传队里，这位当地的“才子”才华必显，戏曲、相声、快板等节目在他手中源源不断地创作出来，在当地闯出了一片天地。

最能彰显张习贤价值的是在他当上了大队的民办教师后的教学工作。在当时的宁陵县名噪一时，县里还多次组织全县教师对张习贤的教学进行观摩学习。

时间如同长河，缓慢而不可逆转地流淌。

张习贤结婚了，很快地扑腾下三个孩子，青春年华已逝，随着身体与心灵的沧熟，胸中那团微弱的希望之火在慢慢地熄灭。

1977 年的冬天无疑是中国教育史的春天。“大时代”的波涛汹涌与无数“小人物”的命运连接在一起，国家通过各种媒体宣布恢复高考。

在秋后的广袤的田野上，张习贤兴奋而疯狂地跳啊、唱啊，热泪纵情在黑黑的脸上奔流。他庆幸，庆幸自己终于等来了命运之神的青睐；他确信，确信自己一定能够重新将自己的人生紧紧地拽在手中。

12 月中旬，张习贤和全国 570 万考生一起走进了将会完全改变自己人生轨迹的考场。在分数公布之前填报自愿时,张习贤踌躇满志地填下了"中国科技大学实验核物理"和"北京大学地球物理"。分数下来了,张习贤一看,傻眼了,考了267分,这个分数只是刚刚到体检线。那一年全国录取27.3万人,录取率不到5%,张习贤榜上无名,名校梦就这样幻灭了。1978年的春天,张习贤重新审视了自己的实力,终于考上了重庆建筑工程学院道路桥梁系(重庆交通大学前身之一)。

一段崭新的人生之路从此展开,这个30多岁而且有了3个孩子的中原汉子走进了学府殿堂。庄户院走出了大学生,这是一件值得庆贺高兴的事情,看着快乐而忙碌地应酬着前来道贺的亲友们的张习贤,妻子在愉快之余也对丈夫幽了一默:"看把你乐得,不就跟你儿子一样,都是一年级新生呢!"可不是吗,张习贤在笑声中咂吧着嘴,仿佛在体味着快乐中的那一些许淡淡的苦涩。

回望当年的艰辛,张习贤至今依然感叹欷歔……

临近到校报到的日子了,虽然那时不交学费,但文具费、生活费还是要的,而这些是张习贤贫穷拮据的家庭所不堪承受的,就是从商丘到重庆的路费也成问题啊!张习贤常常背着人在庄稼地里流泪。好在亲戚朋友在他困窘之时伸出援手,大家凑足了500元钱,把张习贤送上了去重庆的火车。临行时,张习贤想到自己这一去将来家中的所有担子就落在妻子单薄的肩上,硬是将200元钱给了妻子。

大学4年,张习贤格外珍视这难得的机会而努力学习。他说道,在生活上我比不过别人,但在学习成绩上我绝不比别人差。在每年的寒暑假里,他都会千方百计地想办法以最经济的方式回家,为的是尽可能地帮助在领着3个孩子艰难度日的妻子一把,也感谢那些经常接济他家的亲友们。其间,还当了一次破除迷信的样板。有一年暑假,张习贤在回家时习惯地和乡亲们一起劳动。田间休息的时候,一位商丘有名的号称"铁算子"看相算命奇准的算命先生游历至此,众人将张习贤推出试试铁算子功力如何。算命先生睥睨而不屑地看了看这位黑脸而且穿着满是泥点旧衣服的汉子,撇撇嘴:"一个泥腿子,有何造化。"众人哗然大笑,告知这可是响当当的正牌大学生啊,铁算子惊得几乎将鼻梁上的老花镜掉下来,半晌方赞道:"天之骄子却依然布衣,可见品行情操非比寻常,佩服!佩服!"

1982年,张习贤以优异成绩怀揣毕业证到河南省交通厅报到。

如同一首交响曲,在如歌如诉的序曲以后将是更加磅礴激昂的高潮。

桴鼓相应 “焦作风暴”震华夏

20世纪80年代，是现代中国发生深刻变化的时代，在国民经济即将飞腾之时，交通却成了制约发展的瓶颈。在当时的中国大地上，有一句口号喊得格外响亮“要想富，先修路”。

路桥专业毕业的张习贤有了展示自己才华的宏大舞台。

在信阳地区国道312线的工程质量调查中，他负责撰写的《潢固公路质量事故调查报告》很快在《河南交通科技》上发表，在河南全省乃至全国都产生了一定影响，打响了初出茅庐的第一炮。

郑州至少林公路软弱地基进水问题；

确山至泌阳桥梁病害问题；

禹县南关的“五路平面交叉设计”；

……

在一系列的工作中，张习贤的成绩斐然，同时，也引起了当时河南交通系统的技术权威杨清照总工程师的注意。在一次重大工程的技术审查中，众多的技术骨干都没有说出什么，而张习贤却敏锐地发现了其中的问题，并认真地以书面报告形式提出了意见及解决的方法。当杨清照听到只有一个不知天高地厚的毛头小技术员提出意见时，大感兴趣，调来报告书一看，对其清晰的条理、科学的分析及完善的修改大为折服，旋即批示“请按习贤同志意见重新设计”。二人遂成忘年之交，经常在一起谈路说桥，杨清照认定这个外表憨厚而内在慧秀的大学生将来必在路桥建设上有一番大作为。

然而，由于父亲苍然离世而压在张习贤身上的沉重的家庭担子越来越重，使这位有心在公路建设事业上大干一番的汉子不得不作出“为全家创造更好一点生存条件”的选择。

1985年，在焦作市为发展公路建设事业，市政府以“解决住房，解决家属、子女户口和就业”的优厚条件下，张习贤来到了焦作，虽然他也知道，凭自己的才华，在省城、省交通厅，展现在面前的必是一条青云之路。

卸掉了生活重担的张习贤格外轻松，怀着一颗感恩之心，质朴的张习贤把焦作视为自己的第二故乡，以出色的工作进行回报。

焦作，一个被太行绝壁和黄河天堑世代阻隔的地方，地处晋煤外运的咽喉要道，随着经济发展的进一步加快，大流量、重装载成为货运的显著特点。20 世纪 80 年代末 90 年代初，焦作的公路状况可谓是“三超一低”，即人们常说的超流量、超负荷、超期服役和低等级。公路建设滞后卡住了焦作经济发展之路，不破解这个难题，当地经济就不可能实现快速发展。有幸的是时值国家产业结构调整初期，国家政策开始向能源、交通产业倾斜，焦作市交通公路部门抓住这一有利机遇，确立了“超常规、大跨度、高起点、快节奏”的发展思路，焦作公路建设工程全面铺开，但由于资金严重短缺等诸多问题的困扰，致使很多工程进展缓慢，个别工程处于停工状态。“路通桥不通，桥通路不通，半通半不通”正是当时全市公路状况的真实写照。

正需要用武之地的张习贤来到了焦作，如同蛟龙恣意嬉水于浩瀚的大海。

勤勉的工作态度和精湛的技术手段及强烈的事业心很快就使他在同行中崭露头角。先后出任公路局养护科科长、工程技术科科长、计划科科长，几年的时间里，张习贤在公路局的多个重要管理岗位上得到了全面锻炼，更加增长了才干。

正是由于张习贤的不懈努力和工作中的出色成绩，1992 年 8 月，张习贤被提拔为焦作市公路管理局副局长，负责全市公路建设工作。

《汉书 · 李寻传》：“顺之以善政，则和气可立致，犹桴鼓之相应也。”

在焦作，张习贤有幸与姚天恩共事，这位公路局局长也是一个思维敏捷、思辨能力极强的开放型领导，对于张习贤这样的人才极为重视和放手使用，桴鼓相应在这里得到了最形象的诠释。

一场享誉中国现代化公路建设事业的“焦作风暴”就此打响。焦作，站到了我国公路建设体制改革的最前沿。

张习贤无疑是我国当代公路建设体制改革的先行者，在焦作的“四路八桥”工程中对存在于公路发展中的筹资、建设、经营、管理等矛盾和问题进行了全新的探索。他不断地从实践中发现问题，从而借鉴“菲迪克”管理模式，对出现的问题进行全面梳理，大胆提出了监理招标制，消除计划经济体制下国家投资建设所存在的许多不良行为，使焦作公路管理体制走向规范化、科学化。

监理招标制的提出在当时的河南是第一次，全国也鲜见，后来国家出台了关于监理招标的规范性文件中有很多已经在焦作实践过了，张习贤的超前眼光和远见卓识由此可见一斑。

10年，只有10年，焦作市公路建设走过了发达国家50年才能走完的发展之路，创造出了当代公路建设的奇迹。借助于公路建设投融资体制改革所提供的雄厚资金，焦作市建起了“三路一桥”，即我国第一条主要由地方自筹资金、自主建设、自我管理的高速公路——焦郑高速公路，河南省第一座由地方自筹资金、自主建设、自我管理的特大型公路桥——焦作黄河公路大桥，施工难度大、科技含量高的省际高速公路——焦晋高速公路，实现了焦作公路建设的跨越式发展。

一时间，这种解放思想、勇于创新、自筹资金发展交通的创举在全国交通行业引起轰动，众多专家称为“焦作公路模式”、“焦作公路现象”。

如今提起河南，提起焦作，公路畅通已成为耀眼名片。

焦作这个在中国公路交通版图上，算不得任何枢纽和重要节点的城市，公路建设水平却远远领先于全国平均水平。

2008年，在张习贤拿到红彤彤的退休证时，焦作全市公路通车总里程达7 103公里，公路密度达174.5公里/百平方公里，其中高速公路通车里程192.461公里，高速公路密度为4.73公里/百平方公里，这在全国任何一个地级市里都是响当当的数字。

古怀川厚重的黄土地，揉进了张习贤对这块热土深沉的爱，他将自己生命中最富创造力的年代献给了这块土地和这块土地上的人民。数十年岁月风霜将他的额头镀上了古铜色。在焦作公路系统，这位黑脸的副局长的“三铁”尽人皆知：铁手腕，铁面孔，铁心肠。面色黧黑处事又铁面无情的张习贤，早就被人称为“曼德拉”，其中虽然免不了有戏谑的成分，更多的则是对他黑脸包公式的处事方法的肯定。

怀川携锐　黄河舞虹

人生就像一条抛物线，有最高点，而往往最高点就是那一瞬间。最高点上，个人的生命价值将得到最大的体现。

在采访中，我问过张习贤，他的生命中最值得珍视和最精彩的片段是什么时候？张习贤毫不迟疑地回答，是在焦作黄河公路大桥建设的几年。

说起那几年没日没夜的类似战争年代的艰苦岁月，张习贤仍然激动不已：“黄河大桥及连线工程的每一路段都有说不完的故事，那是一曲多声部的充满时代精神的混声合唱……”

黄河，华夏儿女的母亲河，以其文化底蕴之厚重、感官气势之磅礴，为千百年来无数风流人物所赞颂。在中华民族的文明史上，黄河流域的炎黄子孙曾有过数不尽的创造与发明。他们凭着自身的勤劳、勇敢和智慧，创造出了非凡的业绩。千千万万黄河儿女也在付出说不完、道不尽地努力与奉献。

从这个意义上来说，黄河也为她的子孙提供了创造奇迹的广阔天地。

焦作黄河公路大桥的建设成功就是一个缩影！

在黄河南段，已有的公路大桥分别位于洛阳、郑州、开封、濮阳和三门峡，焦作黄河公路大桥是第六座公路专用大桥。

修建焦作黄河公路大桥，最初的倡导者应该是伟大的先驱者孙中山先生。在孙先生的《建国大纲》中，曾有过简略的概述。只可惜在那个军阀混乱、民不聊生的时代，孙先生再美妙的设想也只能是纸上谈兵。

想桥、盼桥、等桥的两岸人民，终于盼到了焦作黄河公路大桥开工的这一天——1998 年 12 月 11 日。“修富民通衢，绘千年宏图；建黄河大桥，创世纪伟业”大幅标语的悬挂让两岸人民的梦想终于变成了现实。

焦作黄河公路大桥及连接线工程，起于温县城西的新乡至孟州公路，止于巩义市东站镇，全长 18.5 公里。全线共有特大桥两座，互通式立交桥一座，中型桥三座，其中跨越黄河的主桥全长 3 010.13 米，宽 18.5 米。

黄河南岸的巩义和北岸的温县虽然疆土相连，但由于黄河的阻隔，两岸在过去可以说是鸡犬之声相闻，老死不相往来。居民中既不能通商、也不通婚，虽然近在咫尺，居民口音却有相当大的差异。

焦作黄河公路大桥是根据区域经济发展需要而建设的重要交通设施项目，是河南省第一座由地方自筹资金、自主建设和以自我管理为主的特大型公路大桥，属河南省重点工程。它的建成使用将进一步加快河南省基础设施建设步伐，拉动相关产业发展，同时对改善全省的路网布局，缓解公路运输紧张状况以及晋煤外运对现有公路的巨大压力，对促进两岸的政治、经济、文化交流，加快焦作、郑州、洛阳及周边地区的社会经济发展具有十分重要的意义。

张习贤出任黄河公路大桥总指挥、总工程师、总监办主任、业主代表。

作为这项工程的最高指挥者，他很清楚自己肩上的重担与责任，更知道焦作黄河大桥在论证阶段就决定要实行项目业主负责制和工程质量终身负责制，也就是说，不管大桥什么时候出问题，只要你还活在这个世界上，你就会被追究相关责任。

说到那时候的心态，张习贤坦言“战战兢兢，如履薄冰”，他生怕因自己的失误，给工程留下隐患，成为千古罪人。但这个担子还是要承担的，要挑起这副重担，需要的不仅仅是一腔勇气，还需要有超群的智慧。

早在焦作黄河公路大桥开工之前，焦作市委、市政府就提出了“确保优质工程，争夺鲁班奖”的要求。为了确保目标的实现，张习贤和大桥办的全体人员付出了巨大的努力。他们把这个目标写到合同中去，如果质量达到优质，工期不拖延，就奖励承包款项的3%，否则就罚3%。作为负责黄河大桥工程的总指挥，张习贤更是把“家”安在了建设工地上，没日没夜地玩命工作、工作……

开工之初，张习贤和同志们积极与省设计院配合，对原设计加以完善和补充，使工程设计更加科学、合理。如原设计单位在设计大桥基桩时，将河心基桩作为摩擦桩，设计深度为69米，然而在实际施工时只钻到二三十米就钻到了岩层，若继续照图作业必然费时费工，张习贤在尊重事实、尊重科学的基础上，将情况及时反馈到设计单位，将69米摩擦桩改为49米崁岩桩，仅此一项，就为工程节约资金200余万元。又如，他将路基工程压实标准，在原招标文件基础上提高一个档次，在附属工程如大桥人行道、栏杆扶手、路灯照明及沿线美化、绿化等方面下功夫，使其成为桥梁建设上的艺术品。这种在深厚的技术功力基础上的务实作风和高标准追求，使施工单位也无不为他的高度责任心和使命感所叹服。

工程面向社会公开招投标竞选出了6家施工单位。工程实行三级监理制度，设总监办，辖两个监理代表处及6个驻地监理办公室，分段负责工程质量监理。张习贤深知建设一座高质量的黄河公路大桥意义有多么重大。为了实现建设指挥部提出的争创“鲁班奖”的目标，张习贤通过广泛征求意见，多次修改、补充、编制出《工程监理办法》，对工程实行三级监理制度，设置总监办和驻地监理办公室，分段负责工程质量监理，使质量管理工作有“章”可循，有“法”可依。

一系列的严格管理措施和科学化的管理手段保障了黄河大桥建设的顺利进行，全线合格率100%，优良率达90%以上，是我国桥梁建筑史上的奇迹。

打铁先得自身硬，要求下级做到的，自己首先要做到。只要是关系到工程质量的事情，黑脸“曼德拉”是一点情面都不讲的。张习贤的一个老同学，在他上大学时，常常接济他，为此，张习贤一直心存感激。担任副局长后，这位同学求他给找点工程干，张习贤知道这位同学一没机械、二没技术，工程质量无法保证，于是就婉言拒绝了。从那以后这个同学几年再没踏进张习贤的家门。类似这样的事情还有很多很多。

3 年时间，一千多个轮换不止的日日夜夜，从打桩机的咚咚轰响到通车时的汽车欢鸣，张习贤没有过星期天，没有过节假日，白天总是为工程质量、为施工进度、为施工环境、为建设资金奔波于焦作与郑州之间，晚上还得批阅文件，钻研科研课题，解决行政事务。

眼睛熬红了，身体累瘦了，头发愁白了，3 年中，数过家门而不入，家中的一切全靠体质不好的妻子支撑，为了早日建成大桥，张习贤把什么都搭上了，“我就是累死在建桥工地上，也值！”拳拳之心，溢于言表。

从建桥伊始，张习贤的妻子就默默地承担了全部的家庭重担，她了解自己的丈夫，那是一个为了事业连命都可以不要的人，在丈夫寥寥数次的探家中，她从没有抱怨，而总是关心工地及丈夫的冷暖。长期的劳累，到大桥的雄姿挺立之时，她的身体终于垮了，小脑萎缩，行动不便，生活几乎不能自理。

说到妻子，张习贤愧疚得几乎不能自已，这个铁汉认为自己欠妻子太多太多，而这种亏欠是永远无法偿还的啊！

2001 年 11 月 20 日，焦作黄河公路大桥在震天的欢呼声、激昂的鼓乐声和清越的汽车喇叭鸣叫声中正式通车了。黄河，流经中原大地的中华母亲河又多了一道色彩绚丽的耀眼花环。道路无言，铺就的是筑路人的血水、泪水和汗水；桥梁无语，支撑的是架桥人的理想、意志和躯干。

在这个朝思暮想的日子真实地在眼前时，那种巨大的喜悦如同黄河激浪拍击着张习贤的胸臆，他以为自己会哭，虽然好几次双眼噙满了泪水，但他很清醒，这种桥就如同自己的儿子一样，它会在以后存在的每一天中与自己的情感息息相通。

晚上，在平常习惯伫立的河滩上，张习贤聆听着耳畔微微细浪，任清风轻吻着早已刻满风霜皱痕的额头，眼望着远处如长虹卧波的大桥雄姿，感到突然没有了那种使人奋进的特有的建筑工地的喧嚣声，是那么不习惯。月色皎洁,“茅津唤渡,柳岸寻舟”的古时黄河渡口的场面已经幻化成了一种文人式的审美意境,张习贤思绪万千而逐渐激情鼓荡,一首喷涌着热情的《满江红·黄河公路大桥通车庆典感怀》呼之欲出:

朗朗晴空,万众欢腾彩虹舞。忆往昔,柳岸寻舟,茅津唤渡。黄河悲歌,逝水,太行呜咽叹无路。看今朝,春风拂大桥,康庄途。

尧舜惊,愚公服。“鲁班”誉,众人树。望通衢纵横,喜泪如注,不日请缨携锐旅,牢鞍又筑高速路。山阳处处飘玉带,再回首。

纳尔逊·罗利赫拉赫拉·曼德拉曾说过:“我已经演完了我的角色,现在只求默默无闻地生活。我想回到故乡的村寨,在童年时嬉戏玩耍的山坡上漫步。”

在南非,饱经风霜的曼德拉已经在自己人生的晚年静静地享受着田园牧歌式的生活,这位人缘无人能及的“全球总统”也终于轻轻放下了斗争之矛。

在焦作,有一位退休后的“曼德拉”却在困惑地说,自己到现在还没有找到退休生活的节奏。采访中,张习贤真诚而有点无奈地告诉我,他比以前当总指挥的时候还要忙呢,话中没有抱怨而是有一丝自豪。

在重庆交通大学河南校友联合会中,张习贤担任了专职副会长,在保持校友间的团结和友谊,促进校友间的学习与互助;积极引进和转化母校的教育、科技成果,加强母校与河南省在经济建设、文化教育等方面的交流和合作;继承重庆交通大学的优良传统,为河南的崛起和母校的发展继续作着贡献,

廉颇虽寿,宝刀不老。

路桥人生

——记1982届校友张太雄

张太雄，我校道桥系桥隧专业1982届校友，重庆市第二届政协委员。先后在交通部第二公路勘察设计院、重庆市公路养护总段、重庆市交通局工作。历任重庆市交通局公路处副处长、处长，任重庆市交通委员会公路建设管理处处长，重庆市交通党委委员，重庆市交通委员会总工程师。2011年因病去世。他先后参与过渝黔高速公路、江津、忠县、万州、奉节、巫山等地长江大桥的设计审查工作。承担了省部级科研课题多项，获省部级科技进步一、二、三等奖多次，交通部优秀设计奖多次。

成就：巫山长江大桥

2001年，重庆巫山长江大桥开建。天堑长江一直是巫山经济发展的天然障碍，巫山南北两岸的经济发展极不均衡，也严重制约了巫山整体经济发展的规划布局。巫山长江大桥是“8小时重庆”主干道渝巴路的支线桥梁，通过该桥，连接湖北巴东、恩施、宜昌、建始以及湖南的张家界等。张太雄受命与其他几位专家组成专家组，齐心协力，呕心沥血，终于攻克了4大世界级科技难题。

第一道难关——制造组装44节拱肋钢管。重庆巫山长江大桥全桥有钢管拱肋44节，每节段长17～30米，宽4.14米，管口直径达1.22米，重量达180吨。钢材质量要高，管件组装精度要高，焊接质量要高，相邻节段匹配精度要高。这样的钢管制作相当困难，于是，张太雄与其他专家一道，亲自深入车间，交代工艺要求，提出生产标准，现场监督生产。

吊装是惊心动魄的难关！桥肋每节重180吨，塔高150米，吊装跨径576米，吊高垂直280米。巫峡口是锁江“咽喉”，江流湍急，巨浪翻滚，环境恶劣！要从横在江涛中的船上稳准垂吊，其难度、危险不堪想象！而且吊装时，每天断航两小时，必须在规定时间内完成规定动作，否则会影响整个长江航运。张太雄和专家组其他成员经过80个昼夜，无数次的试验，终于成功地使每节拱肋两端48个螺丝孔天衣无缝地衔接。

钢管混凝土浇铸，更是难上加难，整座大桥钢管拱肋已架好，中间全是空的，要灌注混凝土总计12 000吨。从硬性指标看，混凝土标号高，数量大，全桥8根主管，每根550余米，要一次性不间断灌注600立方米；二是垂直高差大，有120米，而且是从下往上灌注，张太雄又与其他专家一道攻关，新创了国家级分段连续泵送法，使浇铸难题得到了彻底解决。

2005年，巫山长江大桥建成通车。它在建设中创造了当时桥梁建设的5项世界第一。巫山大桥属中承式钢管拱桥，主跨跨径492米，居同类型桥梁世界第一；大桥创下组合跨径、每节段绳索吊装重量、吊塔距离、拱圈管道直径和吊装高度5个世界第一。该桥已被列为世界百座名桥。2006年，由张太雄等参与的“巫山长江公路大桥特大跨钢管混凝土拱桥设计施工技术研究”获重庆市科技进步一等奖。

责任：市长点将组织抢修

2007年4月4日，319国道彭水段距离县城2公里处，突发山体塌方，近千立方沙石将30米长国道路面压塌，沉入乌江，交通中断。4月5日，市长王鸿举点名张太雄赶赴现场组织抢修。

接到命令后，张太雄立即带领业主、专家赶赴现场。到达现场后，他又马不停蹄地查勘现场，制定绕行计划与抢修方案。他的同事说：“张总到现场后，连水都没顾上喝一口就忙着组织抢修了。”在抢修的近20多天时间里，张太雄几乎没有离开过工地一步。渴了，就喝矿泉水；饿了，在工地上随便吃点。在他的指挥下，现场实行24小时施工，319国道终于赶在“五一”黄金周前顺利通车。

使命:积极谏言献策

作为市政协委员,张太雄始终牢记自己的使命,积极谏言献策。2007年年初,他向市政协递交了一份提案:为展示重庆桥梁建设成就,弘扬别具特色的巴渝桥梁文化,提升重庆形象和知名度,建议市级相关部门启动组织申报"中国桥都"称号,将之作为继火锅、美女、夜景之后的又一张城市名片向世界推广。

张太雄说,眼下重庆地区已建成和目前在建的桥梁总数在6 000座以上,其中,长江、嘉陵江上主跨150米以上、桥长800米以上的特大桥就有36座,被业内人士称为"中国桥梁博物馆"。"尽管中外桥梁专家把'中国桥都'这块招牌给了重庆,但还要把这块牌子让国家相关部门认可,让大家一谈起'中国桥都'就想到重庆,就像一看到'渝'字就想到重庆一样。"

2011年,张太雄因病去世,他的路桥人生戛然而止,无不让人扼腕叹息。交大的学子们纷纷表示,要继承这位校友的遗志,为西部的交通事业奋力拼搏,奉献满腔热血。

只为桥梁付此生

——记1982 届校友孟凡超

他是赫赫有名的全国工程勘察设计大师,他的名字与黄石长江公路大桥,南京长江二桥、三桥,杭州湾跨海大桥,西堠门大桥等国家重点工程项目紧紧镌刻在一起;他是桥梁界资深专家,将创新赋予了更多的文化内涵,“多样化”、“个性化”是他的主题词。他在桥梁设计上一次次大胆地“吃螃蟹”,不仅为后人积累了宝贵的经验,更为全世界的同行开创了新路。他的超凡脱俗,他的标新立异,赢得了世人对中国建桥人的尊敬,他就是中交公路规划设计研究院有限公司董事长、副总经理孟凡超。

除了奋斗,还要创新

1978 年,已经 26 岁的孟凡超收到了我校桥梁与隧道专业的录取通知书。作为恢复高考后的首届大学生,他非常珍惜这来之不易的学习机会,如饥似渴地学习。毕业后,他被分配到中交公路规划设计研究院工作。

在施工一线,孟凡超和工人们吃住在一起,虚心请教,勤奋好学。他的同事曾说:“孟凡超爱桥、学桥、建桥,他天生的任务似乎就是铺路建桥。”孟凡超曾经创造过连续 5 年的春节都是在工地上度过的记录。

长期在工程一线的摸爬滚打,让孟凡超领悟了一个道理:如果要在事业上有所突破,除了奋斗,还必须学会创新。于是,当他还是一个毛头小伙的时候,到湖北负责“亚洲第一沉井”施工,就创造了独特的工艺,实施了不可思议的穿岩水下爆破!

此后,他一次次将自己的“创新”用在20多座国家级或省部级跨越江海、深山峡谷特大型桥梁的勘察设计上,创造了多项世界第一。他主持设计的黄石长江公路大桥是国家重点工程,是国家公路干线312国道(上海至成都)上的特大型桥梁,是交通部自主设计、制造的第一座特大型桥梁,1999年竣工验收时被评为优良工程。他主持设计的西堠门大桥主跨1 650米,其跨度在当时居于国内第一、世界第二,备受国内外桥梁界关注,是一座采用最新结构设计的双塔双索面非对称式两跨连续钢箱梁悬索桥。南京长江第二大桥为国家“九五”期间重点建设项目,他作为该桥预可行性研究、工程可行性研究项目总负责人之一,在主持研究工作中,提出了南京二桥建设桥位选择新生村桥位优于燕子矶桥位的结论;在桥型方案选择上,提出了采用三跨过江斜拉桥方案优于一跨过江斜拉桥的结论,有效降低了南京二桥的工程风险,减少了工程投资。南京长江第二大桥项目,也因此荣获2002年度全国优秀工程设计金质奖,荣获2002年度交通部优秀设计一等奖,荣获2005年度茅以升科学技术奖——桥梁青年奖。他还主持完成了马来西亚槟城第二跨海大桥的方案设计及总体设计,该桥极具创意的总体设计方案获得了马来西亚政府总理的高度赞誉。此外他还主持了厦门海沧大桥、武汉阳逻长江公路大桥、武汉军山长江大桥、江西洪门大桥、伊拉克摩苏尔五号桥、济青高速公路互通立交桥、虎门大桥等许多重点工程项目。

桥梁建设要在“好”字上下工夫

已经建成通车的杭州湾跨海大桥是世界最长的跨海公路大桥,为国家“十五”期间重点工程建设项目。孟凡超主持了该桥的方案设计及总体设计。

杭州湾跨海大桥是世界最长的跨海公路大桥,是一项庞大的桥梁集群工程,大桥由通航孔桥、非通航孔桥、海中平台、两岸接线等组成,设置双向6车道,全桥总长达36公里,为国家“十五”期间重点工程建设项目。该桥的水文地质条件、气象条件、通航条件极为复杂。孟凡超主持了全桥的方案设计及总体设计，提出了总体平纵线形的设计方案和全桥桥跨布置方案；提出了通航孔桥的索塔及基础方案、主梁方案；为了改进、优化索塔拉索锚固区的设计，提出采用钢锚箱创新设计方案，属国内首创；提出并优化设计了非通航孔 70 米跨径整孔预制吊装连续箱梁桥的一般构造、预应力钢束布置及钢筋构造设计方案。根据该桥的建设条件、建设规模及总体功能的需要，他提出在跨海大桥的中部海域中应设置海中平台的主张，并提出海中平台可作为该桥的“施工平台、观光平台、交通救援”等多种功能设施的设计构想。他还主持完成了海中平台的方案设计及主要结构设计，该方案为国际首创，具有很好的实用功能和社会效益。杭州湾跨海大桥的设计和建设技术表明，我国已迈入了世界跨海大桥建造的先进行列，受到了海内外的高度关注。

作为一名资深的桥梁专家，孟凡超一直在思考如何进一步促进我国桥梁事业又好又快的发展。他认为，桥梁建设的速度已不是问题，重点应在“好”字上下工夫，我们更需要高质量、长寿命、代表当今世界高水平的桥梁。缺少“好”的快是毫无意义的，是一种巨大的浪费，是社会财富的无效积累。他说，虽然我国的桥梁建设取得了重要成就，但是还存在许多值得总结和需要解决的新问题。我国的桥梁建设已到了“建设过半、经验丰富、体会多多”的时候，这是一个总结和提升我国桥梁建设的关键时期，一个难得的转型期，我们应该抓住这个大好时机，总结探索，推行一系列新的建设理念、模式、机制，这必将给我国桥梁又好又快发展产生重大而深远的影响。

设计大师应该发挥积极作用

2006 年，孟凡超双喜临门。从业 25 年后，孟凡超以辉煌的设计成果获得了第五批“全国工程勘察设计大师”的称号，并在当年 10 月喜获“全国十大英雄人物”称号。

当选“工程勘察设计大师”和“桥梁英雄人物”是每一位桥梁设计人员梦寐以求的愿望和目标。但是在孟凡超看来，这不等于自己已经达到了事业和技术水平的顶峰，而只是一个新的起点。

孟凡超说，作为一名设计大师，应该在工程勘察设计事业中发挥应有的作用。当选大师后,应更好地发挥自己在本领域内的影响力和作用,引领本专业领域勘察设计技术发展的方向;大师应该肩负起培养和指导专业领域里人才群体的责任,在实际工作中影响和带动年轻工作者;在国家级或国家重点工程项目的总体设计及创新行为中发挥技术核心作用;作为设计大师,主要应在工程项目的总体设计上发挥关键作用;引领和指导行业或专业的标准规范的发展;在重要工程项目的技术咨询与评审活动中发挥关键作用,通过咨询和评审活动,把自己的经验更广泛地应用于工程实践当中去。

2009 年初,孟凡超率领他的团队进驻珠海,任务是征服一座史无前例的巅峰:完成一项横跨粤港澳三地,主线总长约 56 公里,集桥、岛、隧于一体,投资高达 700 多亿元的"超级工程"——港珠澳大桥的勘察设计工作。从此,"港珠澳大桥总设计师"这个称呼几乎盖过了孟凡超其他所有显赫的头衔,如教授级高级工程师、享受国务院特殊津贴的桥梁专家、中交公路规划设计院副院长等,成为他头上最引人注目的一道光环。面对来自香港、澳门和内地专家的多种不同意见,以及社会大众对港珠澳大桥不俗的期待,孟凡超对记者说,他感受到更多的是责任和压力。"作为一项史无前例的超级桥梁工程,港珠澳大桥的设计要成为时尚的经典,既具有时代性,又不拘泥于时代性,才能经得住上百年的考验"。

已经从事桥梁建设近 30 年的孟凡超说,在过去的 10 多年中,我国的交通建设、桥梁建设的发展让全世界感到惊讶,取得了令人骄傲的成绩,已经无可争议地被称为世界桥梁大国。但桥梁大国向桥梁强国转变还有一条艰难坎坷的路要走 ,作为一名桥梁人,他愿只为桥梁付此生。

龙行大地绘新图

——记1982届校友范跃武

范跃武，1982年毕业于我校道桥系公路工程专业，历任中国援建孟加拉国桑布贡吉大桥专家组组员、河南省高等级公路建设监理部总监代表、河南省交通规划勘察设计院总工、河南省交通厅总工等职，现为河南省交通厅副厅长。

得益于施工一线的锻炼

1982年7月，范跃武从我校道桥系公路工程专业毕业后，回到家乡河南的交通部门工作。他从技术人员干起，先后担任了中国援建孟加拉国桑布贡吉大桥专家组组员、河南省高等级公路建设监理部总监代表、安阳至新乡高速公路监理代表处总监副代表、河南省交通规划设计院总工程师、豫濮高速公路发展有限公司副董事长兼总经理、濮阳至鹤壁高速公路管理处处长以及河南高速公路发展有限公司董事及副总经理、河南省交通厅总工程师、河南省交通厅副巡视员等职。25年的打拼，让他成为了河南交通系统响当当的专家，参加了许多工程项目的设计、施工监理和建设管理工作，被交通部科技司公派赴英留学，并被评为河南省"劳动模范"。

在20余年的交通生涯中，范跃武总说："基层的经历让我终生受益。现在不少大学生一毕业就要求进入机关工作，其实这对自身的成长是不利的。我先是在班组实习了 3 个月,然后在工地上干了一年多的技术员工作,接着担任测试大队队长,这样一步步走到今天,成长的每一步都得益于当初在施工一线锻炼打下的基础。在交通行业,不经过施工现场的摸爬滚打是不会有这样的体会的。”

援建孟加拉

1987 年,年仅 25 岁的范跃武受命主持我国援建孟加拉国桑布贡吉大桥的考察设计工作,1989 ~ 1991 年他又作为我国援建孟加拉国桑布贡吉大桥专家组设计代表,全程参加了桑布贡吉大桥的建设。

桑布贡吉大桥位于孟加拉国北部米门平市,跨越老布拉玛普特拉河,桥长 463.80 米,两岸引道全长 1 985.2 米。刚到孟加拉,迎接范跃武和他同事的是当地机械设备不足、施工人员欠缺、工程技术复杂、施工条件恶劣等难题。范跃武没有被这些困难给吓倒,这个倔强的河南小伙子硬是凭着一股不服输的劲儿,组织技术攻关,不断优化施工方案,最终只用了 18 个月就以高速优质的施工水平完成了整个工程,比合同工期整整提前 3 个月完成,经外经贸部验收组全面检查评定,工程质量为优良。这座桥也因此与我国援建孟加拉国的其他 4 座桥梁被孟加拉国政府誉为“孟中友谊之桥”。

龙行大地绘新图

2002 年 1 月 ~ 2004 年 11 月,范跃武担任了河南省豫濮高速公路发展有限公司副董事长兼总经理。公司的同事至今都还记得,就是这位范董,在路基土方施工中,为了确定硝河土源是否能用的问题,他在冰天雪地中巡视十里河床,探察土质,结果因劳累受寒患了重感冒,持续高烧,在办公室一边输液一边召开工程建设碰头会,并带病深入到工程建设第一线,忘我地投入到工程管理中去。

2002 年,濮阳至鹤壁高速公路开建。濮鹤高速公路西与京珠国道主干线相连,横贯河南省东北部,连接鹤壁、安阳、濮阳等市县,东与在建的阿深高速公路相会,建设总投资 15 亿元。它是沟通国道 106 线和 107 线的重要通道,是河南省干线公路网的重要组成部分,也是河南省重点工程项目,被业内人士称为“河南省难度最大、情况最复杂、协调任务最艰巨”的高速公路项目。

这条高速公路开工伊始,时任河南高速公路发展有限公司董事、副总经理的范跃武就提出一个大胆的设想:工程要全面按合同工期完成,主体质量全部优良,而且房建、机电等附属工程要与道路主体工程同时完工,通车时同步投入使用。内行人都知道,要做到这“几个同步”谈何容易!这需要高超的工程组织水平,需要复杂的协调指挥技巧。

因此,范跃武要求项目公司制定了工程总体实施方案和计划安排。施工和管理有准绳对整个项目建设起到了提纲挈领、纲举目张的作用。在项目建设中,范跃武又要求科学安排工期,力求均衡施工,以减少交叉施工带来的弊端。根据季节的更替和气候的变化,有预见性地安排阶段性的施工计划,前瞻性地运筹施工关键时期和重要环节部署。他要求,一定要在雨季来临前完成路基土方的施工,从而保证土方的施工质量,确保路基不被雨冲水毁。

高速公路的建成是以设备齐全和功能完善为标志的。要把房建、交通机电以及收费监控三大系统与主体施工同步建成,必须把三大系统的设计、招标、施工往前赶。为此,范跃武在安排工程进度计划时,对三大系统的设计、施工、监理招投标、施工单位及监理单位的选定工作都作了周密安排,并制定了相应的措施。由于计划周密,考虑细致,濮鹤高速公路成为河南省迄今通车配套最完善的高速公路项目。

为了修筑一条堪称精品的高速公路,在范跃武的指挥下,濮鹤高速项目公司开展了大量的新技术、新材料、新工艺综合应用研究工作,为解决公路工程质量通病探索出不少关键技术和科技创新点,提高了濮鹤高速公路建设的品位。为了解决桥头跳车的质量通病,他们将桥、涵搭板由斜的改成平的,长度为 8 米。设计时底层标高与沥青面相吻合,铺两层沥青,桥头搭板稍微下降一点,让二者连在一起,保持了桥头的平整度。为改善高速公路的外在形象,增强环保、绿化、美化效果,范跃武又将设计的预制块边坡防护改为边坡绿化、三维网植草防护,达到了既美观又生态的效果。

从 2002 年开建到 2004 年 11 月顺利完工,在两年的建设中,范跃武的同事们都清楚地记得：自从接手高速公路项目，范跃武就一门心思扑在工程上，以其特有的严谨的工作方式，把项目公司的同志拧成一股绳。家在省会的他，除了外出开会公干，离开工地竟不超过10天。

汗水浇灌的花朵结出了累累果实，范跃武的科研成果也屡屡获奖：《跨铁路线刚构桥施工受火车行驶震动影响及施工工艺和方法的研究》2002年获河南省科学技术进步三等奖；《商开高速公路沥青路面结构研究》2003年获河南省科学技术进步三等奖；《路基路面材料特性反演与落锤式弯沉仪及探地雷达应用技术》2004年获河南省科学技术进步一等奖；《商丘至开封高速公路低液限粉土路基填筑技术研究》2005年获中国公路学会科学技术奖二等奖。

从中国第一条高速路起步

——记1982 届校友罗霞

“应当说是我幸运，能够参与祖国公路交通的建设实践。”罗霞教授自豪地说，“从20多年前参与我国第一条高速公路京津塘公路的测设，到参与四川、山东、江苏等省高速公路网的规划及多条高速公路的可行性评审、咨询工作，我亲历了祖国的高速公路发展的整个过程。”

飞速变化的20年，使中国的高速公路建设水平和拥有量，已经达到发达国家的水平，这让罗霞感到自身所从事事业的伟大。它也使罗霞从一个普通的大学毕业生，锻炼成长为一名研究公共交通的专家，一个积极介入社会生活的新型学者。

西南交通大学，镜湖岸边的扬华斋，一间普通办公室里，全国政协委员，西南交通大学交通运输学院副院长、教授罗霞向记者述说了她平凡而又传奇的一生……

与路结缘

罗霞名字的由来，源于1962年7月15日清晨的那道霞光。

也许天生就是好学的料，罗霞刚满6岁，看见其他小朋友上学，也闹着要去。结果，在班里较小的她，学习成绩却一直排在前面。从小学到中学，她的学习从没让家里操过心。每天晚上自学几个小时，是她自幼养成的习惯。高一时，她已经在老师的指导下，学完了高中的全部课程，因而提前毕业到我校道桥系公路工程专业学习。1982 年 7 月,她大学毕业,被分配到交通部第二公路勘测设计院工作,从此与公路交通建设结下了终生情缘。

1984 年,罗霞重新回到学校,担任助教。为了使自己能够学得更多,在业务方面更上一层楼,1986 年她毅然放弃晋升讲师的机会,参加了全国研究生考试,正式成为著名的交通工程专家高世廉教授的研究生。仅仅过了一年半,她就以全优成绩提前一年的时间完成学业,并通过了论文答辩,获得硕士学位。

攻书不离实践

尽管研究生学业结束了,但那段日子里在导师的指导下,不断参与科研项目,从夜深人静写到朝霞满天,成为罗霞最深处的记忆。她难以忘怀的,还有那些充满着实践激情的日子:为了投标建设深圳的一条道路,她同导师冒着烈日酷暑,踏过了火焰山一般滚烫的路面,烤得大汗淋漓;为了制作最能展现优势的标书,他们夜以继日,一次次地改稿……导师严谨的工作态度,对学生的严格要求、生活上无微不至的关怀,让她的专业知识得到创造性发挥。

1991 年,罗霞被破格晋升为副教授。但是,对于极富上进心的她来说"书到用时方恨少",她不愿在学习上止步不前。1994 年,她又跨上一个新台阶,成为两院院士沈志云教授和高世廉教授的博士研究生,1998 年她成功修完学业,获得工学博士学位。其间,因与德国西门子公司的合作项目,赴德国西门子公司进修数月,大大开阔了眼界,丰富了学识。1998 年,36 岁的罗霞晋升交通工程专业教授,2001 年成为交通运输规划与管理科学的博士生导师。现为全国政协委员,西南交通大学交通运输学院副院长、教授。

选题来自生活

在罗霞眼里,公路网犹如一个国家的血脉,决定着一个个城市综合发展能力的强与弱。在交通管理、公路建设这个大舞台上，她倾力演出，情愿献出自己所有的青春与热血。

她忘不了大学刚毕业时遇上的实践：参与中国第一条高速公路京津塘公路的测设工作。那时，工作气氛如火如荼，而又学术味甚浓，这独特的第一次实践经历，给了她一个终生不变的观念：通过可行性研究，再实践，通过实践，再成才。

她逐渐地成长为一个注重实践的学者，把一次次亲身实践的体会，著成一篇篇针对性极强、推动事业进步的论文。

高速公路该不该收费？该收多少？这些老百姓关心的话题，从未逃出罗霞的研究范围。在她获得的一系列研究成果中，其中就有高速公路合理收费标准的研究，并且研究中还追寻了高速公路的合理工期、有效经营等问题。把先进理论与生活实践相结合，正是罗霞研究的特色所在。如"成灌高速公路流量预测和经济评价"等课题，以经济入手研究社会问题，其视角启人心智。

多年来，她先后参与了成都市公路网规划、深圳市福田区一条道路立交桥的方案设计、成渝高速公路匝道调节器设置的数学模型、大件公路北段综合治理研究等工作，其实践涉及到她所主攻的公路交通的方方面面。也正是这种在实践中思考，在思考后实践的反复，令她获得了许多独树一帜的见解。1991 年 5 月，她完成了我国第一本专题论述高速公路立体交叉规划和设计的书稿。1994 年，她又在国家自然科学基金的资助下，用 3 年时间主持完成了"高等级公路交通流理论"项目的研究。

罗霞在世界银行、亚洲发展银行的一些项目中担任专家，是国家公安部、建设部、"畅通工程"专家组的成员。她对这些说得很少，她只告诉记者，我最首要的任务，是以自己的经历，鼓励学生走实践成才之路。科研与教学都不是花拳绣腿，来不得半点虚假。

闲时爱读《时尚》

罗霞说起平日业余生活里最喜欢读的书刊，是《书摘》与《时尚》，这大出记者的预料。喜读《书摘》好理解，罗霞经常在这刊物的"国事论坛"中参政议政。在"城市时尚话语"中发现社会生活中人们的共同好恶和时弊，从而在相关提案中进一步体现民意和她的社会责任感。那喜读《时尚》杂志又是为什么呢？罗霞解释说："学着紧跟生活潮流，让一颗心永远年轻。"所以她也爱运动，喜欢走出办公室，到户外去打网球，以求长期保持优美体态和充沛精力。

罗霞最喜欢的颜色是红色和黄褐色。红色代表了喷薄欲出的朝阳，有无穷的热情与明朗、善良与博大；而黄褐色代表着成熟、稳重，还有自然流露出的高贵、典雅。

罗霞与其他女性一样，很喜欢戒指、项链等饰物，认为它们除了增添女人的妩媚，还是情感细腻的标志。关于饰物，她有一个独特的见解，就是特别看重手表。她说，一块很好看的手表，除了是守时的保障，也有修饰作用，让人看出对待生活的严谨。

现代发达国家如美国、德国、英国、法国、日本等，交通管理已进入现代化、科学化阶段。让中国的交通管理做得更好，超过那些发达国家——这是罗霞一生的抱负。

但是有着这个大抱负的罗霞，生活并不沉重，她最欣赏的人是现代著名作家冰心，向往像冰心那样走过美满的一生。罗霞评说，冰心辉煌又不张扬，有为而不功利，在中国文学史与教育史上留下了宝贵的财富，同时也生活简单，珍惜友情，家庭美满，子女教育也成功，人生之路走得扎实而平稳，因而特别可爱。

记者想，那也是罗霞自己的人生理想吧。

记者手记

当这篇为迎接"三八妇女节"的专访见报时，遥想罗霞该正在北京召开的全国政协第十届二次会议中参政议政，就交通、城建等专题提出自己的真知灼见。进京之前，她已提出了有分量的提案《关于积极推进中心城市交通行政管理体制改革的建议》。至于近年来媒体上谈论较多的话题——交通道路上的超载超限现象如何治理，是她正在组织申报的跨省级攻关项目。

一个博士生导师，研究的是积极介入社会生活的学术。

在罗霞的办公室，进门第一眼就能看到一幅字——"大道自然"。这个"道"字，古语里有道理、处事方法、道路等多种解释，它的本意应该是来源于老子的话"道法自然"。罗霞成天面对这先哲之语，是不是把自己的成功视作勤奋工作的自然结果呢？

“也许女人就是天生喜欢挑战困难吧！我们把韧劲埋藏在内心，认真做好手中的事情……”罗霞的话很平淡，但在根子里，有种不容置疑的自信。

记者见到了由罗霞执笔，致公党中央向全国政协第十届二次会议提交的议案，下面摘录几处，看看这位年轻学者的学术研究是怎样直指人心：

“目前，我国多数中心城市的交通行政管理体制，仍沿袭传统的计划经济管理模式，不能适应交通运输市场快速发展的要求。建立中心城市新型交通行政管理体制，已迫在眉睫。”

“目前，我国中心城市交通行政管理体制存在的问题有：体制不顺，各自为政；政出多门，管理混乱；机构重叠，效率低下；政策不一，城乡有别。这些直接导致了交通资源的浪费，使行政管理成本增加，影响管理效率……”

相信在凝固成诗行般的条条高速公路中，罗霞的事业正向着未来无限延伸。

带动交通走向高速

——记1982 届校友徐谋

徐谋，我校1982届校友，高级工程师，原重庆高速公路发展有限公司董事长、党委书记。

徐谋主持和参加了渝长、长涪、渝黔、渝合等高速公路的优化设计工作，带领专家和工程技术人员深入崇山峻岭踏勘线路，汇集专家们的意见，经综合分析，先后提出了包括渝长铁路山坪隧道设计变更、华山隧道设计变更等18项重大合理化建议，为国家节约工程投资2亿多元。

从重庆的第一条高速公路——机场高速，到今天四通八达的出境、出海高速路，都有徐谋的汗水和足迹。可以说，他的工作史，也是一部重庆高速路的建设史。

徐谋，见证了重庆高速公路的发展历程。

23 公里路修了3 年

重庆的第一条高速路，是机场高速。那条全程仅23公里的路，从1986年开始修，3年才完工。

徐谋笑着回忆："修路的是交通局从事养路的一群技术人员和道班工人，技术力量比不上当时的城建局和市政工程公司。很多人并不看好，有人甚至说，你们3年修好高速路，我手心煎鱼吃！"

"以现在的水平，修23公里路，哪用得了3年哟！"指着高速公路示意图,徐谋对记者说:“去年我们有 8 个新项目同时开工,今年在建项目达到 20 个!”

让技术为建设省钱

1998 年,徐谋获重庆公路学会“十佳杰出工程师”称号,1999 年被人事部授予“中青年有突出贡献专家”称号,同年荣获交通部全国交通系统优秀科技工作者证书。2000 年和 2005 年两度获得重庆市政府“重庆市劳动模范”殊荣,2002 年获重庆市首批学术技术带头人称号,2002 年 12 月被评为重庆市优秀科技工作者。

说起修路的技术,徐谋可算是行家。徐谋的同事提供了一份资料,上面列举了由徐谋参与的获奖科研项目及优化设计项目、合理化建议方案约 30 项,包括交通部、重庆市科技进步奖,全国“金桥奖”以及市级发明成果奖等。其中“横张预应力混凝土梁工艺及性能试验研究”等两个项目属国际领先水平,交通部委托重庆市交委编制该技术的设计规范,准备向全国推广。

除了创新填补空白,科学技术还能实实在在的省钱。修建渝长高速路时,就因为徐谋和他的同事 3 项重大优化方案,节约投资 2 亿多元。在界石至水江项目中的界石互通立交以及遂渝路的高滩岩互通式立交,徐谋提出的设计优化方案比原设计均可降低造价千万元以上。

为修路暴走20 年

当人们从高速公路上疾驰而过时,很少有人能够想象得到修路的艰辛。事实上,仅仅是前期勘测,就能造就“暴走族”。

徐谋就是这样,高速路建设 20 年,就“暴走”了 20 年。其间发生的一些事,徐谋至今仍记忆犹新。

1997 年修建渝长路时,徐谋一行人到御临河踏勘。从早上启程,翻过铁山、下鱼嘴到复盛,沿着崎岖的山路穿越御临河峡谷。勘察完已是正午,大家都饥肠辘辘,放眼一看,四周荒无人烟,没地方吃饭。返回的路上,又累又饿的徐谋在农家买了一包糖豌豆,给大伙充饥。谁知打开一看,尽是霉点,无人敢吃。回到复盛已是下午3点多钟。

同年,渝黔路开工典礼,赴会车队沿施工便道奔赴綦江,哪知突然天降暴雨,车被困在泥淖里。大伙冒雨推车,浑身湿透。走了一段,竟然又发生山洪,不少车被困在半山腰动弹不得。几经挣扎,最晚的车于次日凌晨才抵达开工典礼现场。

徐谋的记忆点滴,串起重庆高速路的发展史。重庆的高速路,由直辖前的机场高速和成渝高速,发展到今天的“二环八射”,出境、出海通道全部打通。

作为高速路建设的见证人,徐谋深感骄傲的是这样一组数据:直辖前,重庆的高速路在西部处于落后水平。9年后的今天,包括在建项目已使重庆每百平方公里拥有高速路里程达2.2公里,与发达的东部地区持平。而西部和中部的平均指标分别是0.53和1.7。

让生命同监理事业共喝彩

——记1983 届校友李良

李良,1983 年毕业于我校道路工程专业,我国第一批监理工程师,现为西安方舟工程咨询有限责任公司总经理,中国交通建设监理协会副秘书长,交通部公路工程专家库专家。曾参加京津塘高速公路、济青高速公路等项目勘察设计工作;在交通部京津塘高速公路总监代表处全过程参与了监理工作;作为主要执笔人,参加编写了《京津塘高速公路工程监理》,任交通部监理培训教材主审,并先后主持了多个大型工程监理项目和设计咨询项目工作,获陕西省"优秀青年实业家"称号。

"误打误撞"与道路工程结缘

1979 年,年仅 16 岁的李良参加了高考,热爱数学的他,一直有一个梦想——成为陈景润一样的数学家,但因为一道大题看错,万般无奈之下与数学失之交臂。那时正值南斯拉夫电影《桥》在全国热映,沉迷其中的他,选择了与"桥"能沾上边的我校。

1979 年是恢复高考的第三年,当时同学之间的年龄相差特别大。李良至今还记得第一天走进教室,他看见一个 30 多岁的人正坐在教室前排看书,就上去询问道:"请问老师……"话没说完就听见那人说:"我不是老师,和你一样是学生。"后来李良才知道他们班有不少同学是已到中年,最大的已有 34 岁。虽然条件非常艰苦,但他们都十分珍惜来之不易的学习时光，学习格外刻苦。老大哥们常常以自己的经历告诫李良："能考上大学、能够安心在校园里学习是我们做梦都想不到的，你一定要倍加珍惜这些学习时光。"

在他们的影响下，李良如饥似渴地学习着，孜孜以求地探索着。回想那时的学习生活，李良说："在我眼里，老师就像是一个个身怀绝技的厨师，把每堂原本枯燥无味的课程内容都处理得有滋有味，像美味佳肴一样吸引着我们的胃口。因此，每次上课，我心里都会有一个从期盼到满足，从满足再到期盼的过程。"

四年的学习不仅让李良学会了读书，学会了思考，更学会了做人，而且"用了整整四年的时间完成了人生中的又一次质变"。

淘得人生的第一桶金

1983 年，大学毕业后李良被分配到交通部第一公路设计院工作。随后他就来到京津塘高速公路建设工地，一干就是 8 年。

京津塘高速公路是我国第一次用世界银行贷款修建和管理的高速公路，也是我国第一次按照国际惯例"菲迪克"条款而建的高速公路，把高速公路技术标准和质量要求推到了最权威的地位，工程总结出的一整套勘察、设计、施工、监理和建设技术，使我国公路建设管理体制逐步实现了与国际惯例接轨。

李良说自己很幸运，参加工作不久就能接触到国际上公路工程施工监理的惯用模式，于是他利用一切时间和机会学习国际公路工程施工监理的相关知识，很快他就在国内监理业"小有名气"。

1992 年，李良参与了交通部杭甬高速公路的监理工作。当时国内监理业刚刚起步，作为全程参加过京津塘高速公路建设的他和另外一位叫刘建的同事，很多个晚上都在讨论这个行业的前景，一个念头在他们心里逐渐清晰：中国的监理事业应该按照国际惯例，企业化运作，走向市场。随后，在一次探亲的火车上，李良将想法告诉了自己的同学、好友李宁，两人一拍即合。1994 年 6 月，西安方舟工程咨询监理有限责任公司成立，时年 31 岁的李良担任了总经理。

公司成立了，兴奋之情尚未退却，一种茫然无助的心绪却油然而生。

面对陌生的市场,从未有过市场经验的李良他们不知所措。工作如何开展?第一桶金到哪里去淘?没办法,他们只好四处寻找信息,寻找突破点。功夫不负有心人,深圳高速公路公司将合同经费30万元的机荷高速公路放线任务交给了他们,公司终于淘到了第一桶金。

有了良好的口碑,公司很快接到了温州大桥的监理业务。这是公司承担的第一个监理业务,能不能做好事关公司将来的发展。于是,身为总经理的李良亲自坐镇施工现场,与同事一道加班加点收集研究信息编制投标书、协调施工关系、监理工程安全和进度、技术指导等。这里面怎一个"苦"字了得,每一次铺开项目工程时,都需要李良一个一个施工点的一次一次检查、协调。他的同事说,李总根本就没有上下班的概念,也没有白天黑夜的概念,经常顶着雨水或冒着酷暑,中午没有休息,晚上又要召集相关单位和部门讨论解决进度、质量、安全问题,协调内部之间的关系问题,内部与监理、施工、业主之间的关系问题,有时累了、困了,能在车上闭闭眼就是休息了。偶尔回到公司,却又忙着招投标、贯标、研究监理方案等工作了。公司在温州大桥上获得了很好的监理业绩,良好的开端为公司的发展书写了最为关键的一笔。

当好工程质量的保护神是每位监理人的神圣职责

在李良的带领下,西安方舟工程咨询监理有限责任公司迅速发展,成绵高速公路、京沈高速公路、乌奎高速公路、荆州长江大桥、鄂黄长江大桥、秦岭终南山隧道等项目接踵而来,业务范围涉及全国十多个省、市、自治区。

业主单位常常称呼监理公司为"工程质量的保护神",李良深知这几个字的分量。因此,每一次公司的监理项目开工时,李良都要设法参加,参加开工前动员,或者在监理人员岗前培训时讲话,因为他要讲出他的强烈要求:"当好工程质量的保护神,是我们每位监理人的神圣职责!"

不管是大工程,还是小工程,李良都是一视同仁,都是紧抓质量、进度、安全三个关,紧扣"三控制、一管理",即质量控制、进度控制、费用控制、合同管理。李良总是在公司的各个监理项目点跑来跑去,以现场检查、指导、协调等方式贯彻自己的"紧抓和紧扣"管理,不仅得到了业主的认可,也不断提升了公司的监理服务水平。

作为一名工程技术出身的企业管理者,李良特别注重技术服务。他要求公司严格秉承"严格监理,优质服务,业主满意,承包商信服"的质量方针,使方舟公司监理工作得到社会各方好评:京沈高速公路河北段被评为三年质量年"十佳优良工程";新疆乌奎高速公路路1、9标项目监理部在监理服务期间连续两次被授予"优胜红旗"、连续被评为"优胜单位"和"廉正标兵";铜陵长江大桥项目监理部被铜陵市人大授予"建桥功臣"的荣誉称号;秦岭隧道项目监理部被授予世界之最——秦岭终南山特长公路隧道"优胜参建单位"称号;鄂黄长江公路大桥项目被评为"2006年国家优质工程银质奖"。

由于业绩突出,方舟公司先后被评为"1996年度全国交通系统先进监理单位",2001年"首届中国建设系统企业形象AAA级单位"及"1999~2001年全国公路建设质量年活动优秀监理企业",2004~2006年连续3年被中国交通建设监理协会评为"优秀监理企业"。李良也获得了"陕西省第二届优秀青年实业家"的荣誉称号。

对于事业上的成就,李良看得非常淡然,他常常对公司的年轻人讲:"千万不要只看到现在公司的风光,我们这辈人20多年来,干了不少工程,吃了不少苦,流泪流汗才赢来了公司现在的品牌。与国际知名工程咨询公司相比,公司无论是在经营理念、经营范围、经营规模、管理水平和经验等方面,还存在很大的差距。"

李良说,面对新形势、新任务和国际同行的严峻挑战,如何转变观念,树立正确的市场竞争观念、经营理念和服务意识,如何不断拓展经营范围、提高队伍素质、增强企业实力,是还要继续思考和解决的问题。

花最少钱，修最美路

——记1983届校友李祖伟

在重庆交通系统，现任重庆高速公路集团有限公司董事长、党委书记的李祖伟是个老资格，因为他不仅干了一辈子交通，而且直接参与制定了新重庆高速公路的规划，并且至今还在一线为实现这个规划操着心，流着汗。

直辖带来发展的机遇

李祖伟的桌上放着好几本重庆各条高速公路建设的资料。他说，每建好一条高速公路，他都会把相关资料保管得好好的，因为这是他和同事们的心血，也是重庆的历史和骄傲。

李祖伟从抽屉里拿出1996~1997年间的高速公路规划方案。当时，重庆规划的高速公路只有环线、成渝路、渝长路、渝黔路、渝合路、渝遂路以及到邻水和合江的高速公路，一共是7条路，同时也规划了二环高速公路。当时规划的建成时间是2020年，整个里程加起来只有860公里。

1997年春天，重庆市委、市政府确定了《2020年重庆市骨架公路网规划》方案，核心内容是到2020年，重庆的主骨架公路网络形成"一环四射"，即现在的环线高速公路和已通车的成渝、渝涪及部分建成通车的渝合、渝黔四条高速公路。

回忆1997年，李祖伟感慨万千。那时候，所谓蜀道难，难就难在重庆,苦就苦在坐车。有一次他到万州去开会,中途遇到公路塌方,车子进退不得,一堵竟然堵了一整天。天黑了,几个人的肚皮饿得咕咕响,只能靠喝矿泉水解渴;冬天的山区阴冷异常,大家找了些破橡胶轮胎烤火,才熬过了难忘的一夜。第二天车到万州,几个人光小笼包子就吃了10多笼!

公路与岁月同步延伸,重庆"一环四射"调整为"二环八射",即两条环线高速、再加8条向各个方向辐射的高速公路。李祖伟主持了"二环八射"2 000公里高速公路网建设,使重庆市高速路网密度居西部第一,而高速集团也已发展成为具有诚信和千亿资产、百亿投资能力的大型投融资集团。

重庆高速公路从零的突破到提前10年建成2 000公里的"二环八射",成为西部高速公路最密级的城市,今年48岁的李祖伟全程参与其中。当年那位初出茅庐的监理人员,如今已成为重庆高速公路集团董事长。2010年,他被重庆市政府授予"交通建设功臣"称号。

对于这些成绩,李祖伟只是轻描淡写地说:"很多交通人一辈子只修了一条路,我很幸运赶上了重庆大发展的好机遇,能让自己学以致用,这些年都在修高速路,没闲着!"

当年青丝已成霜雪,李祖伟感慨万千:"正是有了直辖,有了千千万万无私奉献的建设者,我们才能一再提速交通规划。而且这不只是数字的变化,更是这座城市永恒的荣耀和力量……"

路修完节省了2个亿

1983年从重庆交通学院道桥系毕业后,李祖伟就开始与路打交道,他一直有个理想:花最少的钱,修最美的路,把高速路轻轻放进大自然中去。

1990年,西南第一条高速路——成渝高速开建,当时在重庆市设计院工作的李祖伟被派到修路现场任监理工程师。在治理荣昌段地质滑坡过程中,通过他提出的技术处置方案,不但治理了滑坡,还节约了上千万的建设资金。

因工作出色,1996年李祖伟被调到重庆市高等级公路建设指挥部,任副指挥长兼总工程师。在多年的修路工作中，李祖伟已被称为修路“省钱”专家。在85公里长的渝长高速公路设计的合理性优化工作中，他提出的“半路半桥”方案，以路、桥结合的方式将公路轻轻“靠”在山腰上，加上对长寿牛心山开挖和铁山坪蚌壳隧道开挖进行改线优化，不仅缩短了项目里程1公里多，而且减少了开挖对环境的破坏，同时节约工程费用1.48亿元。

高速集团副总经理、我校1996届校友钟宁还给我们讲了这样一个故事：2009年在修到涪陵的高速路时，李祖伟趴在图纸上选线，15分钟后他从众多的线中选了一条线，最后采用这条线路修建的高速路，节省了建设资金2亿元。

同事眼中的“拼命三郎”

因为满头白发，48岁的李祖伟看上去比实际年龄要大。熟悉李祖伟的人都说，他是个“拼命三郎”。

从成渝高速公路监理到北方公司董事长兼总经理，到高发司总经理，再到重庆高速公路集团董事长，李祖伟40多岁时头发便花白了。随着高速公路建设的强力推进，李祖伟操心的事多了，头上的白发也越来越多。员工们私下称他“白加黑”和“5加2”，白天黑夜都在工作，5天工作日和2天休息日也在工作。

为了加强与北京有关部委的沟通，争取政策支持，李祖伟经常“打飞的”（指坐飞机）去北京，最多的一天往北京飞了3次。因此，又有人喊他“空中飞人”。

长路奉献给远方

——记1983 届校友陈代级

陈代级,1983 年毕业于我校路桥专业,现任山东高速公路集团有限公司河南许亳公司总经理。

自任公司总经理以来,在公司全体员工的密切配合下,陈代级凭借自己过人的魄力和胆识,独特的经营管理手段、创新思维和强烈的人格魅力,带领公司员工克服困难,努力奋斗,迅速扭转了原公司留下的被动局面,树立了良好的企业形象,得到河南省政府、省交通厅等有关部门的高度评价。

脚踏实地,尽职尽责,迅速扭转被动局面

许亳高速公路原由河南某公司承建,在资金已用完 80% 而工程仅完成 20% 且距通车时间仅余 1 年的情况下,退出工程建设。山东高速集团利用自有资金接手后,组建了山东高速许亳公司,从山东路桥集团调陈代级负责工程建设。为树立山东工程建设形象,确保工程按照河南省政府要求按期建成通车,摆脱原公司对项目的不利影响,迅速恢复施工,他以身作则,明确重点,带领技术人员深入工地,了解工地动态,发挥个人多年来在工程建设管理上的经验,及时指导和解决施工中存在的问题,兢兢业业地抓好工程建设的各个关键环节,使承包商充分了解了山东高速的踏实工作作风和诚心诚意做实事的实干精神,从思想上调动了承包商的施

工积极性。通过表彰先进，督促落后，以点带面，工程迅速启动并掀起了大干高潮。

陈代级常说："我们要牢固树立全心全意为施工和监理单位及沿线村民服务的思想，想他们所想，急他们所急，只有这样，他们才信任我们，才能同我们一起战胜前进中的各种困难。"他是这样说的，也是这样做的。公司完成对许亳路（周口段）项目和许禹路项目的股权收购及工商变更登记后，立即对许亳和许禹项目全面接管，各项管理工作以最短的时间进入正轨。

深入实际，科学组织，狠抓工程建设

为了掌握工作的主动权，保证决策的正确性，及时探索解决工程建设的难题，陈代级经常深入施工第一线，开展调研，掌握第一手资料。他一方面检查工作部署的贯彻落实情况，另一方面研究探讨做好今后各项工作的思路和具体措施。为了完成本年度计划，确保总体目标的实现，陈代级带领有关部门认真研究和编制了详尽、科学合理、切实可行的进度计划目标，以此为依据进行层层分解，具体落实到季、月、旬、日，并适时进行调整。

"工程建设，质量是生命"。陈代级认真贯彻超前服务、预防为主、防治结合的方针，安排有关部门建立健全了质量保证体系、管理制度和质量控制措施。在不断完善"企业自检、社会监理、政府监督"三级质量保证体系的基础上，紧紧依靠施工单位自我管理、自我约束、自查自纠，支持和发挥监理队伍的质量管理职能作用，加强旁站监督，同时积极配合省厅质监站进行有效监督。

陈代级先后组织技术人员研究确定了一系列确保工程质量的技术措施，针对桥头沉陷、软基处理、预应力张拉、粉砂土路基填筑等质量难题进行了深入细致的研究。组织了多次技术研讨会，邀请了省内知名专家进行现场指导，最大限度地克服了质量通病。在他的带动下，项目公司、监理和施工单位都能时刻绷紧质量这根弦，将质量意识贯穿到工程施工的每一个环节，形成了全项目人人抓质量的良好局面，使两个项目自接手以来未出现任何内在质量事故，基本达到了预期的质量目标。在全线组织开展了“大干一百天”、“打造示范路”、“劳动竞赛”等一系列活动,在短短18个月的时间内完成了长达164.7公里的高速公路建设任务,在河南省交通厅组织的多次质量检查中都取得较好名次,分别受到了河南省政府、省大项目办、周口市人民政府的通报表彰。2007年11月30日、12月8日永登高速周口段、许昌至禹州段先后顺利建成通车,提前完成了河南省交通厅下达的2007年底前建成通车的任务,超额完成了集团总公司年度工程建设投资计划。公司得到河南省交通厅和当地政府的一致好评,树立了山东高速的良好形象,为实现优质工程作出了突出贡献。

公司连续两年被评为“河南省高速公路建设管理先进单位”。2007年7月由河南省交通厅组织的创建“和谐工程”现场交流会在许亳路召开,公司的一些先进经验在河南省推广。在河南省高速公路建设管理先进单位和先进个人总结表彰会上,许亳公司被评为“优秀业主单位”,9名同志被评为先进个人,班子成员全部受到表彰。2008年许禹公司、许亳公司分别获得河南省“五一劳动奖状”荣誉称号,公司有4人获得“五一劳动奖章”荣誉称号。2008年公司被集团总公司评为“四好”班子荣誉称号。2008年许禹公司、许亳公司又分别获得中国海员协会颁发的项目建设管理“优胜奖”荣誉称号。

以身作则,勇于奉献,廉洁自律,勤奋工作

在陈代级的时间表里,没有星期天、节假日,除了工作还是工作,有时为了工作经常许昌、周口两地来回奔波。“五一”期间 同志们劝他回去休息一下,而他却说:“‘五一’劳动节是劳动人民的节日,我要在劳动中度过。”朴实无华的语言投射出一个人先人后己,处处为工程着想,为他人着想,勇于奉献的高尚品格。他将妻子、女儿接到河南,同大家一起过了一个特别的劳动节。由于休息不好,劳累过度,工程进度上去了,他却病倒了。最后,在家人和同事的苦苦劝说下才入院治疗。治疗期间他要求公司工作人员坚守岗位,不要来医院探望,把工作做好是最重要的。病情还未痊愈,他再三请求出院,起初医生不同意,他便软磨硬泡,他的敬业精神深深打动了医生和护士,破例让他提前出院。出院后直接奔赴工地,看望一线员工。在他无私奉献精神的鼓舞下,公司全体同志团结一心,斗志

昂扬,投身到如火如荼的工程建设中。

在工作中秉公用权,廉洁从政,自觉遵守党的纪律和国家的法律法规,严格执行领导干部廉洁从政的各项规定。公司组建之初就确立了建廉政工程、交明白账、带廉洁队伍的工作思路。党委抓廉政、开会议讲廉政、工作讲廉政;认真落实廉政建设责任制,坚持"一岗双责",主动抓好职责范围内的廉政建设;建立了公司纪检监察组织,制定了惩防体系实施方案和效能监察实施方案;公开廉政账户,认真落实中纪委八条规定;认真抓好廉政教育,经常深入到施工一线组织廉政学习;严格执行"四大纪律,八项要求"、《领导干部报告个人重大事项》、《国有企业领导人员廉洁从业若干规定(试行)》等廉洁自律各项规定;实施述职述廉、廉政谈话、个人重大事项报告等制度;自觉接受监督,努力做到在源头上预防腐败。在工程招标中严格规范程序,纪检监督及时跟上,邀请上级和当地纪检监察部门全程参与,陈代级接手项目后自主招标 12 次(60 个标段,工程造价 20.7 亿),无一例人民来信来访。

山东高速集团河南许禹和许亳公司成立以来,树立起了良好的企业形象,而所有这些,还得益于陈代级强烈的人格魅力。他精力充沛,思维缜密而敏捷,办事公正,作风果敢,勤奋而意志坚强。无论寒冬酷暑,他都常常出现在繁忙的施工现场,他善于深入一线搞调查研究,抓问题细致而有条理,解决问题有一股不达目标不罢休的干劲。这一切都在悄无声息的影响着公司的每个人,特别是年轻员工,更是以他为榜样,努力提高自身各方面综合素质。他就像一个强大的磁场,吸引着公司全体职工积极投身工程建设,使这样一个曾经落后的项目重新焕发了青春活力。

正其身，绝其源，重宣教

——记1983届校友钟华

"质量、安全、廉政"是交通事业全面协调和可持续发展的三个重要基础。身为中纪委驻交通部纪检组副组长、监察局局长的钟华，更加深知廉政工作在交通建设中的重要地位。从事纪检监察工作20余年来，1983届校友钟华一直牢记三句廉政诤言，将修路与修身、修人相结合，成为了交通行业廉政建设的一名尖兵。

"公生明，廉生威""己身不正，焉能正人"

这是钟华牢记的第一句廉政诤言。

钟华来我校桥梁与隧道专业学习之前，作为知识青年下过乡，深刻了解"要想富，先修路"的真谛。1983年毕业后，他到交通部组织部工作，1995年担任中纪委驻交通部纪检组综合室副主任，后任主任、交通部监察局副局长，2005年担任现职。

工科出身，从事纪检监察工作，诱惑很多，机会很多。在交通大建设背景下，面对纪检监察工作的清贫，面对交通建设行业的种种诱惑，钟华始终牢记这句诤言，修身正己，坚守纪检监察工作岗位，以廉生威。

钟华以自己令人佩服的能力、水平、知识、智慧，特别是自己清正的人格魅力勤奋工作，没有介入任何贯彻建设招投标活动，没有为承揽工程打过招呼、写过条子、介绍过施工队伍。他的坚守，树立了自身清正廉明的形象，也为所从事的交通建设廉政工作创造了有利条件。

“善除恶者察其本，善理疾者绝其源”

这是钟华牢记的第二句廉政诤言。

作为中纪委驻交通部纪检组分管党风廉政建设、纠风、专项治理、执法监察、源头治理、队伍建设、宣传教育等工作的副组长，钟华深知制度建设是反腐倡廉的根本，他高度重视通过建立健全各项制度，靠制度管人，按制度办事。仅 2005 年，就根据党中央颁布的《廉政建设实施纲要》，组织制订了《交通部党组贯彻落实实施纲要具体意见》、《交通部机关和部属单位基本建设及大宗物资采购活动监督制度》、《交通部机关政务公开监督检查办法》、《公路建设监督管理办法》、《农村公路建设廉政工作意见》等制度。到 2006 年，要求于 2007 年底建立完善的 44 项制度中，已有 26 项按时保质完成。

这些制度，紧密结合交通工作的重点和特点，围绕建设项目招标投标、工程转包分包、工程设计变更、设备材料采购、质量监督以及公路经营权转让等重点环节，既强调规范性，又加大了改革创新力度，积极推行合理低价中标、最低评标价法、投资人招标制，开展施工设计总承包试点，深化了廉政建设的源头治理工作。

“千里之堤，溃于蚁穴；廉政长效，在于宣教”

这是钟华牢记的第三句廉政诤言。

宣传教育工作，是钟华的工作重点之一。他从知青时代就深知，宣传教育既要有实效性，又要有长期性。

近年来，钟华坚持把加强教育纳入到反腐倡廉大宣教格局中，以领导干部为重点，开展理想信念教育、权力观教育和警示教育。先后安排编印了《党员领导干部学习读本》、《交通厅局长谈廉政》等辅导材料，组织拍摄了《贪路无归》警示片,在中国纪检监察报上开辟了《打造廉政交通专栏》。

通过这些宣讲、警示,让各项“不准”落实成“不能”的制度和机制保障,落实成交通行业人员的“不愿”的心理状态,从内心上杜绝了腐败行为的产生。

向着更高的目标冲刺

——记1984届校友王福敏

人们常用十年磨一剑来表现一个人的成长,用这话反映王福敏的成长经历恰如其分。1984年他从我校毕业后来到交通部重庆公路科研所工作,作为一个最基层的科技人员开始了他的成长历程。

20年过去了,在他的身后留下的是令人羡慕和钦佩的业绩:1993年主持虎门大桥悬索桥主缆索股127丝热铸锚灌注新工艺研究,填补了国内该项技术的空白;1995年在国内率先提出开发波形钢腹板箱梁桥的科研项目,获得了交通部科技司的支持,立为"人才"项目进行前期研究;1997年主持完成了渝黔线线路大桥和大型立交桥的设计以及多座大桥的设计,为重庆市第一条高速公路建设作出了贡献;1997年主持编写了交通部行业标准《大跨径悬索桥主缆丝股技术条件》,并由人民交通出版社出版,填补了国内空白;1998年作为设计总负责人主持了重庆嘉陵江渝澳大桥可行性研究、初设和施设,为重庆市建成了一座不仅技术含量高,而且非常美观的桥梁,节约工程投资几千万元,并获得"鲁班奖";1999~2001年间作为主研人员参与了宜宾金沙江中坝大桥、重庆鱼洞长江大桥、重庆云阳长江大桥、重庆菜园坝长江大桥的工程可行性研究,并为各桥位提出了可行的推荐桥型方案,最终成为建设的桥型;2001~2003年组建旧有桥梁病害诊断维修中心,同时主持多座旧桥的加固设计;2002~2006年提出并主持《公路斜拉桥设计规范》修订,并由人民交通出版社出版;2004~2006年主持了重庆朝天门大桥的设计。

敢于进取,勇于创新是对王福敏的真实写照,也是王福敏做事的特点，他从一名最基层的科技人员脚踏实地干起，刻苦钻研，虚心向老同志请教，埋头苦干，渐渐成为单位的骨干。1997 年被选拔为院中层管理者，赋予了更多的责任。他带领的桥梁工程所是院里第一个建立所级管理体制的部门，提前 3 年完成了从科研管理到现代企业管理的改制任务，完善的制度奠定了部门的发展，使所管理部门的经营业绩和利润都有很大提高，始终保持在全院的前列。与此同时，他带领桥梁所的干部和职工实现了在长江上设计大跨径桥的梦想，从 2004～2006 年短短 3 年期间又承担了其他多座长江大桥的设计任务，这些长江大桥包括了重庆菜园坝长江大桥、重庆朝天门长江大桥、涪陵石板沟长江大桥、重庆鱼洞长江大桥、忠县长江大桥以及安徽安庆长江公路大桥，其中每一座长江大桥的项目争取、关键技术的研究、结构设计以及大桥施工整个过程都包含了作为院桥梁所所长王福敏的心血。

繁重的市场开拓和经营管理工作并没有让他放弃技术创新，在科研方面他主持了包括交通部人才项目、交通部西部以及省市重大项目的研究，同时主持交通部行业标准、行业规范的编写工作等。

与此同时，王福敏还是社会活动家，分别担任了中国公路学会桥梁与结构分会理事、中国土木工程学会桥梁与结构学会理事、四川公路学会桥梁分会委员、重庆市公路学会桥梁分会委员、全国建筑物鉴定与加固标准技术委员会重庆分会委员、重庆市公路工程技术研究中心工程技术委员会委员、重庆市科协教授级咨询专家，重庆市交委系统评标库专家，重庆市市政维护管理委员会专家，我校兼职教授、硕士生导师。

突出的工作业绩使王福敏获得了各级部委的肯定，2000 年被交通部授予“全国交通系统优秀科技工作者”称号、2003 年被交通部授予“全国交通青年科技英才”证书、2004 年获得国务院颁发的政府特殊津贴、2006 年被重庆市授予“建设科技先进个人”称号。他还参加了第二届全国青年归国研修生暨青年人才工作会，受到了国家领导人胡锦涛总书记的接见。

2006 年，王福敏出任重庆交通科研设计院（现为重庆交通科研设计院有限公司）副院长、总工程师。已在交通战线战斗了 20 多载，他说自己不会停止前进的脚步，会向着更高的目标冲刺。

双重身份的高新技术企业领路人

——记1984 届校友李昌铸

我校 1984 届校友李昌铸有两重身份，一是交通部公路科学研究院研究员，二是北京新桥技术发展有限公司总经理。这种双重身份，不仅让李昌铸在科研上颇有建树，而且在他的带领下，北京新桥技术发展有限公司发展成了一家集科研、设计咨询、软件开发、新材料、新技术工程应用等为一体的综合性高新技术企业。

献身科研，推进交通信息化管理技术从无至有、从弱到强

1984 年从母校毕业后，李昌铸主要在交通部公路科学研究院从事桥梁管理信息系统的开发工作。1992 年前，他先后承担了交通部重点科研项目“公路管理信息系统总体设计的研究”、“公路桥梁省市级管理系统”、“公路桥梁使用功能评价方法的研究”等课题。其中，“公路桥梁管理信息系统”课题研究获得交通部科技进步二等奖、国家科技进步三等奖，“公路桥梁二级管理信息系统”课题研究获北京市科技进步三等奖，“公路桥梁使用功能评定方法的研究”获交通部三等奖。

1993 ~2000 年，李昌铸主要承担了科技项目“公路桥梁管理系统 CBMS”的推广工作。至 2000 年第三批推广结束，CBMS 覆盖到了国内 33 个省区市，建立系统 500 余套，入库桥梁 12 万余座，取得了较大的社会影响。CBMS 系统的使用，优化了资金的使用效益，提高了桥梁养护管理人

员的工作效率和养护管理水平，增强了桥梁的社会综合服务能力，并入选为“首届交通系统部分优秀计算机应用软件展示会”展示软件。其中，“南京二桥综合管理系统”获得了交通部科技进步二等奖。

2001 年度交通部西部交通建设科技项目启动后，李昌铸任“西部路网改造技术的研究”、“公路工程施工设备及筑路材料产品系列标准研究”、“公路路政管理系统”等课题组组长，课题经费占全院承担项目的十分之一。其中，“西部地区路网改造技术研究”、“公路路政管理系统”课题研究分别荣获了中国公路学会科技进步二等奖和三等奖。

2004 年，李昌铸作为项目负责人，承担了“水泥混凝土路面再生利用关键技术研究”课题。课题完成后，形成了水泥混凝土路面再生利用成套技术，课题的研究成果现已广泛应用于我国广东、广西、湖北、陕西、吉林、四川等省的水泥混凝土路面改造工程，取得了良好的效果。

李昌铸从事的交通信息化管理技术研究，经历了拓荒、播种、收获和市场培育的漫长过程，从无至有，从弱到强，搭建了交通科学研究的新平台。

依托科研，构建高新技术市场化的产业链

2003 年，原属交通部公路科学研究院的北京新桥技术发展有限公司与之进行剥离，李昌铸主动请缨，担任公司总经理。在他的带领下，公司一年一个样，年产值增长率超过了 50% 。

李昌铸的经营思路可以用三句话来总结：一是以科研为前导，以依托为切入；二是以创新为动力，以人才为根本，三是以产品为导向，以服务促市场。

2003 年公司改制时，注册资金只有 50 万人民币，只有桥梁检测管理系统一个产品。面对现状，李昌铸提出“高新技术企业必须以科研为前提，以科技成果转化为重点”。他结合自己承担的纵横向课题，特别是市场前景非常看好的“水泥混凝土路面再生利用关键技术研究”、“公路路政管理系统”、“公路施工管理系统”、“路产综合管理系统”、“路网改造决策分析系统”等课题，利用交通部公路科学研究院完成的科研成果，加快成果转化过程。到 2003 年底，公司产值突破 400 万元。

2004年，李昌铸组织制定公司发展战略，将路面改造、桥梁检测、路面新材料成套技术开发作为公司的发展重点。到2005年，公司已经形成"路桥用管理软件及公路交通控制成套技术"、"旧路面改造及废旧材料再生利用成套技术"、"路用改性材料及复合材料应用技术"、"公路科研项目管理及设计项目咨询"等4大支柱业务的24项主要产品，形成了从"科研成果产业化→生产制造产品→市场开拓和销售"的完整的产业链。到2006年，公司年产值达到3 000多万元，实现了公司的跨越式发展。

公司改制至今，李昌铸带领全体员工研发了包括软件、软硬件集成系统和新材料在内的新产品10余项，并提供多项设计、检测、咨询等服务。其中，新材料"抗车辙改性沥青(RS2000)"于2005年获得了由科技部、商务部、国家质量监督检验检疫总局、国家环境保护总局四部委联合认证的国家重点新产品证书。

李昌铸深知，人才是企业的第一资本，是高新技术企业创新的根本。因此，他将新桥公司的长远发展和人才培养结合起来，设立"创新人才培养"机制，通过实施助学计划和奖优计划进行企业文化宣传和人才引进，并于2004年在母校实施"新桥百万助学/奖优"计划。为了加强与国内外同行业的交流与联系，公司与全国30个省市公路建设管理部门、8所大学、12个专业研究机构、44个企业加强了各种信息来往，形成了一支实力强劲的员工队伍。

在这支队伍中，包括了我校不同阶段的毕业生，形成了良好的梯队。他们中有70年代毕业的卢铁瑞，现任公司总工程师；80年代毕业的李昌铸；90年代毕业的夏晓霞，现任公司常务副总经理；2000年后毕业的有2005届的本科生宋波、申强，2006届硕士生张鹏举、张扬，已经担任了公司的部门经理或项目经理。

"李总谦和、宽容，有亲和力，他批评人总是很讲技巧，都是点到为止。他经常告诉我们要求变。要以变求新鲜感，以变适应社会发展。"采访结束时，北京新桥技术发展有限公司的员工向记者这样描述他们心目中的"领路人"。

（备注：李昌铸现为北京中交路通科技发展有限公司总经理）

秉承鲁班风骨　勇当开路先锋

——记1984届校友唐志成

“他与青山为伍、与江河同行。他是一位纵横捭阖的科技专家、一名勇于求索的企业舵手、四川新跨越的开路先锋。他先后获得中国铁路工程总公司、铁道部“青年科技拔尖人才”，四川省“优秀青年科技创业奖”，中国建筑业协会“优秀项目经理等”称号。在他的带领下，中铁二局奋力拼搏、勇担社会责任，为四川基础设施建设作出了巨大贡献，同时为国有大中型企业的改革做出了表率。他就是中铁二局集团公司总经理、教授级高级工程师、四川省第十三届十大“杰出青年”唐志成。”

这是四川省第十三届十大“杰出青年”颁奖典礼晚会上一个精彩的瞬间。当这段感人肺腑的介绍词响起时，全场都报以热烈的掌声。

唐志成，高级工程师，国家注册咨询工程师（投资）。历任铁道部第二勘察设计院（以下简称“铁二院”）勘测处助理工程师、工程师，铁二院地路处副处长，铁二院公路处处长，铁二院副总经济师兼铁二院交通院院长，铁二院副院长。2004年7月至今任中铁二局集团有限公司（以下简称“中铁二局”）董事长。

担重任　永擎开路先锋大旗

这是一家在我国铁路建设领域享有崇高荣誉的企业，目前是沪深两市仅有的一家铁路施工上市企业，被誉为“中国铁路建设第一股”。

20世纪90年代以来，这家企业开始将经营领域扩大到公路、市政等领域，承揽建设了一大批高难新重项目，其中包括跨海大桥、城市地铁等，企业名声鹊起。

这就是有着超过50年历史的中铁二局。作为这样一个大型国有企业老总，唐志成身上肩负着解决历史遗留问题和加快发展的双重任务。"作为国企领导，我们始终不能忘记社会责任，"唐志成经常对身边的同仁说，"我们一定要做到对国家负责，对员工负责，对自己负责。我最大的心愿就是让我们几万员工能够过上好日子，确保与企业血肉相连的数十万人过上更好的生活。"

古人云：见势早，得先机。中铁二局在唐志成董事长的带领下，树立了强烈的市场意识和机遇意识，从最早进入沿海特区深圳、珠海、厦门闯市场，到走出国门闯世界，到建设部现代企业制度试点企业之一，并成为第一家铁路建设上市公司。

"我们要进一步巩固和扩大铁路建设竞争优势，这两年我们把握住了企业发展的机遇，中铁二局在分享行业增长的市场份额、扩大市场和经营规模的同时，企业营业额每年保持了30%以上的增长速度，员工收入大幅提高，企业的凝聚力、执行力、创造力大大加强，成为铁路建设当之无愧的开路先锋。"谈到企业未来发展时，唐志成自信满满。

努力拼搏　铁路人铁骨无私

古代有大禹为治水患"三过家门而不入"，而我们现代的铁路人为了我国的交通事业架桥铺路，无私奉献，他们长年奋战在大江南北、雪域高原，如同候鸟般迁徙奔波，把自己的青春、汗水、心血，团聚、天伦之乐奉献给了祖国的基础建设。唐志成也是其中的一员。

曾经，他一年有200多天都在外出差，无法回家；近10年来，他基本上每年都有半年的时间奔波在外，连节假日也不例外，无法享受家庭的温馨；儿子参加高考，作为父亲，他很想留下来陪他度过人生中最重要的旅程，但最后也因为工作而无法如愿。谈到这里，唐志成不无愧疚地说："对他们我一直很惭愧，无法一直陪在他们的身边，我欠他们的真是太多了。"

“但是中铁二局像我这样的家庭很多，他们常年奔波在祖国各地，他们的忠诚与奉献、期盼与渴望，激励着我和我的团队更加努力工作。他们才是中铁二局的脊梁，今天所有的荣誉都应该属于他们，我要向家人和中铁二局全体员工及家属道一声：‘谢谢你们！’。”说到动情处，这个在任何艰难险阻面前也没有低过头的汉子，也不由得红了眼眶。

深情寄语　寄望现代青年学子

唐志成是我校1984届的本科毕业生，在离开母校20多年之后，谈到母校的栽培之情时，他感慨万千：离开学校20多年，像是弹指一挥间，今天我能取得一点成绩，无不凝聚着组织的关爱和母校的培养。在母校55周年校庆时，我回来看到她现在的发展和变化，由衷地感到高兴。

“大学生活是人生中一道美丽的风景线，也是学习积累知识、技能的重要阶断，”最后，唐志成董事长也对学弟学妹们表达了期待和厚望：“我和各位学子都很幸运地成长在这个伟大的时代，祖国和人民赋予了我们崇高的历史使命，诚然无论是在学业还是事业上，我们都会遇到各种险阻，面临预想不到的困难。只要我们做到谦虚、公正、真诚，坚定，持之以恒，人生的理想就一定会实现！希望学弟学妹们始终秉承‘空谈误国，实干兴邦’的交大精神，爱国奉献，努力学习，顽强拼搏，勇攀高峰，坚定信心，持之以恒，把自己的梦想融入祖国和人民的需要，不断地实现我们心中的梦想。”

巴蜀大地上的隧道专家

——记1985 届校友李永林

李永林,四川交通投资集团董事,1981 年 9 月考入我校道桥系桥隧专业。大学毕业后的李永林,一直在公路隧道第一线从事专业技术工作。他参与主持建设管理、监理的缙云山隧道、二郎山隧道、鹧鸪山隧道先后获四川省“天府杯”金奖、“詹天佑大奖”、“鲁班奖”。1995 年,四川省人民政府授予他“成渝公路先进工作者”荣誉称号;1997 年,四川省交通厅授予他“十佳岗位能手”称号;1998 年,人事部、交通部授予他“全国交通系统先进工作者”荣誉称号;2005 年,李永林荣获“全国劳动模范”称号。

中等个子,鼻梁上架着一副眼镜,李永林给人的印象似乎没有什么特别过人之处。但普通外表的背后隐含着不普通:缙云山隧道、二郎山隧道、鹧鸪山隧道,这三座至今都保持着多项“第一”的隧道,均是李永林带领他的同事们奋斗的杰作,他被同行称为“公路隧道专家”。

在道路上崭露头角

李永林于 1981 年 9 月考入我校道桥系桥隧专业,这注定了李永林将与隧道结下不解之缘。大学毕业后,他一直在公路隧道第一线从事专业技术工作。1990 年,成渝高速公路动工修建,年仅 27 岁的李永林担任了成渝高速公路缙云山隧道监理组高监。而后,又挑起了重庆市重点公路工程监理处隧道办副主任、成渝高速公路工程监理部东段代表处隧道办副主任的担子,具体组织实施缙云山隧道工程的建设管理和监理工作。缙云山隧道是当时四川省最早开建的大型公路隧道之一,没有成功的经验可以借鉴,李永林凭着扎实的知识功底和参加工作以来积累起来的实践经验,认真组织,科学管理,带领他的同事们啃起了这块“硬骨头”。经过5年的日夜鏖战,李永林不负众望:成渝高速公路建成通车,缙云山隧道荣获国家工程最高奖“鲁班奖”和四川省“天府杯”金奖。

缙云山隧道建成后,李永林又担任二郎山隧道办主任、工程监理部总监,主持二郎山隧道工程建设工作。

二郎山低下高傲的头

二郎山隧道工程地质条件十分复杂,岩体十分破碎,因地应力极高,岩爆、大变形等地质病害严重,三处大变形段长达505米,岩爆地段长达1 389米,洞口偏压严重,洞口及引道滑坡、泥石流频发,且隧道处于地震烈度为Ⅷ度的高烈度地区。地下水富集,涌水量大,涌水水头高出地面27.8米,施工中出现的暗河宽达25米。此外,冰雪、浓雾、大风、泥石流、塌方频发,二郎山曾一度被地质专家称作是“修建隧道的禁区”。

困难重重,但李永林没有被吓倒。胸有成竹的原因,是拥有了科技这件“法宝”。围绕隧道工程建设,李永林与同事展开了一系列科研及技术攻关,在进行大量实验和现场测试之后,取得了宝贵的第一手资料。《二郎山隧道高地应力测试监测围岩稳定性评价及工程优化措施研究》、《高地应力条件下隧道发生大变形破坏机理性的研究及在二郎山隧道工程中的应用》等一系列凝聚着心血和智慧的科研成果应运而生。这些科研及技术攻关成果,为工程建设提供了强大的技术支撑。

他们按照“新奥法”设计,实现了动态设计、动态施工;采用无损伤进洞的原则,极大地保护了环境;在施工中总结出了大管棚施工方法,采用德国进口的KLEMM全自动管棚台车施工,顺利穿过出口浅埋偏压段;采用“洞中修涵法”顺利通过了隧道中的地下暗河,避免了灾害性事故的发生;采用先进的防排水技术,实现了隧道内地下水不滴、不漏、不渗;首次提出了平导送风型半横向式机械通风“自动适应”自然风的通风控制方法并成功实施等,一个又一个“拦路虎”被降服,二郎山低下了曾经高傲的头。

2001 年 1 月，作为当时全国海拔最高、地质最复杂的公路隧道二郎山隧道建成通车。在交通部于 1999 ~ 2001 年开展的全国质量年活动中，二郎山隧道被评为全国十大“质量管理优秀项目”之一，由于大量新技术、新方法、新工艺的运用，该工程为国家节约投资近 6 000 万元。

2001 年 4 月 1 日，在川藏北线第一座大山隘口海拔 4 415 米的鹧鸪山，全国海拔最高最长的特长公路隧道鹧鸪山隧道开工建设。

“两高三低”（洞口 3 330 米的高海拔、高寒；低温、低压、低含氧量）和埋藏深（1 031 米）、隧道长（全长 4 448 米）、地质复杂的鹧鸪山隧道建设重担，又一次落在了李永林的肩上，他担任国道 317 线鹧鸪山隧道项目办主任。在《高寒高海拔地区特长公路隧道修建关键技术研究》的总课题下，他依靠相关大专院校，再度进行科技攻关。小导管注浆、快速处理大塌方技术、综合成洞法……一系列新技术、新材料、新工艺的应用，在高原高寒山区隧道施工中创造了月掘进 203 米、衬砌 356 米、45 天完成 1 200 米仰拱的施工纪录，工程建设再现“零伤亡，零误差”的控制目标。

鹧鸪山隧道的成功建成，为在高寒高海拔的高原地区修建隧道积累了宝贵经验。李永林的隧道作品中又添杰作。

靠“金刚钻”做“瓷器活”

从缙云山隧道，到二郎山隧道，再到鹧鸪山隧道，李永林参加工作至今 20 年有四分之三的时间花在了与隧道打交道上。他的同事用“两强两高”这样评价他：事业心强，责任心强；管理水平高，科技水平高。

是的，每建一座隧道，他都把它当成事业来干。工地上，人们时常看到危险的工地边总有他的身影。随着蜀道建设向前推进，建设难度越来越大。李永林清醒地认识到，仅有一份事业心和责任心是不够的。因为，随着公路建设由平原向丘陵乃至盆周山区纵深挺进，工程将变成一件件“瓷器活”，要揽，必须要握有“金刚钻”。在知识经济为主的当今时代，在注重实践的基础上，不能吃老本，必须加强知识更新。所以，李永林从没有放松过给自己“充电”：1998 年，已是高级工程师的李永林，在繁重的工程建设任务中，硬是挤出时间，攻读了硕士、博士学位。

在隧道建设期间，由李永林作为主研人之一的《川藏公路二郎山隧道高地应力测试、监控及围岩稳定性分析与工程措施》、《高地应力条件下隧道发生大变形破坏机理性的研究》、《二郎山隧道营运通风现场测试及海拔高度系数研究》等课题分别获得国土资源部科技进步成果二等奖、四川省科技进步成果三等奖。在中交核心刊物、一级刊物发表科技论文 10 余篇。

在隧道建设中建树颇丰的李永林，如今担任了四川交通投资集团董事，舞台变了，不变的是依靠科技的初衷。如何依靠科学技术，搞好企业管理，追求企业自身效益的同时，如何让高速公路为社会经济的发展、为百姓的生产生活发挥出最大效益，李永林又开始了新的征程。

路桥情缘　华彩人生

——记1985届校友乔墩

乔墩，一位从我校走出的学子，一位将青春年华、将心血和汗水都奉献给了交通事业的路桥人，一位在穿山越岭的路桥之上谱写华彩人生的青年英才。他的名字、学业、事业乃至人生都与公路和桥梁结下了不解之缘，正是在路桥这方大舞台上，他施展着自己的聪明才智，实现着自己的理想抱负。

上下求索，学无止境的求知路

1981年9月，沐浴着改革开放的春风，他走进了梦寐以求的大学殿堂。“崇台九层基于垒土”，正是大学四年的勤学苦读，刻苦钻研，为他以后的学业深造和事业发展打下了坚实的基础。

走上工作岗位后，他从最基层的技术员做起，在干中学、在学中干，不畏劳苦、辛勤付出，在短短几年时间里，迅速成长为交通部重庆公路科学研究所的一名技术骨干。今天，他既是具有较高研究水平和学术成就的正高级工程师，又是一个专家型的高级管理者。1989年，受团中央派遣，赴日本进修学习桥梁技术，在日进修的一年里，他惜时如金、虚心求教、勤于思考，努力学习国外先进的桥梁技术，汲取宝贵的成功经验，他用这些技术和经验，在祖国的江河上架起了一座座沟通的桥梁、致富的桥梁。

2000年，乔墩在事业的通途上步伐正健，但他没有就此满足，而是再入母校深造,并顺利取得了桥梁隧道专业的工学硕士学位;2001 年,他又参加了重庆大学工商管理学院 MBA 专业的学习,并以优异的成绩完成研究生课程。与此同时,他不断加强政治理论和文史哲知识学习,不断完善自身知识结构,努力使自己成长为具有科学判断形势的能力、驾驭市场经济的能力、应对复杂局面的能力、依法执政的能力和总揽全局的能力的复合型人才。对于学习,他常说:“只要活着,学习就是没有止境的。如果把学习当成生命的一部分,那学习也是一种快乐!”

刻苦钻研,创新求是的科研路

搞科研的人,要耐得住寂寞。乔墩在科研的道路上品尝这份寂寞中独有的快乐,他乐于与路桥为伴,从图纸上寻找属于自己的快乐,从一条条延伸的公路、一座座飞跨的桥梁中寻找属于自己的快乐。无数个日夜通宵达旦地绘制设计图纸,一次又一次深入到偏远山区的施工现场视察了解情况,一次又一次优化设计方案……正是以这样能吃苦、肯钻研、善创新的精神,取得了一项又一项科研成果。

乔墩负责主持的交通部“八五”重大科研项目“广东虎门大桥悬索桥关键技术研究——主缆平行丝股的现场制造工艺及设备研究”项目,获交通部科技成果特等奖;作为主研人员负责的交通部“七五”重点科研课题“预应力混凝土曲线梁桥设计与施工技术”获交通部科技成果三等奖、四川省科技成果三等奖;参与完成的“通渝隧道深埋特长隧道高地应力与围岩稳定性研究”获中国公路学会科学技术三等奖;同时还多次获得重庆市科学技术委员会、重庆市交通委员科技成果奖和科技工作先进个人奖。

乔墩作为主要设计人,先后参加了秦皇岛港丙丁码头立交桥、重庆市菜园坝立交桥、泸宁路苏州运河桥等重大项目研究设计工作;作为主要执笔人,撰写并发表的理论著作、业务论文及重要技术报告多达 20 余篇(本)。其中,《悬索桥预制主缆丝股技术条件》已作为国家交通行业标准公开发行,30 余万字专著《农村公路建设与养护管理》已由人民交通出版社在全国出版公开发行,这些理论著作在重庆市乃至全国都具有较大的影响。

亲民清正,志存高远的从政路

马克思曾说:“公路通到哪里,文明就传播到哪里。”作为公路人的乔墩正是这样一位文明的播撒者。身为共产党人,当党和人民需要他以另一种方式服务奉献于社会时,乔墩毅然承担起这份责任与义务。2007 年 2 月乔墩被任命为重庆市公路局局长、党委书记;2010 年 1 月担任重庆市交通委员会副主任,他迅速从一名单纯的科研工作者转变为学者型管理者,在新的平台上继续着他与路桥的不解情缘。

乔墩办公室悬挂着一幅自勉的格言:“士不可以不弘毅,任重而道远——《论语・泰伯》。”作为一名领导干部,他时时谨记“权为民所用、情为民所系、利为民所谋”,事事以人民群众利益为重,以服务交通、奉献社会为己任。每一次深入到大山里面,都深切感受到交通不便、信息闭塞,带给人民群众的贫苦困顿。他总说:“我是学的这个专业,干的这个事业,如果有人因桥不通、路不畅而挨饿受冻,那就是我的工作还没有做好。”让深山里的农民走出来,让每一个人都能走上平坦宽阔的公路,是他的梦想和希望。

在长期的学习和工作中,乔墩养就了平和乐观、积极向上的人生态度。无论遇到什么挫折和困难,他从不气馁,从不退缩,敢于直接面对,勇于战而胜之。他说:“人生就像路桥,路桥不是永远都是平坦笔直的,会有坎坷曲折,会有艰难险阻,但遇山开山,遇河搭桥,路桥伸展的方向总是向前。”

勤奋、认真、严谨、乐观,乔墩就是这样一个以路桥为事业,视路桥为生命的交通人。

构筑重庆经济腾飞跑道的筑路人

——记1986 届校友丁纯

丁纯，我校 1986 届道路系公路运输管理专业校友，历任重庆市公用事业管理局管理处副处长，重庆市第一公交公司经理，重庆市公用事业投资开发公司总经理，重庆市公用事业管理局党委委员、副局长，重庆市交通党委书记、重庆市交通委员会主任。现任重庆城市交通开发投资集团公司董事长。

“这是一个每 3 个月就要换一次新版地图的地方！”“如果问重庆市民直辖 10 年变化最大的是什么？十有八九都说是交通！”2007 年重庆直辖 10 周年，中央电视台和《重庆日报》报道中的这两句话，让曾经的市交委主任丁纯欣慰地感受到了社会对重庆直辖 10 年交通快速发展的高度认可和对交委工作的高度评价。

打通山城　以时间换空间

重庆地处西南，坐拥两江，又是祖国自然交叉线的中点，有着其他内陆城市无法比拟的区位优势；同时，江河纵横，层峦叠嶂，自古“蜀道难，难于上青天”，重庆发展又有着其他内陆城市所不具有的制约因素。重庆直辖后，交通滞后再次成为制约重庆经济腾飞的“瓶颈”；交通发展，成为重庆市崛起的重要基础和关键因素；交通变化，无疑也成为 3 000 多万重庆人最为关注的热门话题。

2000 年,丁纯任重庆市交通委员会党组成员、副主任,“如何加速推动重庆交通的发展,如何让交通为经济发展‘引跑’”,丁纯一直在苦苦思索着答案。

在他的大力推动下,一场交通建设接力赛由此拉开:“五年变样、八年变畅”,“八小时重庆”,是要使最偏远的巫山、秀山、巫溪、城口等县、自治县到主城区的行车时间,由原来的 2 ~ 3 天缩短在 8 个小时之内。“半小时主城”,即在主城九区范围内,区政府或任何一个重要基点到重庆人民广场或者市政府都不超过半小时。2005 年,原规划 10 年后开工的 1 200 公里高速公路项目全部开工,到 2010 年全部建成后,重庆连接周边省份的高速公路通道将达到 10 个。高速公路提速将带动交通建设全面提速,一、二级公路、农村公路和内河水运都出现了前所未有的发展速度。交通建设提速对重庆经济发展产生了积极影响,成为“重庆速度”的领跑者。

“我们问老百姓,直辖后重庆变化最大的是什么？他们说是交通。我们又问,现在不满意的是什么？他们仍然说是交通。”2003 年初召开的全市交通工作会上,市长王鸿举的一席话,让时任重庆市交委副主任的丁纯至今记忆犹新。

大巴山、武陵山、巫山,绵延横亘的大山成了制约重庆经济发展的瓶颈。

“一定要加快发展交通。交通设施既是国民经济重要的基础设施,又是国民经济的先导性产业。许多发达国家和地区的发展、振兴,都是以加快交通建设为先导,从而带动整个经济社会的持续快速健康发展。”丁纯深感肩上责任重大。

在丁纯的大力推动下,重庆市交委及时调整了 2010 年高速公路规划,全面启动“二环八射”高速公路项目,完成了“8 小时重庆”工程,为 2010 年初步建成长江上游交通枢纽打下了坚实的基础。“高速公路提速十年”和“一小时经济圈带动两翼”,重大战略决策一脉相承,环环相扣,步步推进。交通行业以前所未有的拼搏精神和创新精神,负重自强,团结奋进,创造了一个个奇迹。

与此同时,丁纯清晰地认识到,长江作为我国第一大河,干流流经“七省二市”,是我国惟一贯穿东、中、西部的水路交通大通道,其巨大运能和重要区位优势一直发挥着其他运输方式不可替代的作用。长江干线航道里程 2 838 公里,其中重庆境内 679 公里,约占四分之一,是重庆的区位优势。

因此在他的大力要求下，'十五'期间，全市共建设重点水运项目44个，改善航道635公里，新增航道150公里、货物吞吐能力1 000万吨。"

10年前从最边远的区县到主城需要两天时间，现在最远的区县城口乘车到主城的时间也在8小时之内。重庆还是拥有长江黄金水道的西部惟一特大城市，江北国际机场也于2006年底跃居全国十大机场之列。重庆市交委主任丁纯说，重庆已经由中西部"总塞点"变成了承东启西、接南转北的西部最大交通枢纽。

丁纯说，"十一五"期间，全市公路水路交通计划总投资约1 220亿元。总体发展目标是：建设骨架，干支连通，协调发展，形成枢纽，到2010年使公路水路运输紧张状况得到缓解，对国民经济的制约状况得以较大改善，初步建成长江上游交通枢纽。

"那时候，重庆公路的出境通道将增至19个，长江航道的通航能力比现在增加1倍以上，城市公交的平均等候时间从现在的10～15分钟缩短至5分钟，平均换乘次数从现在的1.5次减少到1次。"丁纯描绘了"十一五"末的重庆交通发展景象。

"让交通更好地为经济发展服务，真正做到经济发展，交通先行。"丁纯自信地说，"'十一五'末期，我市将基本形成方便、快捷，四通八达的公路、水路网。"

也来尝尝百姓疾苦　全力规划"小康公交"

也许是因为曾经在公共交通公司工作过，丁纯对市民出行难、乘车难的情况尤为重视。

2006年10月1日，重庆发生大客车坠桥特大交通事故，暴露出了全市公交秩序混乱和体制的矛盾。丁纯立即要求单位所有副处级以上干部，今后轮流乘公交车上下班，掌握公交车运行状况、乘客的需求和意见，且要将每日情况以书面形式交到相关的部门，并将该制度作为一项硬性规定，长期坚持。

在工作中，丁纯注意到，目前全市公交车站之间的距离最近是600米，市民为了乘车总要走上很长一段距离，而一些公交车不按时发车，让市民苦苦候车。在丁纯的大力推动下，市交委提出了"小康公交"计划，以解决市民乘车难的问题。

"小康公交"的建设,就是将现有公交车站之间的距离缩短,变为300~500米,届时市民到站乘车的距离将缩短,各路公交车的发车密度不超过5分钟,市民在公交车站内候车时间将不超过5分钟,就会顺利坐上公交车;目前,从一个地方出发到达目的地,市民平均要换乘车两次以上(即换乘率),今后市民换乘车将降到平均1.5次。

丁纯说:"'小康公交'实施后,市民到主城区的任何一个地方,乘车时间不超过48分钟。"在实施"小康公交"规划后,市交委对现有的公交车站进行了调整,车站的设立与轻轨、码头的站点设立相匹配,市民在下轻轨、轮船后可迅速乘坐公交车到达目的地。

提高城市公共交通服务水平　解决农民出行难

2007年,重庆成为统筹城乡综合配套改革试验区,丁纯意识到农村公路将成为带动重庆市城乡统筹发展的巨大动力。市交委规划2007年,全市建设农村公路8 000公里,解决400个建制村不通公路的问题。

丁纯说,虽然国家和市里提高了农村公路建设的补助标准,但仍有一定的资金缺口,将通过统筹扶贫、以工代赈等方式来拓宽筹资渠道;公路建成后,要加强养护管理,推广群众季节性养护、承包经营养护等有效方式,真正使农民群众摆脱泥泞路,走上通畅路、平坦路。下一步,要加快农村客运的网络化建设。要总结试点经验,推行适合各地实际的农村客运组织模式。公路建成后,在安全的前提下要及时通客车,切实解决农民群众乘车难的问题。到2012年,将解决剩余的3 927个行政村通达、376个乡镇和3 841个行政村通畅问题,全市所有乡镇都将通上柏油路或水泥路,同时实现村村通公路。我市将投资1 000亿元资金为公路建设"输血",到2012年,全市40个区县(自治县)将全部通高速路,全面提高城市公共交通服务水平,解决好老人、残疾人、农民出行难的问题。

丁纯曾这样说:"交通就是经济发展的跑道,跑道好不好,直接影响着经济发展的速度,我很高兴自己既是重庆直辖10年交通建设取得举世瞩目成绩的见证者,更重要的是,我能作为跑道的筑路人与重庆交通大发展一路同行。"

谱写交通发展新篇章

——记1986届校友朱碧新

中国交通建设股份有限公司（以下简称“中交集团”）是中央大型企业第一家境外集体上市公司；是目前中国最大的港口建设及设计企业——参与了国内全部13个吞吐量超亿吨大港的设计和建设；是中国领先的公路、桥梁建设及设计企业——公路工程业务占国内国道、省道市场份额的20%～25%，在中国主跨逾千米的世界级桥梁中，中交集团设计承建了其中8座；是中国最大、世界第三的疏浚企业——疏浚能力占国内疏浚能力的50%以上；是全球最大的集装箱起重机制造商——产品已成功出口到世界112个港口，遍及50多个国家和地区，集装箱起重机业务占世界市场份额的74%，连续7年稳居世界第一……

这样的一个大型企业集团，如何组建、如何管理、如何改革、如何监控，都是一个个巨大的难题，凝聚了许多“中交人”的心血和汗水、经验和智慧。我校1986届校友朱碧新，就是其中之一。

朱碧新，1982年进入我校交通运输管理专业学习。1986年7月毕业后曾先后到中国汽车运输总公司、交通部体改司、中国公路桥梁建设总公司、中国路桥（集团）总公司工作，曾任副科长、副处长、（集团）公司部门总经理等职务，主要从事企业管理、企业改革改制、企业监控和企业人力资源管理方面的工作，具有较为丰富的实际经验和较为深厚的理论功底。2001年3月起任中国路桥（集团）总公司党委委员、纪委书记兼集团工会主席。

2005年，国家决定在中国路桥（集团）总公司、中国港湾建设（集团）

总公司基础上,以强强联合、新设合并方式组建中国交通建设集团有限公司,直属国务院国资委领导。因此成立了重组工作领导小组和工作小组,朱碧新担任工作小组负责人,具体负责合并重组工作。

朱碧新面对合并重组的种种困难,进行了深入思考,充分运用自己本科阶段和 MBA 期间学到的知识,总结自己多年来的企业管理经验,通过大量调研,根据两个大型企业的实际,几易其稿,组织制定了切实可行的重组工作方案,实现了顺利合并重组,亲手缔造了中交集团。重组后,中交集团注册资本达108 亿元人民币,拥有全资、控股子公司37 家、参股19 家公司,主要从事交通基础设施建设、设计、疏浚及港口机械制造业务。2006 年,中交集团总营业额为人民币 1 148. 81 亿元,与 2005 年相比增长 38% 。

朱碧新认为,国企资本化的关键作用有三点:第一,调整资本结构,短时间内使得资产负债率迅速降低;第二,增强资金实力,能够为国企发展、投资提供充足的资金;第三,建立完善的法人治理结构,使公司运作更加健康有效。2005 年担任中国交通建设集团有限公司副总裁以来,朱碧新就一直思考公司上市的问题。经过一年的运作,2006 年中国交通建设集团有限公司改制为中国交通建设股份有限公司,并在境外成功整体上市,成为了中央大型企业中第一家在境外整体上市的公司。

目前,朱碧新担任公司副总裁,分管中国交通建设集团有限公司人力资源、战略规划、企业改革改制、企业管理和法律工作,主持了《中国交通建设集团有限公司“十一五”发展规划》的编制工作,为公司长远规划的制定奠定了坚实的基础。

站在“空中高速公路”背后的人

——记1986届校友李炎

古巴比伦的“空中花园”举世闻名，让人们惊叹于古人的非凡智慧。而如今，发达的科技已经让这一切成为现实，2006年12月25日建成通车的杭徽高速公路，成为高速公路“腾空而起”的杰作，特别是少见的高架形式——上部为4车道高速公路，下部为8车道的02省道，使这条高速公路有“空中高速公路”之美称。而创造这个奇迹的就是杭徽高速公路有限公司总经理、教授级高级工程师李炎。

1986年从我校路桥专业毕业的李炎，踌躇满志决心在交通战线上大显身手。他从基层技术人员干起，主持设计过大量公路桥梁建设项目。

2004年8月，杭徽高速公路余杭段开建，已是杭徽高速公路有限公司总经理的李炎，受命负责杭徽高速公路余杭段的建设。

修一条路有多难，看看杭徽就知道

曾有人这样评价杭徽高速：其他项目有的困难，它都有，其他项目没有的困难，它也有。杭徽高速公路自筹备建设以来，就遇到了很多前所未有的困难。

一是复杂的地质条件。施工人员根据桩机打出来的土渣发现，现场地质与资料内容并不相符。由于这里以前曾是海洋，地下布满了大小溶洞，而且还连续出现断层结构带，以至于工地大部分进场桩机停工，桩机需要重新验算变更桩长。

二是杭徽高速沿线原有的02省道，车水马龙，车流量是每天2万多辆。为了不妨碍交通，在工程施工的同时，02省道继续保持通行状态。难题出现了，高架桥立体施工须占用02省道两边各一个车道，哪怕掉落一点点东西，都会给下面通行的车辆带来危险。怎么办？李炎和他的队伍苦苦思索着解决这一系列问题的方法。他们请来专家经过充分论证，决定逐墩、逐桩补勘。什么是“逐墩、逐桩补勘”？这就意味着工程沿线1 490个桩每个都要重新进行地质勘探。专家的方案受到了很多人的反对：逐一补勘不仅耗费资金，而且还会延误工期，这个责任由谁来承担？但李炎说，如果不采取“逐墩、逐桩补勘”，工程质量就无法保证。所以即使这个方案可能会使公司的利益受损，“工程质量也不能有丝毫含糊”。

为了不落下工程进度，李炎要求工程指挥部在正月初一从杭州调来了40多台桩机，地质勘探部门在几个标段同步开展补勘工作。一个桩最深达30米，最浅也要16米，由于溶洞大小不一，地下结构就犹如大榕树的根系。为将这个地下平台搭实，有时候需要罐进四五车的黄沙和块石才能填满地下空隙，而且还不能保证黄沙流失。“尽管大量桩机同时工作，但为了确保每个桩的工程质量，补勘工作还是花了半年多时间。其中，时间最长的一个桩用了45天，平均每个桩也要打20天。地下溶洞达到628个，有170多根桩直接通过。”回想那段时光，李炎至今记忆犹新。

对于总经理李炎对工程质量的要求，杭徽高速余杭段副总工程师朱绍华深有体会：“一般的桥梁建设，在铺沥青前，只需用刷子刷几遍浮浆，而杭徽高速的所有桥面，李总要求我们采用特殊的抛丸处理，这在省内还是第一次，并且在工程最重要的张拉和压浆阶段，李总要求我们全部进行了全程录像监控，确保质量过关。”

为了赶工期，李炎又数次邀请有关专家，进行优化设计，并在合同外追加投资，通过采用先进工艺来加快施工。单单是软基处理这一项，就追加投资5 000万元，将原定的塑板桩改为沉管桩，缩短了预压期，赢得了时间。

那么如何解决高架桥立体施工的安全问题呢？在缜密细致的考虑之后，李炎决定：工地全线全部用彩钢板搭建起护栏，使施工与通车道分开，同时出资购买设置了大量警示标志和防撞设施。他还要求指挥部单独设立了负责道路通行的安全科，由 4 人专职负责安全工作，同时聘请了 18 个协管员，配合交警指挥交通。这些措施在其他工程指挥部都是没有的。细致的安全工作，确保了从工程开始到结束都没有发生一起大的意外事故。

施工队伍多，管理难度大，也是本次工程建设的一大难题。为此李炎还实施了质量追究制度和重点部分加控制度。同时，为了解决施工方的资金瓶颈问题，在风险可控的前提下，李炎实行预拨工程款，加快计量支付，确保了工期和工程质量。

择难舍易，省道上架起"路上路"

为了保护耕地和生态，杭徽高速余杭段，架了一条 12.5 公里的陆地高架高速公路，这是一条架在 02 省道上方的"路上路"。占到了总里程的三分之二之多，这在国内同类型的道路中实属罕见。

建造陆地高架高速公路，造价高、施工难度大，为什么要另起炉灶？李炎道出了当时建设者的良苦用心：新开辟一条线路，至少要直接占用掉 3 000 亩左右的土地，加上高速公路周边的维护等设施，将有五六千亩的土地受到影响，沿线的秀丽风光将不可避免的受到破坏，沿线的生态涵养区将大大受到影响。为此，我们义无反顾地"择难舍易"，选择了造价高、施工难度大的陆地高架高速公路。

杭徽高速公路沿线，村庄稠密，人口聚集，为了最大限度地保护沿线群众生产生活不受影响，李炎他们几易规划。藻溪镇甫上村按照原有设计，杭徽高速公路将从村中穿过，不少村民的住所与田地将被分开，村民去田里需要多绕几百米路程。于是建设者在路基为村民设置了通道。像甫上村这样增设便民通行设施的，在杭徽高速临安段沿线还有很多。建成后，全线将有通道 45 个，天桥 15 座，通道及天桥设置的数量在全省乃至全国的高速公路中都是非常罕见的。

李炎说，造一条杭徽高速，可以说是造了三条路。高速是在一级公路的基础上改建，为了方便百姓出行，他们进行了 7 次优化设计。到最后，建设的辅道长度，竟然远远超过了高速公路。

让杭州西部插上腾飞的"金翅膀"

2006 年 12 月 25 日,期盼多年的杭徽高速提前一年建成通车,杭州市民开车去游览黄山,可一路畅通无阻地开到黄山市区,车程从原来的 6 个小时缩短至 2.5 个小时。杭徽高速公路的建成,将黄山和杭州这两个著名的旅游胜地紧紧连在一起,沟通了安徽、浙江、福建、江西 4 个省份。时空距离拉近后,西部的黄山、东部的杭州、上海,中部的临安,组成一个黄金旅游线,对于这些地区的旅游发展将起到积极的推动作用。

在杭徽高速公路余杭段工程鉴定会上,李炎看到了专家给出的这样一份评价:"杭徽高速公路余杭段 12.5 公里长的高架高速公路也是具有代表意义的,它创造了一个省内第一,在国内也是极其罕见。就当时建高架高速公路的决定来说,可以节约数千亩的土地,虽然在建设费用和施工难度上有点加大,但从长远来看,我们保护住了经济资源,其产出远远要比投入大得多。应该说,这段高架具有一定的示范效应,为今后建设类似的高架高速公路提供了样板。余杭段的提早完工,与建设者的辛劳是分不开的,正是他们的忘我工作,使施工难度全部克服,保质保量顺利通车。他们的团队合作精神令人敬佩,如果这种精神放在任何一个项目上,都会是一份满意的答卷。"

如今已是浙江省交通投资集团有限公司高速公路管理部副经理的李炎说自己又站在一个新起点,自己会在这个新的起跑线上,再次为实现梦想而不断跨越。

莫言道　不平凡

——记1986届校友周文

“一毕业我就到了交通科学研究所，干上了虽然平凡，却是我想终身从事的事业。”带着一份自豪，校友周文这样开始了我们之间的交谈。

1986年，经过大学4年的刻苦学习，周文作为我校道桥系公路与城市道路专业的优秀毕业生，带着从母校学到的基本方法，从老师身上学到的职业态度，进入了广西壮族自治区交通科学研究所工作，开始了自己的“平凡之旅”。在所里，勤奋、好问、善学的周文不久后就从技术员升任了助理工程师，他还多次参与交通部、省交通厅的多项桥梁及道路建设科研课题，认真的工作态度和较强的研究能力得到了上级的赏识，很快又被任命为该所公路桥梁研究室副主任、主任，自己也被评为副总工程师。

“在这段时间里，有一件事情我印象十分深刻。”周文说道。在盛行过“苗年”的广西融水县，周文挂职任科技副县长，负责专抓该县交通建设工作。在信息闭塞、经济落后、自然环境较为恶劣的条件下，他面临着巨大的压力，多次走街串巷，和少数民族群众面对面交谈，多次召开交通建设意见征求会，利用自身的研究能力，为融水的交通建设拟定建设发展规划，得到了该县领导和当地人民的好评。“这次经历对于我后来走上领导岗位，全心投入广西的交通建设事业来说，意义非常重大！”

挂职结束后，周文回到所里并担任了副所长，挂职给了他更多的勇气和坚韧的毅力，他更加积极地投入到所里的各项工作之中，用激情和责任诠释平凡的工作，赢得了上级和同事的充分信任，每年都被评为“优秀”、“先进工作者”、“优秀党员”。从1998年起，他先后担任研究所所长兼副书记、党总支书记。在任期间，他组织科研团队，先后获得了交通部、交通厅20余项重大课题，从上任伊始的单位创收200万元到1 000万元，为研究所的发展作出了巨大的贡献。

2002年，周文任广西新发展交通集团有限责任公司总经理、副董事长，不同性质、极富挑战的工作岗位，不仅没有吓倒他，反而进一步激发了他的工作热情，每天早上7点30分，他就来到办公室，看看交通行业的动态新闻，和公司新来的年轻人亲切交谈，给他们工作上以指导。他注重听取各方意见，积极推行民主式管理，在面对开放型的交通建设时，他提出"既要争分夺秒抢工期，要千方百计抓效益，更要万无一失保质量"。正是凭借"要用职业的精神对企业负责"这一理念，在复杂的环境和激烈的竞争中，周文带领公司朝着科学的规划和正确的方向稳步前进。两年后，他调任广西五洲交通股份有限责任公司董事长、总经理。周文在不同岗位上出色的工作，得到了广西自治区党和政府的重视和信任。2005年，他被任命为广西壮族自治区国资委党委委员、副主任，分管国有企业、政策法规和企业改革工作。

周文还先后担任了广西北部湾开发投资有限责任公司总经理、董事，广西北部湾投资集团公司董事长、党委书记、总经理。面对"北部湾崛起"这一重大发展机遇，周文想得更多的还是怎样从交通的角度抓住战略机遇，提升企业的实力，为地区的经济社会发展作出积极的贡献。周文始终坚信，一个地区交通的发展与当地的经济是休戚相关、相辅相成的，经济是交通发展的动力，交通发展的基础在于技术，关键是投资和地方坚实的经济后盾，交通建设要结合实际，既要实现规模和效益，又不能盲目追赶，要科学和谐发展。"目前我想得最多的还是怎样把握这些机遇，可持续地实现企业的发展，怎样以一个平和的心态把分内的工作做好，让平凡的工作变得更具意义。"周文这样说。

当记者问及他对母校的感受时，他讲出了这样一番话："母校教会我，要有强烈的事业心和一种积极向上的态度，在任何岗位，个人的努力都是最重要的因素；在领导岗位上，就要让上级放心，让同事开心，让下属安心，要保持清正廉洁，富有亲和力和集体意识；在平凡的工作中，要做一个对得起党，对得起自己的收入，对得起人民的人。"

"如果说这些年来，自己取得了一些成绩，那都得益于'莫言道，不平凡'这句话，就是即使身处平凡琐碎的工作中，也一定要有永不放弃的精神，只要一步一个脚印地走下去，就会看到希望。"周文这样总结。

丹心一片洒交通

——记1986届校友廖小波

要做正直、诚信的交通人

2006年11月，在一次讲座中，廖小波语重心长地告诉母校的师弟师妹：“做人是做好任何事情的前提，在交通建设行业，希望大家堂堂正正做人，老老实实做事，做一个正直、诚信和友善的人！”

在廖小波的内心里，也坚信一个亘古的道理：先做人，后做事。在母校交通运输管理工程专业学习的4年时间里，他任校学生会主席、重庆市学联副主席、四川省学联副主席。性格直率真诚的他和老师同学的关系处得十分融洽，喜欢组织各种社会实践活动，因此连续4年被评为校“三好学生”和“市优秀学生干部”，是当时学校的“风云人物”。

大学期间担任干部的特殊经历，培养了他与众不同的思维方式，使他倍加重视同他人的交流和沟通。1985年夏天，因为他的能力和见识，学校推荐他到四川省第二运输公司进行暑期实习，担任公司总经理的助手，一个多月的挂职锻炼，一方面让他的能力得以展示，激发了与人沟通的欲望和潜力；另一方面也为以后的学习树立了目标，使他知道了自己将要做一个什么样的人，未来的路该怎样一步一步走下去。

简朴的话语，震撼人心的警示，在记者看来，既是廖小波从人性角度对过去的成功积极而深刻的剖析，更是对未来所面对的事业和生活的一种勉励。

现代交通的灵魂在于创新

听说母校倡导的“铺路石精神”后,廖小波表示支持和赞赏。他认为交通建设行业的特殊性,尤其是在自然环境异常艰巨的西部,要在交通建设领域扎根并有所作为,必须具备不怕吃苦、实干能干的品质,要甘于做平凡的“铺路石”。

但他的话锋随即一转,委婉地提出了一个观点:铺路石易做,领头羊难找。在传统的交通建设中,需要千千万万的铺路石,而现代交通的发展逐步规模化、智能化和绿色化,交通建设的智力汇聚日益重要,现代交通呼唤“具有国际眼光和战略思维的创新人才,引领交通科技前沿的领导者和带头人”。交通创新人才又急需创新的交通人才培养体系,大学的教育必须有利于学生创新意识的强化和创新能力的培养,必须大力弘扬交通科技创新,倡导智力成果融入,否则,未来的交通建设就仅仅只是“修路”,会失去建筑的生命力。

1986~1988 年,廖小波在交通部政策研究室工作时,就多次参与制定全国交通发展战略,编制全国和区域综合运输网规划,把交通科技前沿信息和新思路融入编制中。特别值得一提的是,1987 年,他跟随部领导历时 10 个月,行程近万里后主笔的《中国沿海地区交通运输发展战略的政策研究报告》,具有重要的理论价值。之后,他又组织编撰了我国第一部集系统性、权威性、完整性为一体的高等级公路大型书籍《高等级公路建设与管理》(中国科学技术出版社出版),对高等级公路建设与管理理论建设作出建树。1991 年 7 月,作为中国政府代表团成员,他代表交通部的论文《中国高等级公路建设与管理》在波兰华沙公路国际会议上宣读,受到与会专家的重视。2002 年,他应邀参加财政部与美国商务部“中美基础设施项目合作论坛”,在会上宣读论文《中国西部地区交通基础设施建设与发展》。

1996~2005 年的 9 年时间里,廖小波先后参加了在北京的国家计委 WTO 培训,在德国的世界银行贷款项目合同管理培训,在美国的世界银行贷款项目工程管理、环境保护与监测、高等级公路运营与管理培训等国际活动,对于他拓展视野、强化创新思维起到了重要的作用。而在中国社会科学院研究生院财政金融系、西南交通大学研究生院交通规划与管理专业的系统学习,更是为他倾力现代交通建设事业插上了坚强的翅膀。

在投身广西交通建设后,廖小波作为课题组组长负责了"广西水运改革与发展研究"、"广西现代物流"、"中国西部地区交通运输发展战略与政策研究"、"智能化交通"等重要课题的研究工作,为广西、西部和国家交通建设的现代化作出了积极的理论贡献。

满腔热忱洒交通

在考入大学前,廖小波就在交通行业工作,对交通行业的感情就是从那时候开始累积的。凭借对交通事业的赤诚热爱,直至今天,他的工作状态依然不错,饱满的精神状态,充盈着对工作的激情。

在交通部政策研究室工作时,为了写好全国交通工作会议部长工作报告、全国交通基建座谈会工作报告等,可谓字字烟熏、句句茶泡,有时甚至通宵达旦,但他从不抱怨。在广西交通厅外资处工作期间,实现了广西交通基础设施大规模利用外资零的突破,利用 15 个外资项目的总额达 15.7 亿美元,项目总投资超过 300 亿元人民币,是全国交通利用外资银团和项目类别最多的省厅,其外资投资总量和增长幅度在全国名列前三。

2003 年,廖小波任广西交通厅副厅长,主管交通规划计划、交通利用外资管理、交通政策法规等工作。他先后主持编制了《广西高速公路网布局规划》、《广西沿海港口布局规划》、《广西内河航运规划》、《广西"十一五"交通规划》、《"泛珠三角"交通规划》和《中国—东盟自由贸易区交通规划》等影响广西的重要规划文件,使广西交通基础设施建设规模从 2003 年的 80 亿元增长到了 2007 年的 200 亿元,争取中央部委对广西交通基础设施投资额年增幅达 20% 以上,特别是利用国际金融组织贷款方面取得新进展和突破;致力构建现代交通网络,做好了广西出省出边、通江达海国际交通网络规划,构筑了"一枢纽两大港三通道四辐射"的国际通道体系,切实加强与东盟、"泛北部湾"、"泛珠三角"等国际国内区域的交通合作,加密跨省跨区域的道路运输班线和水运定期班轮,进一步加快了区域交通一体化进程,为新广西建设作出了积极的贡献。

目前任广西发改委副主任的廖小波说:“退休以后,我最想做的一件事就是把这么多年来从事交通建设的工作经验和创新理论写成案例,编辑成册,把教训、经验与希望告诉后来者。”他坚毅的眼神,使我们深深相信他一定能完成这个美好的心愿。

巴渝大地筑坦途

——记1986届校友滕宏伟

滕宏伟,重庆市交通委员会主任,教授级高级工程师。长期以来主要从事桥梁工程设计、交通规划研究和交通行政管理工作,对国家级交通战略规划、市级综合交通规划等中长期规划都有较深的研究。先后参与了重庆市"九五"、"十五"、"十一五"交通规划的制定。

1986年滕宏伟从我校道路系桥梁专业毕业后留校任教,此后相继在重庆市公路勘察设计院、重庆市交通局工作,历任重庆市公路勘察设计院桥梁室主任、副总工程师,副院长;重庆市交通局综合计划处副处长、处长;2003年6月任重庆市交通党委委员、重庆市交通委员会副主任;2009年3月任重庆市交通委员会主任、党委副书记。

积极推进高速公路建设

重庆市直辖以前,老百姓形容重庆交通:"公路好像鸭肠带,坐车不如走路快。"落后的交通不仅阻碍了人们出行,也影响了新的观念、信息和技术的传播。每当听到有人抱怨重庆的交通时,在交通战线工作的滕宏伟总是心急如焚。

"如何改变重庆交通的落后面貌? 如何让交通成为重庆经济发展的快车道?"滕宏伟苦苦思索。

1997年,重庆市委、市政府作出了"振兴重庆经济,以大干交通为切入点”的决定,将原来“8 年变畅”的交通目标量化为“8 小时重庆”这一新概念。即在重庆建成一个以高速公路为主骨架,由高速公路、高等级公路和一般公路构成纵贯东西、沟通南北的快速通道网,从重庆辖区内任何一个区县政府所在地,能够在 8 小时内到达主城区。这个决定让滕宏伟振奋不已,他立即全身心地投入到如火如荼的交通建设之中。

作为分管高速公路建设的滕宏伟欣慰地看到了,重庆高速公路建设,一步一个飞跃,从起步到辉煌,一个超常规、跨越式的发展过程:2000 年,重庆只有成渝、渝长、长涪、渝黔一期 4 条高速公路,通车里程 233 公里。2005 年,已建成成渝、渝长、长涪、渝黔一期、渝黔二期、渝合、渝邻、上界、长梁、梁万、綦万、合武等 12 条高速公路,高速公路通车里程 748 公里,“一环五射”基本形成。

“八五”期间,重庆市高速公路投资只有 18 亿元,通车里程 114.2 公里。“九五”期间,高速公路投资也不过 48 亿元,通车里程 118.7 公里。“十五”期间,重庆市高速公路建设共完成投资 284.6 亿元,通车里程 516 公里。

当有人问到这样的效率是如何得以实现的?

滕宏伟自豪地说:“西部大开发、重庆直辖、十六大精神,加上市委市政府的高瞻远瞩,重庆高速公路建设迎来了空前的历史机遇。上下一心,内外齐力,我们交通人将机遇牢牢把握。”

2005 年 11 月 18 日,重庆市“二环八射”高速公路所有剩余项目实现全面开工。按照规划,“二环”,指围绕主城的两条环线高速公路;“八射”,则是从主城区向四周发散出去的 8 条高速公路,即重庆至成都、重庆至遂宁、重庆至武胜、重庆至邻水、重庆至宜昌、重庆至长沙、重庆至贵阳、重庆至泸州 8 条射线。

而且更加让滕宏伟自豪的是,重庆的“二环八射”2 000 公里高速公路,有 1 800 公里进入了国家的高速公路网络,在去年交通部规划的 2030 年全国高速公路网中,有三条南北纵向线、两条东西横向线正好与重庆的高速公路规划不谋而合。

力促下调高速公路通行费

2002 年,长安福特因物流成本过高而在南京建厂曾引起重庆各方震动。物流成本居高不下，其中一个主要原因就是重庆的公路过路费太高。这件事也引起了滕宏伟的高度重视。

经过仔细地调查，他了解到重庆高速公路平均每公里造价为4 000万～5 000万元，而平原地区造价仅为两三千万元。成本决定收费，重庆高速公路每公里收费高达0.88元，有的地段甚至高达1.30元/公里。因此在已投入使用的5条高速公路中，每天设计通行能力均为48 000辆，但因收费过高，上界、渝合、渝黔三线通行量仅为2 436辆、4 243辆、3 422辆，分别只占通行能力的5%、8%、7%。这些高速公路的作用没有最大限度地发挥出来。于是，滕宏伟提出了一个设想，下调高速公路通行费。"解决公路通行费用过高的问题，能够让今后重庆的出口通道得到有效利用，通道的作用发挥了，重庆内外的物流才顺畅，这是重庆成为西部中心城市的基础，也是修路的本意所在。"

一语激起千层浪，他的提议遭到了很多人的反对，因为高速公路通行费下浮，无疑会影响高速公路投资者的收益。但滕宏伟说，高速公路通行费下浮，投资者每年会因此少收入2亿元。但是，随着车辆增加，降价并不会影响高速公路投资者的收益。高速公路通行费下浮后，将直接降低运输成本、物流成本，吸引更多的车辆上路，推动物流业发展。高速公路沿线的土地也将升值，有望带动相关产业发展，推动城镇化建设和城市化进程。此外，通行费降低还减轻了老百姓的负担，能够刺激汽车消费和旅游业的发展。

于是，在各方的关注下，当年6月，重庆市政府大幅度下调高速公路通行费，平均每公里通行费由0.88元降至0.65元，平均下降幅度为26.7%，个别高速公路通行费下降幅度达50%。降价当天，渝合高速的车流相应增加了20%以上。

将重庆打造成为长江上游地区综合交通枢纽

2009年，重庆市交通委员会主任的重担落在了滕宏伟的身上。"十一五"期间重庆的交通建设步伐受到了人民群众的高度赞誉。

2010年，重庆提出打造国家中心城市，"交通领域要做的就是建成长江上游地区综合交通枢纽，水陆空全面辐射西部地区！"滕宏伟定下了这样这样的目标。

要完成这个目标,需要打通对外通道、完善市内通道、建成长江上游航运中心和提高运输管理效率 4 件大事。滕宏伟说,国家对重庆的城市定位是中心城市,这也意味着需要拥有优越的交通条件,高效便捷服务于长江上游地区,连通全国其他区域,成为产业集聚、物流运输的辐射之地。目前,对外通道已逐渐成形。“二环八射”2 000 公里高速公路已全部完工,已有 10 个出省通道。“十二五”期间,将再建“一环两射一联”高速公路,重点线路有成渝复线、重庆到广安、沿江高速等项目,届时,将新增通车里程 1 000 公里,使通车总里程达到 3 000 公里以上,省际出口通道达到 18 个,基本建成“三环十射三联线”高速公路网络,能够在 8 小时内抵达周边各省会城市。

滕宏伟说,未来重庆市规划形成圈翼互联通道,布局上以高速公路和高速铁路为骨架,高等级公路为补充,实现圈翼联动、协调发展。建立一个包括铁路、高速公路、等级公路在内的城际交通网络,并通过客运站场实现转换。

长江也是重庆辐射周边的优势之一。滕宏伟说,5 年后,将基本建成长江上游航运中心,在长江沿线形成“九港三江一中心”,成为全国内河最具规模,专业化和现代化的港口群,既能运输集装箱、大宗散货、汽车滚装,又是现代化游轮母港,货物吞吐能力达到 1.8 亿吨、集装箱 700 万标箱,吸引周边省市水运货物来渝中转。

由于重庆主城区不断扩展,新建城区居民出行不便问题相当突出,是公共交通的“盲点”。滕宏伟表示,目前主城区拥有公共汽车 6 800 辆,但主要集中在主城核心区,即内环快速路以内,发展极不平衡。滕宏伟说,未来将提高运输管理效率,动态监控各区域客流量,让公交尽快覆盖到新开发区域,同时协调公交、轨道和长途汽车等各种运输方式,合理布局枢纽站场,希望逐步实现“客运零换乘”。

滕宏伟常常笑言,这一辈子就和交通“杠上了”,自己愿将青春和汗水无怨无悔地奉献给这片巴渝大地。

击节江河唱壮歌

——记1988届校友王劼耘

走进广西新发展交通集团公司，提起王劼耘总经理，干部职工无不交口称赞：哪里有工地施工，哪里就有他辛劳的身影；哪里有技术难题，哪里就有他坐镇指挥。一把铁锹、一张图纸、一顶安全帽成就了他“一桥飞架南北，天堑变通途”的宏伟事业。凭借着这种爱岗敬业、求真务实的精神，他带领着广大干部职工在广西路桥建桥史上创造了一个又一个的奇迹。

理想

詹天佑、茅以升这些曾为新中国路桥建设做出巨大贡献的老前辈，是王劼耘孩提时代心目中崇拜的偶像。王劼耘上高中的时候，正盛行“学好数理化、走遍天下都不怕”，当时这句话也深深影响了他。凭借自身的天赋和对理科的兴趣，王劼耘的成绩一直在班里名列前茅。高中毕业后顺利考入了我校路桥专业。要知道，在那个时候能够考上大学，的确是件了不起和值得骄傲的事情。大学毕业后的王劼耘被分到了施工一线，虽然工作环境很艰苦，身上压的担子很重，但是干大项目的机会多，当时的峥嵘岁月为王劼耘日后参与建设邕宁邕江大桥、武汉市江汉五桥和杭州市钱塘江四桥等大型桥梁工程积累了很多经验。

第一次去工地的情景，王劼耘至今还记忆犹新，尽管事先已经做好了充分的心里准备，但还是让他大吃一惊。通往工地崎岖颠簸的小路使他头皮发麻，艰苦恶劣的环境着实给这位牛刀初试的建设者来了个下马威。但是王劼耘明白：正是因为没有路，才需要他们去修路！一个地区只有交通便利了，才能谈得上经济发展。这也深深坚定了他要当“拓荒者”的决心：作为一名路桥专业的毕业生，就是要用自己所学的知识、技术来改变落后地区的荒凉面貌。

足迹

2003 年，广西新发展交通集团有限公司组建，王劼耘先后担任该集团公司总工程师、总经理职务。在这样一个年完成产值 20 多亿元，实现税利超过 1 亿元的大型集团公司里担任总工程师，王劼耘既高兴又深感任重而道远！

他先后主持完成了横县峦城大桥、邕宁邕江大桥、南北高速公路三岸邕江大桥、重庆市万州大桥、武汉市江汉五桥和钱塘江四桥等特大型桥梁工程项目的施工和科研工作。在王劼耘看来，每一个工程就像他路桥人生中一个个踏实而坚定的脚步。

横县峦城大桥工程，被誉为“亚洲第一桥”的双层桥面预应力砼桁架连续钢构桥。他负责开发研制并应用了桁架片卧式长线法耦合预制、无支架缆索吊运悬拉就位等新工艺，该新工艺属区内首创，为建设同类桥梁提供了成功经验。

南北高速公路三岸邕江大桥工程，是当时国内最大跨径的钢管砼拱桥，开发研制并运用了钢管热弯成型、钢管拱肋桁架拼焊装、制作安钢结构表面热喷涂金属长效防腐、钢管砼连续顶升浇注、超重构件缆吊装等新技术。

重庆万州大桥工程，是国内第一座钢管混凝土组合空间桁架连续钢构桥，开发研制并实施了多点顶推钢管桁架新工艺。

武汉市江汉五桥工程，是当时国内第二大跨径的钢管砼系杆拱桥，开发研制运用了大跨径双飞燕式杆拱桥施工新技术，该工程获湖北省优质工程“楚天杯”金奖。

杰作

邕宁邕江大桥工程是王劼耘记忆里最艰苦的工程,也是获奖最多的一个工程。该桥为中承式拱桥,跨径为312米,居世界同类桥梁之最,是交通部"八五"联合科技攻关项目的依托工程。桥梁专家郑皆连大胆提出了钢绞线斜拉扣挂悬拼架设、无支架吊装拱肋等创新工艺的设想。王劼耘带领参战的工程技术人员精心设计、施工。作为第一指挥,他感受到压在自己肩上沉甸甸的重担。当时工程面临资金紧缺、技术困难等问题。广西路桥总公司是一支特别能战斗、特别能创新的路桥建设队伍,集体观念很强,虽然三四个月没有发工资,但大家仍一起在工地上吃饭,睡工棚。大伙的信念拧成一股力量之绳,团结一致打攻坚战,从而破解了特大型拱桥建设的千年技术难题,并获成功,被评为广西科技进步一等奖,国家科技进步二等奖。很快,首创的无支架吊装、斜拉扣挂成拱的拱桥架设技术在全国到处开花结果。

2002年春,一道"彩虹"从壮乡飞到了"人间天堂"。钱江四桥的建设更为王劼耘人生的"路桥交响乐"奏响了一段高昂的旋律。钱江四桥是优中选优的工程,创造了多项国内之最,都是桥梁建设的宝贵财富,比如无支撑的缆索吊装系统,可吊130吨单件拱肋构件,创国内记录;在拱桥的支撑体系方面,在同一桥上集所有拱桥桥型于一身,包括了上承式、中承式、下承式,这也开了国内的先河。钱江四桥先后荣获中国"市政金杯"、中国建筑工程最高奖"鲁班奖"、中国土木工程最高奖"詹天佑大奖"等奖项。这些奖杯都凝聚着他的心血,也是自主创新的拱桥建设技术结出的一个个硕果。

当然,问鼎"鲁班奖"、"詹天佑奖"绝对不是那么简单,钱江四桥的获奖从建筑专业角度上讲有其过硬的技术实力。11弯跨虹错落有致飞跃1 200多米强涌潮江面,气盖云天。国际桥梁学会副主席项海帆院士评价:钱江四桥在世界桥梁史上的创新意义,主要在于它是大小拱结合的钢管混凝土系杆拱长大拱桥,多跨连拱,双层路面,其中两座为190米跨径的主拱,九座为85米跨径的小拱,目前在国内外也是独一无二的。作为钱塘江上第一座特大型城市桥梁,它所能满足的功能也是钱塘江上其他几座桥梁难以望其项背的。上层设双向6条机动车快速行车道，下层预留地铁通道、公交车专用道及行人、非机动车通道。它飞扬的“城市个性”，还表现在它为游人设置了8个平均面积约为370平方米的观景平台，以及大桥两端供游人乘坐的垂直升降梯。桥本身是景，登桥远眺亦是景。

为了架设多跨连拱、双层桥面的长大梁桥，并保障施工期间过往船舶照常通行，王劼耘摒弃了在江面上搭建满堂架作业的传统施工办法，上部结构施工采用无支架缆索吊装，斜拉扣挂悬拼成拱。大桥上部结构吊装是全桥施工的最关键的工序和最大的难点，凭借着他在邕宁邕江大桥建设中自主创新的无支架缆索吊装斜拉扣挂的拱桥架设技术，设计新建了一套世界规模最大的双索道缆索吊装系统，其中主塔3座，高达120米，单根足索长度达到1 900米，最大吊重达130吨。整个吊装系统成为大桥施工中科技含量最高的亮点，使我国拱桥架设技术提高到一个新的水平。桥梁专家形象地说，建设钱江四桥可以理解为造了3座桥——悬索桥、斜拉桥、拱桥，拆了两座桥——悬索桥、斜拉桥，显示了现代建桥技术的神奇魅力。王劼耘介绍说，钱江四桥建设还创造了多项国内之最：主桥全长超过千米，大小拱共11跨，为目前国内最长双层桥面组合系杆拱桥；大跨190米跨径，为国内钢拱钢梁简支体系中的最大跨径；85米的小跨，用1.7米直径的单根钢管制成，这在过去都没有尝试过；缆索吊装可吊130吨单件拱肋构件，在国内也是创纪录的。杭州钱江四桥于2004年10月13日通过竣工验收，当年10月16日正式通车。运营以来没有发现质量问题和隐患，经有关部门检测鉴定，该桥11项主要质量指标均达到100%！

雄关漫道真如铁，而今迈步从头越。面对获得的一座座奖杯，一份份荣誉，王劼耘校友显得十分平静，他说：“科学的工作是无止境的，我还只是一个蹒跚学步的孩子。只不过我这个孩子比较幸运，因为母校给了我事业成功的翅膀。”王劼耘校友对母校有着十分深厚的感情。他常说，虽然毕业已有10多年，但母校的消息仍旧使他激动，尤其是近几年来母校在培养人才方面的成就，时刻激励着他，他衷心祝愿母校能蒸蒸日上，取得更大的成就。

（备注：2010年12月王劼耘任广西壮族自治区交通运输厅总工程师、党组成员）

信马由缰走西藏

——记1988 届校友付玉寿

也许应当归咎于那些流传太广的美丽动人的牧歌吧，人们总认为青藏高原只是一个罗曼蒂克的摇篮，向往着那里的舒卷无定的白云、摇曳怒放的鲜花、美丽纯真的姑娘和清冽甘醇的美酒。

我也曾经这样认为。

而当我真正真真切切地站在这里的时候，凝望着辽阔而舒缓起伏的高原，聆听着云层间和草梢上掠过的那风的低吟，一丝难以描述的心绪从胸中飘浮而出。在这被严寒酷暑轮番改造了无数个世纪的粗犷强悍的地球之巅，我听到静谧中有激越和辽远的音乐，仿佛在诉说着感伤、古朴的生活故事，赞美着深沉、挚切的纯朴爱情，歌颂着在风雪烈日中搏斗的勇士……

在拉萨车水马龙的北京中路一栋不太起眼的办公楼中，我们见到了我校道桥系 1988 届校友付玉寿，一身整洁的藏青色西装，个头不高但很结实，圆圆的脸上架着一副金丝眼镜，显得儒雅、睿智、随和而恬淡。

采访付玉寿是一件很愉快的事，他敏捷的思路、严密的逻辑、精辟的分析和精炼的语言使我们迅速明白了当年西藏自治区政府为什么直接点将付玉寿到铁路办。

付玉寿坦言，当年毕业到西藏工作时，对西藏的情况基本一无所知，只知道这里是高原。但平均海拔 4 000 米以上的高原意味什么？对人的生理、心理、工作、生活有什么样的影响？20 多年的艰苦磨砺以后，付玉寿由当初的茫然到坚定到现在深深地爱上了这块多情的土地。

西藏，一个用很多名词也难以说明的地方，但有一种认知是一致的，那就是“交通困难”。

东晋高僧法显在《佛国记》中曾有记载：“上无飞鸟，下无走兽，欲求渡处，则莫知所拟；路无居民，涉行艰难，所经之苦，则莫知所拟。”

清初记叙西藏地方史志沿革诸书中最为完备的一部的《卫藏通志》载昌都至工布江达沿途时云：“察木多南河而进，逼仄多偏桥，行者戒焉。”“浪荡沟二十里，……进沟上山，有偏桥行，险异常，雪凌滑甚，且有瘴气。”赛瓦合山，“沿山绕河而行，地多溜沙，足却不前”。沙贡拉山，“峭壁摩空，蜿蜒而上，过阎王碥，夏则泥滑难行，冬春冰雪成城，一槽逼仄，行人拄杖鱼贯而进，此赴藏第一险阻也”。

清林俊《西藏归程记》云：“阎王碥，巨石临崖，崚增逼仄，其无路处，驾一偏桥，偶一失足，与鬼为命，号曰阎王。”

清吴廷伟《定藏纪程》云，由西宁至拉萨，又从拉萨到成都而返西宁，“共计一万三千二百三十三里，自康熙五十九年四月二十八日起程，六十年五月二十日事峻，计一年有余。”

清焦应旗《藏程纪略》载越拉里之山，“坚冰滑雪，万仞崇岗，如银光一片。俯首下视，神昏心悸，毛骨悚然，令人欲死。……是诚有生未历之境，未尝之苦也。”

清张其勤《炉藏道里最新考》云，由康定去拉萨，凡五阅月，“行路之艰苦，实为生平所未经。”其所行尤指“为朝廷命吏之所必经，乃驿递之往还，商旅之出入”的官道，尚是如此艰险，则其他小道更不可想象了。

清杜昌丁《藏行纪程》载滇藏之路，“十二阑干为中甸要道。路止尺许，连折十二层而上，两骑相遇，则于山腰脊先避，俟过方行。高插天，俯视山，沟深万丈，……绝险为生平未历。”

著名藏学家、历史地理学家任乃强在《康藏史地大纲》一书云：“康藏高原，兀立亚洲中部，宛如砥石在地，四围悬绝，除正西之印度河流域、东北之黄河流域倾斜较缓外，其余六方，皆作峻壁陡落之状，尤以与四川盆地及云贵高原相接之部，峻坂之外，复以邃流绝峡窜乱其间，随处皆成断崖促壁，鸟道湍流。各项新式交通工具，在此概难展施。”

限于其自然条件制约，古云“蜀道难，难于上青天”，还不如说“进藏难，难于上九天”。1300 年前，文成公主西出长安，沿河西走廊“丝绸之路”，用了近三年的“苦旅”走过了“唐蕃古道”，终抵拉萨。然而，这是人类最艰难的旅行,它是用生命和鲜血奠基的历险之路。途经之处,酷热严寒、冰雹交替、雷电争鸣,穿山越岭,荒漠遮眼,激流横断,危道险径无不具备。千年的期盼,千年的执著,进藏交通充满了太多艰辛和悲怆。

1988 年 7 月,付玉寿以优异的成绩毕业于重庆交通学院(现重庆交通大学)道路工程系。

从飞机上下来,站稳因高原反应而显得有些飘忽的脚步,面对眼前的青藏高原,付玉寿的第一感觉是这里就是一片冷寂的荒原。

20 世纪 80 年代伊始,在古老的中国大地上,波澜壮阔的改革巨潮以不可阻拦的气概改变着神州大地的山川河流。大量的先进技术、先进设施、先进材料等都已应用于交通的各个领域中。而西藏交通技术含量还处于“土办法”阶段,只拥有较少的专家及工程技术人员,他们只能在宏观层面上参与管理和指导,参与工序管理几乎在零界面状态。勘察设备落后,设计无编程软件,中低等级公路改造与建设的路线施工放样全凭肉眼、凭经验,路基碾压用牦牛拉滚石,材料及配合比无试验设备检测,加之高原地质机理、环境保护、施工条件认识不科学,年完成量既少而且质量低下,交通发展速度及服务水平严重制约着地方经济社会发展的需要。

当时西藏的进出交通主要依赖于 20 世纪 50 年代建成的青藏公路,其次是川藏公路。80% 以上的出藏物资、90% 以上的进藏物资靠青藏公路来完成,川藏公路病害无情,时通时断,无法正常通车。发展西藏交通,面临着人才匮乏、技术匮乏、软件匮乏、机具匮乏、建材匮乏、设备匮乏等多种困境,加之工程地质、工程结构复杂,工程施工难度大,医疗卫生落后,环保意识差等主客观因素制约,西藏交通举步维艰,发展速度极其缓慢。

值得欣慰的是 20 世纪 80 年代后期和 90 年代初期,为改变西藏落后面貌,在全国范围内掀起了第 3 次援藏高潮,当时国家在西藏能源和交通等基础设施项目上投资了 32 亿元。另外,对“一江两河”地区制订了综合性发展计划,即在雅鲁藏布江、拉萨河和年楚河流域建设一个含农业、水库和植树造林的区域,这一雄心勃勃的计划预计将造福于西藏自治区 18 个县的 83 万人,建成一个崭新的商品农业和轻工业基地,并刺激西藏其他地区的发展。在今天看来,这个伟大的计划是何等的重要和及时,它有力地保证了 56 个民族大家庭中的藏族兄弟跟上了中华民族振兴和举世瞩目的经济腾飞。

1988年7月至1990年10月,付玉寿有幸赶上了西藏公路交通建设的高潮期,同时,也在艰苦的工作中磨砺着自己。在西藏自治区青藏公路管理局拉萨工程队(现天顺公司)工作以来,从在工地上任助理工程师从事较为专一的公路与桥梁工程施工,到1990年10月至2001年5月在西藏自治区青藏公路管理局工作,随着工作职务及工作对象的变化,付玉寿眼界开始拓宽,从公路科任副科长、工程师到青藏公路局高级工程师、总工程师、副局长,在青藏公路建设养护、大中修工程等工程技术管理等工作中经历了12年,一个整整的生肖轮回,付玉寿在青藏公路建设与养护管理中积累了丰富的经验。

在青藏公路建设与养护工作中,最令付玉寿难忘的是高原多年冻土及生态脆弱。勤于用脑,善于归纳、总结的付玉寿通过多年的实践,整理出几条很实用的经验。

首先,从设计到施工、从养护到管理、从取料到植被修复,无处不贯穿着生态保护、环境保护。若您是生态环境保护的使者,在青藏高原建设与保护的长河中,您必将自然而然地成为高原生态环境的守护者。凝望着青藏公路这个让全世界对中国产生敬意的先辈们创造的奇迹,凝望着这条以骆驼驮骑、铁锹为具,以一块公里碑付出一个生命代价修出的一条高原幸福线、团结线,凝望着这一条穿越低伟度、高海拔、多年冻土地带,穿越亘古死寂的无人区,翻越5 000多米的唐古拉山垭口,征服一系列艰难困苦的天路,谁不为之骄傲!而精心维护这条生命之路是今天交通人的光荣和责任。

其二,必须深刻地了解青藏高原地质结构和冻土机理,若不研究和掌握其内在规律,无论在高原建设公路还是养护公路都将要付出沉重的代价,受到大自然的惩罚。

其三,要坚持以人为本的工作理念。青藏高原堪称"地球第三极"、"生命禁区",沿线气候十分恶劣,一天之内就有烈日暴晒、雨雪纷飞、春夏秋冬。若不改善生产生活条件,提高机械化作业能力,就很难建设好、维护好青藏公路。

其四,要有创新思想。在青藏公路养护生产中,针对高原病害机理,必须努力研究高原性养护设备并使用特殊路面材料,如高原性沥青脱桶脱水设备、乳化沥青改性应用等。

其五,要加强民族团结。在西藏工作,要坚持党的民族政策,树立

“三个离不开”的思想,尊重民风民俗,充分依靠当地少数人民群众,融洽民族之间的关系,这是在民族地区工作的根基所在。

2001 年 5 月,自治区政府的一纸调令将付玉寿派至西藏自治区铁路建设运营工作领导小组办公室,从事青藏铁路建设与运营协调管理工作。自治区政府看中的正是,付玉寿高原交通建设的丰富经验和严谨的工作作风及清晰的大局观,当然,还有他突出的协调能力。

在青藏铁路建设与运营协调工作中,付玉寿更清楚地认识到了自己的责任和压力。

与公路技术相比,铁路技术对于付玉寿是陌生的,从技术到管理、从征地到拆迁、从政策到行政、从宣传到服务等都是新事物、新课题。

修建青藏铁路期间,“高原多年冻土、生态环境保护、医疗卫生保障”是贯穿始终的三大难题。

在卫生保障方面,实行“以人为本”方针,按照“兵马未动,卫生保障先行”的原则,坚持“预防为主,防治结合”的措施,创高原病零死亡、“非典”、“鼠獭”、“禽流感”零传播的人间奇迹。

在冻土保护方面,经过反复的科学试验、成果研究,实现了工程设计“三大转变”,即对冻土环境分析由静态变为动态,对冻土保护由被动保温转变为主动降温,对冻土治理由单一措施转变为多管齐下、综合施治,有效地保护了冻土稳定和工程结构的稳定可靠。在这个问题上,付玉寿崇敬地谈到了有“青藏高原冻土之父”的我校老校友武[illegible]民,在解决青藏高原多年冻土方面,武[illegible]民与另外一名杰出的高原冻土专家吴紫汪一起,呕心沥血,常年工作在氧气含量只有内地 60% 的高原上,分别提出了在青藏铁路工程技术的应用方法。吴紫汪提出抬高路基高度来保护多年冻土,武憬民则是采取路基结构及形式变化来保护多年冻土。青藏铁路则主要采取通风片石路基、以桥代路等形式来解决线路穿越多年冻土方案,在这两种方案的基础上所形成的优化组合方案决定了青藏高原上现代列车飞驰的奇观出现。

环境保护,这 4 个字难以概括青藏铁路建设中对动植物、高原湿地、湖泊、原始地表进行精心保护的艰难。在青藏铁路建设中确立了始终坚持“预防为主、保护优先”的工作方针,坚持“环保措施与主体工程同时设计、同时施工、同时投产”的原则,以保护江河源水质不受污染,野生动物迁徙不受影响,多年冻土环境、植被和湿地环境、铁路沿线景观不受破坏为目标，实现了“天人合一”和谐相处的绿色长廓。

付玉寿还兴致勃勃地介绍到，为了认真贯彻胡锦涛总书记提出的“要最大限度地挖掘青藏铁路的巨大发展潜力，最大限度地发挥青藏铁路的强大辐射作用，为促进西藏经济社会发展，造福西藏各族群众服务”的精神，充分发挥青藏铁路对西藏经济社会拉动作用，在自治区有关部门研究青藏铁路辐射能力，研究青藏铁路沿线经济带发展规划基础上，与重庆交通大学合作开展《青藏铁路那曲物流中心发展规划和保障机制》课题的研究工作已经有了成果。这个总投资近15亿元的青藏铁路那曲物流中心是西藏第一个铁路、公路货运枢纽型物流基地，在运输、储存、装卸、搬运、包装、流通加工、配送、信息处理等基本功能有机结合的基础上，形成物流中心功能，使其成为能为服务范围内企业提供合理配置物流资源、有效提供物流服务、不断创造物流价值、谋求良好经济效益的我国一流水平的现代物流中心。这道古老羌塘最美丽的风景线已经开始显露出迷人的风采。

说起母校，付玉寿充满感激之情，认为在20世纪80年代后期，重庆交通大学的大局观念、全局观念是非常正确的，为边远地区特别是西藏地区培养和输送大量工程技术人员的决策至关重要。现在分布在西藏交通的各个领域中的重庆交通大学的学子们在艰苦的生活环境和工作条件下，发扬“特别能吃苦、特别能忍耐、特别能战斗、特别能团结、特别能奉献”的老西藏精神，兢兢业业，默默无闻，恪守“铺路石”校训，有许多学子长年累月在基层、在恶劣的施工工地上，挑战生命极限，留下了许多感人肺腑的事迹。西藏交通建设事业的突飞猛进有重庆交大学子不可磨灭的贡献，工作能力逐步得到当地政府及有关部门领导干部的认知和认可。许多学子已成为西藏交通技术的中坚力量和骨干力量。

付玉寿再一次提到了前辈师兄著名的高原冻土专家武憨民的遗憾辞世，也欷歔艰辛的工作使许多学子在高原上积劳成疾，显得格外苍老。所以，在谈到青藏铁路的建设时，付玉寿多次动情地说道：我们是站在巨人的肩上。

与很多校友不同的是，付玉寿在聊到母校在学生教育方面时反复提到了对“情商”的培育。对于这种与智力和智商相对应的概念，付玉寿认为可以培养学生在情绪、情感、意志、耐受挫折等方面的品质。心理学家们普遍认为，情商水平的高低对一个人能否取得成功有着重大的影响作用,有时其作用甚至要超过智力水平。他希望母校在这方面有所作为。

在谈到自己的工作成绩和获得的荣誉时,健谈的付玉寿却变得闪烁、回避起来,一再声明自己的成绩与别的校友相比实在算不了什么,始终不肯"从实招来"。我们从其他的校友口中知道,仅在公路系统工作时,付玉寿就多次是标兵、先进个人;从2001年调入自治区铁路办以来,付玉寿一次不落,年年都是系统先进个人;2005年获铁道部"火车头"奖;2006年获"创业者"奖。这些荣誉在这个人人兢兢业业努力工作的环境中不是唾手可得的,在这些荣誉的后面是何等的艰辛!

信马由缰,字面的解释似乎是一种漫无边际的状态。

而信马由缰在付玉寿这里衍化为一种心境的自由和优雅行为的潇洒,从公路到铁路,在这两种高原与内地联系最紧密而且两个最重要的领域里,付玉寿得心应手地游走在西藏广袤的大地和翱翔在寥廓的苍穹中。

架桥铺路　情系西藏

——记1988届校友冉仕平

星期天一大早，西藏日喀则地区的农户多吉顿珠就早早地起了床，将他的10只羊喂得饱饱的，等候着羊贩子的拖拉机。他说，现在我们的路越来越多、越来越好了，附近几个乡的不少村民买了马车、手扶拖拉机和汽车，运输条件比以前方便了许多，很多人家养猪、养羊，四通八达的公路让我们的生活越来越好。在西藏，有越来越多的像多吉顿珠这样的农民走上了致富路。大家都说，这是托了交通的福。说起西藏交通有目共睹的快速发展就不能不提到一个人的名字——冉仕平，我校1988届校友，现任西藏发改委副主任。

扎根世界屋脊，奉献青春热血

1988年，冉仕平于我校道路工程系公路与城市道路工程专业毕业，时年23岁的他踌躇满志，立志要为祖国的交通建设建功立业。他选择了西藏这片神秘莫测又令多少人望而生畏的土地。当年在填写毕业志愿选择去西藏时，很多老师、同学都非常震惊。不少人劝他："西藏的自然环境那么恶劣，工作生活条件那么艰苦，你的学习成绩这么好，完全可以留在大城市，为什么要选择去西藏受罪呢?"也有同学认为他是想出风头，还断言过不了一年他就会"逃跑回来"。对于这些冷言冷语，冉仕平只回答了一句话："西藏再苦，工作总得有人干。"就是这句简简单单的回答，让他为西藏的交通建设事业无怨无悔地奉献了18年,他的青春和热血都奉献给了这片土地。

1988年8月,冉仕平告别了父母,背着简单的行李来到西藏交通科研所公路研究室,担任了一名普通的助理工程师,从那一刻开始,他才真正领略到西藏生活的艰苦与交通的落后。

西藏位于有“世界屋脊”之称的青藏高原,平均海拔4 000多米,境内高山密布,峡谷、河流纵横交错。1951年西藏和平解放时,当地没有一条公路,当地居民进行运输基本上是靠肩挑背扛或用牦牛驮运——落后的交通条件极大地限制了西藏经济和社会的发展。冉仕平看到因为交通不便,不少牧民家终年挣扎在贫困线以下,孩子没钱上学,只好一代又一代地重复着文盲的悲剧,他就暗下决心要为西藏的交通事业奉献一生。

打造立体交通,西藏通达世界

在公路研究室,领导考虑他是刚分来的大学生,不熟悉情况,还有很多不适应的地方,就照顾他在办公室里看资料。可才呆了两天,他就找到领导坚决要求下工地,他说那里才是路桥人的“根”。就这样他来到工地和工人们吃住在一起,查资料,测数据,整天整月整年地泡在工地上。那时的工作条件非常艰苦,大部分工地十分偏远,一呆就得十天半月,吃的是糌粑,喝的是凉水,再加上强烈的高原反应,那种透不过气来的感觉,让冉仕平十分痛苦,但他硬是咬着牙坚持下来了。

此后的6年里,他先后担任过质量监督员、工程师和公路研究室负责人,主要从事了川藏公路培龙沟泥石流调研、G318线中坝—拉萨—友谊桥段1 460km国道路况调查、中尼公路妥峡大桥与拉萨市农机石膏厂试制钢架桥的桥梁荷载试验和中尼公路大竹卡—日喀则段86km施工监理以及川藏、青藏、中尼公路整治改建工程质量监督等工作。其中,在中尼公路妥峡大桥荷载试验工作中,他负责粘贴应变片、手持应变仪测试、检测资料汇总整理和部分计算分析等工作,其成果报告获得了西藏自治区优秀论文二等奖。他还主持了大日段改建工程施工监理工作,该工程在竣工验收时被自治区交通厅评为优良工程。几年间,冉仕平几乎深入了每一个施工现场,渴了喝一口山泉水或者雪水,饿了吃一口糌粑,西藏的山山水水留下了他的脚印和汗水。

1994 年 4 月,冉仕平调往西藏交通厅建设处(原公路处)工作,任工程师、副处长,主要从事年度计划编制、"九五"计划编制、建设项目管理、项目合同管理和公路建设从业单位资质审查等。其中,青藏公路(一期)整治工程、川藏公路牛踏沟—古乡段改建工程、拉贡公路标准化美化工程和中尼公路 7 座危桥改建工程等项目被交通部(第一项)和自治区交通厅评为优良工程,他也因此于 1995 年被建设部评为"全国优秀质量监督员"。

此后,冉仕平又先后负责编制了《西藏交通科研所(厅质监站)"九五"计划与 2010 年长远发展规划》、《1986 ~ 1995 年西藏交通统计资料》、《西藏自治区公路交通"十五"计划与 2010 年长远发展规划》等。他在《中国公路学会道路工程学会论文集》中发表的论文《抓住机遇,加快发展西藏公路交通事业的思考》,被收入《中国发展西部经济文化理论》文集,获得优秀论文一等奖;在《21 世纪之路——理论思考与实践探索》学术活动中被评为一等奖;在《西部开发与中国社会经济》学术活动中,被评为特等奖,入选《中国 21 世纪发展优秀文库》。2000 年,他又负责编制出台了《西藏交通厅关于治理公路建设中砌筑工程工艺、桥涵跳车、水泥砼光洁度三大质量通病的措施》、《西藏自治区农村公路技术标准》、《西藏自治区农村公路竣工验收办法》和《西藏自治区公路建设从业单位中黑名单制度》、《交通厅关于进一步加强改进公路建设项目管理工作的规定》等西藏公路建设管理规章。

一分耕耘一分收获,在冉仕平等西藏交通人的努力下,近年来西藏交通建设有了长足的发展。据统计,到 2005 年底,全区公路通车总里程将达 4.35 万公里,油路通县率将达到 55%,乡镇和行政村通车率分别达到 95% 和 74%。2006 年,青藏铁路的全线通车更是结束了西藏无铁路的历史,掀开了西藏交通发展的新篇章。目前,西藏交通基本形成了以公路运输为主,航空、管道运输为辅的现代立体交通运输体系。随着建设步伐的加快,一条条通畅的大道把西藏的一座座城镇、一个个村庄连接了起来,农牧区的交通条件有了明显改善。

带领交大人成为西藏交通建设的“主力军”

西藏的自然环境十分恶劣,工作条件极为艰苦。有些大学毕业生工作几年后就强烈要求调离,但冉仕平坚持了下来。他常常说这样一句话:“西藏的特殊环境条件能磨炼我们的意志,锻炼我们的能力。这是一个磨炼意志、锻炼能力的好地方。只要能坚持,就会有作为。”

在他的带领下,一大批重庆交通大学的毕业生选择了到西藏去施展自己的才华,成为了西藏交通建设的“主力军”。西藏交通科研设计院兼公路质检站项目办主任田金昌、重点公路建设项目管理中心主任梁光模、合约部经理丁兰、西藏公路局局长宋万贵等交大人正和其他西藏交通战线的职工默默奉献在西藏这片神奇的土地上。

2005 年 7 月,冉仕平担任了西藏交通厅党委委员、副厅长。如今,他成为了西藏自治区发改委副主任,于是,他更忙了,他要忙着主持川藏公路、青藏公路、中尼公路、两桥一洞(贡嘎机场至拉萨机场公路改建)等国家和西藏重点公路建设,他将继续为西藏的交通事业奋斗、奉献。

植根于高原的土地

——记1988 届校友田金昌

记得著名的木刻版画家吴凡有一幅优美的水印版画《蒲公英》，画面上一个稚气的小女孩正嘟着嘴吹一朵刚刚摘下的成熟的蒲公英花球，带着种子的花絮张着绒绒小伞，随风而去。

花罢成絮，因风飞扬，落地即生，蒲公英没有桃李花朵娇艳，没有玫瑰月季芬芳，但它传播着春天的气息，有着顽强的生命力，在祖国广袤的土地上随处可见它那坚强可爱的身影。

22 年前，一群正当韶华之年的大学生怀着为祖国交通建设事业建功立业的壮志，从内地来到莽莽苍苍的青藏高原。可可西里的风，唐古拉山的雪，山南的惊雷，波密的豪雨，在粗粝了他们皮肤的同时，也磨炼了他们的意志。22 年了，7 000 多个日升月落，当年激情飞扬的青年学子如今已步入成熟的中年，但他们还在那里演绎着平凡，正是这种默默坚持的平凡换来了古老高原交通事业改地换天的巨大变化。在生命的禁区中，他们执著地证明着生命的顽强，正是这种可贵的执著使他们在平凡的人生之路上收获着美丽的理想之花。

2009 年，我们来到阳光之城，寻访这些为西藏交通事业奉献了青春和热血的平凡人们。

拉萨，与布达拉宫咫尺相对的药王山西侧。

西藏自治区交通科学研究所，一个林木葱茏的整洁小院。

在西藏自治区交通科学研究所兼质量监督站站长田金昌的洒满明澈阳光的办公室里，我采访了这位当年血气方刚的青年中的佼佼者。

田金昌,福建莆田人,1964年出生,重庆交通学院(现重庆交通大学)道路桥梁88届毕业生,有着典型的南方人清秀的骨骼和柔和的结构线条,性格沉稳而谈吐睿智,瘦削的脸上常常有着浅浅的笑容,是一个看似轻柔其实深沉,看似随和其实严肃执著的人。

谈到当年上西藏的时候,田金昌很平静地告诉我们,当年他们是一个班25人全部上来的。本来这个班是30个人,有5位同学由于身体、成绩和其他原因留在了重庆。25人上来以后,除了4名被派遣到建设局、技术质量监督局等部门就职以外,其余的全部在当时最艰苦的交通部门第一线工作。

1998年8月,田金昌被派遣到西藏自治区交通公路勘察规划设计院第二测量队担任助理工程师,从事公路勘察设计工作。时逢当时全国第3次援助西藏建设高潮,古老的西藏进入了实施"八·五"计划时期。

为推动西藏经济建设更快向前发展,在20世纪末使西藏大多数人民的生活跟上全国水平,中央继续给西藏大力支持并确定了由国家在西藏建设的重大项目,如共投资20亿元的"一江两河工程",投资8亿元的羊湖抽水蓄能电站,投资18亿元对青藏、川藏、黑昌、墨脱公路干线进行整治和改建,建成拉萨市邮政枢纽楼,新增程控自动电话11万门,建成47个县的54个卫星地面站及配套设施,扩建拉萨贡嘎机场,投资2.5亿元改建世界上最高的现代化航空港邦达机场。特别是由中央政府组织对西藏进行支援的"62项工程"更是西藏经济迈向新世纪的巨大推动力。这些项目中,除了墨脱公路令人遗憾未能完成以外,其余的项目均已完成。

而在具体的艰难环境中工作的苦却是实实在在要吃的,田金昌在回忆中多次感叹,那时的那个苦啊,真是令人难以忘怀。风餐露宿的野外作业,贫乏的物质供应,单调的精神文化生活,亲属们的好心劝说,令人备受折磨的高山反应,使很多人不得不在诸多的困难面前低下了头,黯然选择了从这个世界上最高的高原离开。

而田金昌却坚持下来了,在第一线的几年踏实工作使他获得了丰富的经验,而上级也注意到了这个身材单薄的年轻人堪担重任的杰出才华。从西藏自治区交通公路勘察规划设计院第二测量队工程师到任自治区交通公路勘察规划设计院副总工、高级工程师,从单纯地从事公路勘察设计工作到建设工程项目及设计文件的审查,田金昌肩上的担子逐渐加码,但工作依然出色,赢得了同事们的尊敬和上级的器重。

“行百里者半九十”，只要是没有坚持到底的，无论从何处半途而废都是“半”。因此，很多时候九十九步是一半，一步也是一半。

老田在谈到在20世纪90年代中期，说自己也差点从这里跑掉时，脸上有点不好意思的羞赧神色。

那是在1993年，在改革开放的浪潮中，下海成为一种时尚，也的确为一批胆大的先行者带来了滚滚财富，一时间神州遍地“弄潮儿”。年轻气盛的田金昌自忖并不比别人缺心眼少胳膊少腿，有什么了不起的，下海去！于是，老田没有给任何人说就“扑通”地从海拔4 000米的青藏高原扎回了海拔只有20来米的家乡福建莆田。

然而，在“海中”的生活似乎并不是那样的美好和令人陶醉，尔虞我诈的生意场和弄虚作假的工程承包使从圣洁雪域高原上下来的田金昌感到茫然而不知所措。

真正赐予他涅槃勇气的还是他自己。一段时间的漂流生活使田金昌懂得了自己的人生活才能更加适合自己，懂得生活真谛的人会让自己的人生活得更有意义，而不是刻意追求趋同或趋异。他决心回去，回到时刻魂牵梦萦的拉萨，那里才有他的理想和真正意义上的事业。

生活是一个累积的过程，但绝不是简单的量的叠加和积累，而是一个不断波动的跳跃的线条。没有质的变化就仍然是量的积累，生活需要更多的新奇元素，使之丰富而更加精彩。

经过风浪洗礼的人更懂得阳光的温暖，田金昌在工作中更加努力勤勉。在采访中，田金昌动情而认真地说，为西藏的交通建设事业奋斗一辈子的决心就是这个时候确定的。

2000年，在全国第4次援藏高潮之际，西藏交通建设出现了令人欣喜的“井喷”现象，工作能力突出的田金昌被借调到西藏自治区交通厅建设处工作。

2001年，西藏自治区交通厅任命田金昌为重点公路建设项目管理中心副主任、高级工程师，从事重点项目建设前期工作、招投标工作、建设管理工作等。

2002年7月，田金昌在鲜红的镰刀斧头旗下庄重地举起右手，宣誓把自己的一切献给党。老田说，那一刻，他感到自己灵魂在飞腾升华。

在西藏这块现在还正在不断抬升的年轻高原上，有高峻逶迤的山脉，有陡峭深切的沟峡，冰川、冻土、裸石、土林、风沙、戈壁等多种地貌类型交错其间，地貌景观多姿多彩。这些在普通人眼中的美景却是高原交通建设中时刻令人警惕的“杀手”。采访中，老田以平淡语调描述了一件惊心动魄的亲身经历。

2000 年 4 月 9 日，西藏林芝易贡由雪崩引发的泥石流，在 10 分钟内就将一个 1.5 公里宽、2.5 公里长、150 米高的山坡整个填入了易贡藏布江，拦腰截断江水筑起一座泥石流坝，位于川藏公路跨越易贡藏布江 17 公里处的通麦大桥危在旦夕……

这场堪称世界级别的灾害发生后，国家防总、西藏自治区党委、政府，自治区交通、公安及当地驻军和武警部队总动员，成立了抢险指挥部。指挥部一成立，迅速形成三套方案：第一固坝，将泥石流形成的大坝加固，使易贡湖成为一个大水库，但加固一个自然形成的松散坝体谈何容易；第二炸坝，将泥石流坝炸掉，恢复原来的易贡湖，可大坝是一个长 1.5 公里，宽 2.5 公里，高百米，面积 5 平方公里的体积达 30 亿立方米的庞然大物，炸坝无异于愚公移山；第三开明渠引流，将湖水导入下游，雨季里江水暴涨，施工速度将是这一方案成败的关键。经再三斟酌，指挥部选择了风险相对较小的第三方案。

从 5 月 3 日到 6 月 7 日，经过一个多月的紧张施工，明渠开成，但湖水仅以每秒 2 立方米的速度流出，大部分湖水浸入坝体，而且湖水还在上涨，坝体危在旦夕。

6 月 7 日，大坝终于开始溃决，咆哮的水声震耳欲聋。水势越来越大，惊得目瞪口呆的人们开始向高处撤离。9 点 30 分，江水漫过了桥面，钢铁浇铸的通麦大桥如火柴杆般被折断，消失在滔天巨浪中……

川藏线中断，两个月的所有努力付之东流，整个西藏为之震动，整个中国为之牵肠挂肚。川藏线是 318 国道最为险峻的路段，是天府之国连接雪域高原的脐带。川藏线中断，意味着从成都到拉萨要远行兰州、西宁和格尔木，迢迢数千公里。

田金昌由西藏公路局局长熊友山点将参加组成水毁调查 10 人小组，从排龙乡到迫龙沟，再到被冲毁的 3 号桥，来来回回，风餐露宿，行马道，过溜索，步行数日，取得了水毁第一手资料并向指挥部报告。

6 月 20 日，调查组来到了距通麦大桥 10 余公里处遭洗劫最严重的路段，由于路基全毁，这 10 多公里的水毁详情无从知道，无论如何要调查清楚，抢修方案才能完成。但前面全是峭壁悬崖，因所带干粮和饮水有限，都去已不可能，最多只能3人冒险前往，望着争先恐后报名的组员，熊局长确定由35岁、从小以山为伴、身材轻灵、年轻的“老西藏”并有丰富工程技术经验的副总工田金昌带队，组成3人小组，冒险前往通麦，其他人返回排龙乡指挥部。

调查组倾其所有，一把两尺腰刀、一根百米测量绳、一部对讲机、一架水准仪、一台照相机、两瓶矿泉水、一包压缩饼干就是3人的全部装备。下午3点，3人出发，相约晚上6点左右到了通麦大桥再与调查组联络。

田金昌等3人踏上了前往通麦之路。“路”在这里只是一个概念，“洗劫”之后，公路连残垣断壁都没有留下，他们顺着残留的通讯光缆和石缝顺利攀上了一处10多米高的绝壁，首战告捷，3人自信心加强，走不多远又一处近百米高的悬崖横在眼前，擅长爬山的袁玉东开路。光滑的陡壁无从下脚，他们攀着石缝，艰难地往上一点点地挪。在崖顶上，走在前面的田金昌脚下一滑，身子一个趔趄就向崖边倒去，不好！跟在后面的组员袁玉东赶快一把抓去，将已经双脚凌空的田金昌硬生生的从悬崖边拎了回来。到鬼门关走了一遭的田金昌，惊魂未定地望着百米以下易贡藏布江的滚滚巨流，冷汗涔涔……

原定3个小时的路途在艰难行进中被拉长到19个小时，辛苦异常的披荆斩棘和毒蛇惊吓、旱蚂蟥叮咬折磨。第二天上午10点，田金昌等3人终于走到了通麦大桥，瘫躺在河滩的沙子上，看着蓝天确认了一下自己终于还活着。

3人满以为抢险的武警交通部队留下的食物足以支撑回到排龙乡，却不料只有3个罐头，8块压缩饼干，6包方便面。这时另外还有两个先于他们到达的民工也加入到队伍中。

在5人面前是汹涌的易贡藏布江，身后是绝壁悬崖和密林毒蛇。面前的通麦大桥连同架在桥上20米高处的备用溜索早已不见踪影，这里变成了名符其实的绝地。

5个人将食品集中在一起，连散落在各处的方便面调料也不敢放过，谁知溜索何时能架通，万一断粮……中午饭谁也不敢多吃，现在最首要的任务是要架设一条溜索，有了溜索不但补给无虞，修便桥、便道的物资也可以源源运来。对岸的工兵用枪打过一根尼龙绳来，这根凝聚着全部希望的绳子不到一支香烟粗。拉绳是个非常需要耐心的工作，细绳引粗绳，粗绳带铁丝，铁丝拉钢索，尤其是拉最初的细绳，又勒手又易断，急不得，躁不得。160 多米的通麦大桥边上，每根绳的长度都超过 200 米。尼龙绳在 6 只大手的交替用力下慢慢移过江面，而后面的粗绳越拉越重，拖在江里的长绳被水一冲，3 个人脚下就乱晃，好不容易才站稳脚跟，“一二、一二……”，3 个人一起低声喊着号子，沉重的粗绳，浸水以后终于不堪重负，断成两截。

袁玉东气得从地上跳起来拿起对讲机破口大骂，骂这不中用的绳子，骂这该死的江水，骂这混账的泥石流，骂这不睁眼的老天爷，也骂自己倒霉到家的运气。这台功率强大的对讲机，把他的骂声传到了对岸的指挥部，传到了十几公里以外熊局长的对讲机里。

田金昌调查小组陷入绝境，保证他们的安全成了熊局长脑子里唯一的念头。四下打听终于找到了两个当地挖药的山民，这里的一草一木他们都熟得不能再熟，攀岩过崖是他们的看家本领。熊局长找了 9 包方便面、2 个罐头、几包压缩瓶干，嘱咐挖药人用最快的速度送到通麦，绝不能让他们饿着。

挖药人的到来给田金昌他们带来了希望，食品能坚持几天，挖药人也可以把他们带出绝地。夜幕降临，3 个人挤进两块人字形支撑的巨石下面，盖着一条武警战士撤离时留下的破军被熬过了绝地的第一夜。

第 2 天，6 月 22 日，新的麻烦再次降临，对讲机的两块电池都用完了，对外联系中断甚至比绳子中断更麻烦，向对岸喊话在如雷的波涛声里无济于事。好在聪明的民工发明一种“通信”工具，绝对有效，只是交流得慢一点——在沙滩上写字。指挥部正在为失去联系而着急，沙滩写字也就成了唯一可行的方式。

“你们好吗?”对岸沙滩出现了 4 个大字，田金昌爬在树上手握着树枝，凝视半晌，哪里还好得起来，袁玉东苦笑着在地上写下“不好”两字。对岸的人看着这两个字，谁都说不出话来。

为了架溜索，指挥部的人们找来了炸药，将炸药放在沙滩上，上面盖上一块木板，再放上一个十字钢板，钢板上连着一根半米长的铁丝，铁丝上拴着尼龙绳，想利用炸药爆炸的力量把钢板炸到对岸。随着爆炸，钢板飞向天空，随即又掉进江里，一连数次，田金昌等人只见对岸火光闪耀，钢板冲天，就是打不过岸来。

又有人用猎枪，在枪口里放进一根铁丝，铁丝头上拴上鱼线，试了几下，速度太快，鱼线被打断，飞到对岸的是几根被打变形的破铁丝。“放飘”,有人出主意,轮胎很快找来了,充上气,拴上尼龙绳,将10多根棍子接在一起,连成一根长棍,以一头为支点连在岸上,另一头捆在轮胎上,让轮胎顺水划出一个扇形,飘到对岸,带过尼龙绳。办法虽好,无奈水流太急,试了4次,长棍不堪冲击,入水每每折断,那个漂亮的弧线始终划不出来。忙了一天,所有的办法都失败了。

两岸的人越来越焦躁。

雨带着夜幕降临了,又一个湿漉漉、冷飕飕的长夜,各种容器接着石缝里渗下的雨水,叮叮咚咚响得让人心乱,田金昌等3人的心比天还冷,比夜还迷茫。

天亮了,悬崖上又陆陆续续下来了几个人,来人是林芝公路分局的副局长、总工程师王培高、工程师小温和4个门巴族民工。大家一阵寒暄。吃的不愁了,雨布也带来了,七手八脚地搭帐篷,七嘴八舌地聊情况。田金昌3人几天来第一次露出了笑容。王培高还带来一部卫星电话,这可真是宝贝,“给老婆报个平安,想好了说什么,不能超过两分钟。”王副局长握着电话约法三章。离家10多天了,这10多天的风风雨雨、生生死死、期期盼盼哪里是两分钟说得完的啊,结果,谁也没有超过一分钟,谁都明白这部电话是唯一的联络工具,关键时候还得靠它救命。

对岸的指挥部了解了这边的详情,迅速联系昌都军分区的炮兵。24日,一门82迫击炮架在了岸边,“轰”的一声将一根长长的尼龙绳准确地打落在了田金昌等人所在的河岸。为了保险,紧接着又有两根尼龙绳被打过来。当天下午,3根粗铁丝凌空飞架在易贡藏布江两岸,11床被子,热腾腾的米饭、回锅肉顺着铁丝送过江来,江边一阵欢呼,田金昌热泪盈眶。

当晚,江边一个小小的欢宴,两瓶白酒居然让11条汉子醉意朦胧。雨依旧不紧不慢地下着,天依旧不紧不慢地亮了,11个人几天来第一次酣睡不醒。

两天以后,3根16毫米粗的钢索凌空飞架,无论易贡藏布江如何狂躁汹涌也奈何不了溜索,川藏公路终于在中断了16天之后由这3根钢索维系起来。但是,要让川藏路重新通车,公路人还不知道要付出多少艰辛,多少血汗。

良久,老田和我都没有说话,陷入了沉思。田金昌述说时神态安详,但我分明看到他述说时眼中隐隐可见的激动,感受到他平静口吻下内心深处涌动的波澜。

2005 年,田金昌任西藏自治区交通科学研究所所长(质量监督站站长)、高级工程师。

2006 年 7 月通过验收、鉴定的《西藏公路人工高切坡超前支护技术研究》课题,这项由田金昌主研,成果总体达到国内领先水平的课题研究开创了西藏公路建设特殊地质边坡治理中应用超前支护技术的先河,目前已在青藏高原普遍推广应用,经济、社会效益显著。

《预应力锚索抗滑挡墙设计理论研究》、《川藏公路尼洋河中游段典型路基水毁防护工程技术》、《中尼公路卡如滑坡的发育特征及防治》、《梁式桥加固方法及应用比较》等饱含心血的高质量科技论文相继在《四川大学学报》、《山地学报》、《公路》等专业刊物上发表;交通部西部课题《川藏公路南线然乌至培龙段冰湖泥石流坝溃决预警技术研究》已提交初步成果的有《川藏公路南线然乌至培龙段冰湖泥石流坝溃决危险分区数据库编目》、《川藏公路南线然乌至培龙段冰湖泥石流坝溃决危险分区图(1∶10 万)》及预警技术《预警系统的模式和操作方法》;交通部西部课题《青藏高原寒冷地区路基路面加筋抗裂技术研究》室内模拟试验完成,结果显示,路基路面加筋后,结构力学性能、抗疲劳性能明显提高,初步技术成果正在通过依托工程进一步验证。

2007 年 7 月,由田金昌编著《西藏干线公路滑坡研究与防治》一书正式出版。

辛勤的汗水所浇灌的果实格外香甜,田金昌在收获着金色的秋天。

在田金昌《川藏公路尼洋河中游段典型路基水毁防护工程技术》的论文中,“尼洋河”三字也同样勾起了我的记忆,让我想起了两个我所知道的才女,川大的龚巧明和北京人大的田文。她们毕业自愿去了西藏,却再没有回来,永远长眠在这尼洋河畔。龚巧明、田文、马丽华是 20 世纪 80 年代闻名全国的《西藏文学》三大才女,1985 年龚巧明在尼洋河中部因车祸溺亡,1987 年田文在与此相距几百米的地方在抢救藏族老大娘时被飞石击中牺牲。1988 年的春节晚会上,主持人赵忠祥和倪萍含着眼泪讲述了这个令人心碎的故事,全国为之痛惜。

阳光通过细碎的叶瓣在田金昌办公室墙上闪烁成斑驳的幻影,我注意到在窗外的那一片左旋柳树林,虬枝劲结交织在一起,阳光从叶缝里溜进来,形成条条明亮的光柱。清风中叶片沙沙作响,几只不知名的鸟唧唧鸣啼，使人想起西藏历史上颇有争议的著名人物六世达赖喇嘛、诗人仓央嘉措的“南谷柳林郁郁枝，遮得画眉自在啼”的佳句。

据说是文成公主进藏期间将中原的阔叶柳带到了拉萨，在严酷的高原环境中，此树依然伟岸挺拔，随着树龄的增长慢慢才成扭旋状，其旋转方向全部向左。藏族民间传言，是公主对遥远故土的相思之情感染了柳树，使其在每天清晨都向着古都长安的方向张望，久而久之，身躯也就慢慢扭曲了，西藏人民称之为“唐柳、公主柳、左旋柳”，古柳的树身都向左扭曲旋转，和藏传佛教信徒众们转经的方向一致。

古老的左旋柳深深扎在高原的土地里，从根部由左向上旋转生长，倔强有力，它是自然界的杰作，代表着不畏风雪傲然而立的抗争精神。“活着千年不死，死后千年不倒，倒后千年不腐”是对这种圣物的美好赞颂。

我问田金昌1988年上来的25名同学现在还有多少人留在西藏？他们还好吗？

老田认真地回忆、计算着，一边弯下手指，一边喃喃地嘟哝：“冉仕平、罗峰、田莹红、伊俊威、武昭仪、杨晓明、付玉寿……”加上自己，一共还有11位，至今仍在西藏的各条战线上奋斗。由于时间的关系，我们只见到他们中的几位，就已经感受到这群杰出的交大学子共有的事业心和责任感，以及由于他们的杰出工作为交大所带来的品牌效应。

赋予生命以意义也许就是他们的生命理念和不懈追求，他们以自己在世界屋脊的存在方式显示了生命的力量与魅力。

列车向东驶去，车窗外，青藏高原慢慢在视野里淡去。苍茫高原上，青藏公路与青藏铁路盘旋蜿蜒着。这路我都走过了，它们已成为我一生的风景和记忆，它们就像是在天上，我走过了两条天一样的路。那里的人们的生活和顽强精神就像太阳一样炫目，照亮着我们灵魂深处……

翻开随身携带的诗人高平的作品集，一首朴实无华的诗歌很符合我当时的心境，就当作这篇文章的结尾吧。

《阿妈，你不要远送》

雷雨响在山头
红旗迎着狂风
我们就要出发
阿妈，你不要远送

松开我的手吧
放开我的战马
记住我们的姓名
不要过分牵挂
啊,暴雨打湿了你的衣衫
狂风吹乱了你的头发
前面雪山重重
阿妈,你不要远送

多少下雪的日子
你给我们送饭送茶
多少寒冷的夜里
你在我们床前点起炉火
我们帮你开下的荒地
青稞已经发芽
我们播种的荞麦
将要在你的门前开花

我们去铺平
那风雪弥漫的冰河
我们去劈开
那雄鹰也不能飞过的山冈
要把这宽阔的公路
直修到祖国边疆
从拉萨的街道
到天安门广场
阿妈,你都可以自由地来往

在公路经过的地方
土地就和黄金一样
牛羊越来越多
姑娘穿上彩色的衣裳

孩子愉快地走进学堂
新的城镇亮起电灯
夜里也有不落的太阳

远处的树林上空
聚集着云层
阵阵的闪电
显出了阿妈的身影
我们向她摆一摆红旗
阿妈,你不要远送

江上“舞” 筑港桥

——记1988 届校友许四发

他有着较重的乡音，嗓音略显低沉，就如他低调平和的性格。从他富有节奏的讲述中，一段段架桥筑港的故事娓娓而出，犹如一位舞者演绎舞蹈的节奏，平和中藏蓄着无限精彩。

许四发，中交第二航务工程局有限公司董事、副总经理。这位身高一米七五左右的安徽人，在和我们交谈的过程中，还偶尔夹杂着一些较重的安徽口音，当和一些专业名词一起讲出时，我们更是费解，只有请他一字字在纸上写出。不过，这并没有影响我们的倾听，更没有影响到他精彩的讲述，因为从他的音色，到讲话的节奏，再到那份平和从容，使我们深信，这种平稳甚至较慢的表述方式背后，一定是一个个值得铭记的故事和不平凡的精彩。

舞青春 照远路

1988 年 7 月，许四发从重庆交通学院水港系港口与航道工程专业毕业，随着分配来到了当时的交通部二航局四公司工作。在这里，他打交道最多的便是水以及连接水与陆地之间的一座座虹桥，从此拉开了这位江上“舞者”的筑港架桥之舞的序幕。

从一名学子到基层的技术员，要适应其中的转变，就必须要“舍得流汗水，舍得花时间，舍得应该舍得的”，许四发用这样一句朴实无华的话回应了我们的提问。但我们深知要做到这三个舍得,是一件多么困难的事情。特别是对于今天各方面条件存在天壤之别的青年学子来说,更是意味非凡,这中间不仅是要有一颗超越年龄的成熟心态,一个严谨端正的思想态度,更需要将青春变成一滴滴汗水,让青春闪耀出应有的光华,才能有所起步,才能慢慢照亮远行的路。

1988 年的 7 ~9 月,是武汉最为酷热的 3 个月,从一个天天在教室看书、设计图纸、在校园模拟测量的稚嫩学子,到深入施工现场的技术员,许四发面临的第一道考验就是如何适应艰苦的施工环境。对一般人来说,适应这种环境相比学校的舒适就更显困难了。但许四发不这样想,他把环境的艰苦视为一种必然,视为人生的一种必经,视为四公司领导的一种考验,也视为锻铸青春的第一个熔炉。跑工地,向技术前辈询问一个个技术细节,亲自核算每一个数据,熬夜开始成了家常便饭,通宵达旦更是常事。许四发爆发出来的青春的激情,对工作的热情,对研究的兴趣以及务实勤奋的工作态度,同事们有目共睹,仅仅半年后,就在分公司里面有了小小的名气,一年后就成为了技术工作的负责人,公司开始逐渐将一些项目的核心设计任务交给他负责。

时间对于许四发来讲,就是一种经验的累积。到 1992 年,他已经在四公司四零三施工处担任工程项目施工技术负责人,并先后参与和主持了江苏镇江大港木材码头、江苏镇江谏壁电厂 5 000 吨级煤码头、江苏张家港二期码头及堆场工程等项目,他以自己的实际行动赢得了施工处及四公司两级领导的充分肯定。在面对机会充分尊重机会并认真准备的基础上,机会已悄然来到了这个年轻人的身边。

舞赤练　架大桥

在武汉,和重庆更为接近的是一座座飞跨江岸的江上虹桥,桥梁是这个城市的一条条沟通纽带,更是武汉人心中值得骄傲的靓丽风景。对于设计和架修桥梁的人来说,每完成一座桥梁的过程,就是一个手舞赤练,痴情于线条的美感、数据的严密及技术的高含金量的过程,是一个全心投入的过程,也是一个喜悦和收获的过程。

1992 年 2 月至 1995 年 4 月,许四发开始担任交通部二航局四公司四零五施工处副主任，负责管理施工项目技术工作，并担任“江苏镇江大港二期码头及堆场工程项目”的项目责任人，这是他承担的真正意义上的第一个作品，后来这个项目被评为了交通部优质工程。完美的一舞后，综合性和科技含量更高的项目接踵而至，许四发又马不停蹄地担任了“江苏镇江大港开发区兴港路工程”的项目责任人，在许四发的精心研究下，项目又获得了社会各方的满意，他也得到了更多的欣赏和尊重，先后被评为二航局四公司的“优秀项目经理”和“先进个人”。与此同时，他还参加项目经理培训学习班，进一步弥补实践过程中的不足，经考试合格后被建设部认定为一级项目经理。

从 1995 年 4 月到 1997 年 1 月的近两年时间里，许四发逐渐被委以重任，担任交通部二航局四公司副经理，并兼任四公司四零一施工处主任。前面获得的声誉，让他接手了一个非常重要的项目，创造了自己手中的第一个全国第一。“福建泉州刺桐大桥及接线工程”其实算不上一个特别大的项目，但这座总投资 2.5 亿元的大桥，却是以乡镇企业投资为主建设的，这在全国是首例。在各种媒体的关注下，许四发带领全体参战人员，经过艰苦努力，终于在一年半的合同工期内完成了施工任务，由他主持研究的“主桥墩钻孔灌注桩施工技术”及“主桥挂篮悬浇施工技术”，在大桥施工中应用并取得了预期的效果，该项目被评为中港集团优质工程，许四发也被湖北省武汉市总工会授予武汉“五一劳动奖章”，这是对一位劳动者的肯定，也是对所有付出人的一种等值回报。

湖北荆州长江公路大桥是国家和湖北省的重点工程项目，该桥为主跨 500 米的 PC 斜拉桥，其规模当时居世界第二、亚洲第一。许四发及团队除承担了合同份额内主桥的一半工程外，还承担了三八洲上每跨 150 米共 7 跨连续的连续箱梁桥。这项工程规模大、技术含量高、施工难度也大，尤其是主桥的钻孔桩施工，每根钻孔桩的桩长约为 105 米，直径 2.5 米，且要穿过 50 ~ 70 米的卵石层，施工技术难度相当大。为了解决这一影响施工进度的紧迫问题，许四发领衔组织了“荆州大桥主桥墩钻孔桩施工技术攻关小组”，专门负责技术攻关。经过一个月的时间，终于找到了解决问题的办法，研究成果对指导施工生产起到了重要作用，保证了施工质量。

江苏润扬长江公路大桥是我国长江上第一座由悬索桥和斜拉桥组合而成的特大型桥梁，其南汊悬索桥主跨 1 490 米，居中国第一，世界第三。

在整个项目建设中，悬索桥北锚碇基础工程是主要关键，基坑平面尺寸为69米×50米，深度达50米，其技术含量之高、体积之大、开挖之深，在国内屈首一指，国际上也十分罕见。许四发完成了其中难度最大的一个技术攻关项目“大跨度悬索桥超深大型薄壁地下连续墙锚碇基础施工技术研究”，其具有探索性和创新性的科研成果，获得了湖北省公路学会科学技术一等奖。

舞水袖　筑深港

有桥的地方就有水，就有岸堤，就有航道，只不过，一个是存在于最接近水的地方，而另一个是和水相依相存。在许四发的世界里，如果说架桥是在舞动一条条美丽的赤练，那么修筑港湾、整治航道，就是在舞动婉转动人的水袖。长江口深水航道治理二期工程SIIB标段，绝对是他一次最为精彩的舞动。

长江口深水航道治理工程是交通部的重点工程项目，工程建成后可满足第4代集装箱船全天候通航、第5代集装箱船和10万吨散货船乘潮进出港的要求。2002年4月，二航局中标长江口深水航道治理二期工程SIIB标段。因为二航局在此之前很少涉足外海施工，长江口一期工程也未曾参与，许四发被任命为项目经理，在投标期间就已经花了大量时间研究各道工序的技术方案。由于项目的要求很高，为了让项目的每一个细节都得到最优的设计，许四发在项目部实行了质量责任制。开工伊始，许四发及团队内部就如何提高半圆体构件预制的外观质量展开了激烈讨论。

长江口二期工程SIIB标段在未出现软基处理以前，基床抛石整平一直是制约项目部按照进度计划施工的瓶颈。许四发及团队大胆设想，联合上海交通大学和上海佳豪设计公司，共同设计建造了一条目前国内独一无二、技术水平领先的“自升式抛石整平平台船”。该设备的投入使用，彻底地改变了工程项目进展过程中的被动局面，充分发挥了预期的工效。在施工过程中，由于受到周期性的波浪动荷载作用，引起近表层软土的软化，地基承载力降低，地基稳定性被破坏，使得半圆体构件滑移，研究结果决定进行软基处理，增设了3道工序，即砂被铺设、排水板打设和抛块石反压层。在经过8次现场试验和典型施工后,他们最终确定了较为理想的砂被结构,包括砂被尺寸、隔舱设置、加筋带布置和充砂袖口设置,完善了施工工艺,包括铺设方向、配套设备的选型、施工步距的选择和充砂管的布置,使这道工序施工变得更加顺利。

排水板打设是软基处理的第2道工序,通过施打塑料排水板,增设垂直排水通道以促使土层的固结。塑料排水板的作用就是增加排水条件,缩短排水距离,加速软弱土层的固结,保证地基的稳定性。水上施打塑料排水板是一道比较常规的施工工艺,只要认真控制其施打质量,防止回带,就可以达到预期的目的。但针对长江口二期工程,在工况条件十分恶劣,有效作业日较少,工期要求紧,工作量大的前提下,如何使这道工序顺利进行,需要超常规的思考。那段时间,是许四发最为煎熬的阶段,但经过理论分析和多次现场试验,他们选用了投资少、改造周期短、见效快的双体插板船进行排水板打设,使得项目的安全、质量、进度和效益都得到了保障。

两年多时间,许四发和他的团队全力奋战在这个项目上,以他们的智慧、严谨和责任,提前5个月完成了一个异常精彩的作品。这个项目在安全和质量管理方面深受业主和社会各方肯定,项目部也被上海市评为重大工程建设项目文明工地。

步步舞　舞人生

1998年7月,许四发成了交通部二航局四公司的经理。成为公司一把手后,许四发承担的压力更大了。他需要不断学习一些新的内容,甚至是与自己的专业领域相去甚远的知识。许四发认识到,要对公司实施工程项目进行严格的管理和把关,就必须抓住关键节点,对一些重点工程和技术难度大、没有成功模式可套用的项目,自投标阶段开始,一直到工程实施的每一个关键节点,都加以过问或直接参与项目攻关。从那时起,在公司所负责的工程项目实施过程中,可以经常看到许四发的身影。他在现场与各种项目的成员一起,研究项目的管理、关键技术和施工等问题,使公司的项目质量保持了一个较高的水平。

2000年初,许四发任二航局副局长。按照局领导班子的分工,许四发分管全局的施工生产。在任期间每年全局的施工项目大大小小都有140个左右,而且遍布在全国20多个省、市、自治区,项目的内容涉及土木工程领域的方方面面,项目的规模也大小不等。针对全局施工项目点多、线长、面广、内容复杂的情况,许四发在如何管好这些项目方面,颇是花费了一番心思。提出了"局本部关心全局生产指挥系统和技术系统、积极发挥下属公司主观积极性、大项目公司与局共同审定、高技术项目局牵头组织实施"的"四步管理法",对凡是由局审定的技术方案,经过思考,他都要提出自己的意见,以把好技术方案源头关;在项目实施过程中,他亲自参与不同项目尤其是重点项目的课题攻关或技术研究,并督促将研究成果指导施工生产,这一举措取得了非常明显的效果。

2000年2月至今,在许四发任二航局副局长的职责中,除了管理全区施工生产外,又增加了管理工程处、安全监督处、设备处和物资处等更多的重任。但许四发从来都是来者不拒,一揽子承担,毫无怨言。

青春铺洒筑港路

——记1988 届校友林少红

林少红,福州港务集团有限公司副总经理,高级工程师,1988 年毕业于我校港口及航道工程专业,在 20 多年的筑港路上,她凭借着自己在学校所学到的专业知识,以强烈的事业心和责任感,干一行,爱一行,精一行,在长期的实践中,不断充实、提高自己的专业技术和知识水平,使她从一个充满稚气的女大学生成长为负责集团港口工程建设的管理者。在她所有参建的工程当中,其工程质量均达到优良等级,她也先后荣获福州港务集团"先进工作者"、福建省交通系统"九五"期间"科技进步先进工作者"、福建省"巾帼建功标兵"等荣誉称号。

努力缩短从学生到技术管理者的历程

1988 年从学校毕业后的林少红被分配到位于海峡西岸的福州港,从此开始涉足男人一统天下的筑港生涯。

作为港口工程建设的技术管理人员,常年面对的是原始荒凉的滩土、尘土飞扬的工地、声音嘈杂的机械,为了早日适应建港工作的需要,她主动请缨到港口工程建设的第一线工作,克服了一个初出校门的女生、一个初涉社会的女孩所面临的种种困难,长期坚守在施工现场,冬天顶寒风,夏日战酷暑,不辞辛苦,不畏艰难,任劳任怨,战胜了施工过程中的一个又一个困难。她先后参加了福州港鳌峰洲码头二期工程、三期工程、魁岐码头一期工程、鳌峰洲码头二期堆场扩建等工程项目的建设，其各项参建工程质量均达到优良等级。

1992 年 12 月，在鳌峰洲码头二期工程建设的关键时刻，为了攻克工程技术难题，她克服了作为一个女同志的种种困难，连续 4 天 3 夜坚持在工地，与男同志一起昼夜鏖战，攻克难关，实在太累了，就裹着棉大衣打个盹。老妈妈心疼女儿，几次打电话询问，为了不影响工作，也为了不让妈妈牵挂，她刻意用一种轻松的语气，笑着对妈妈说："妈，您别担心，我在工地一切都很好。"看似轻描淡写的话语，却深深打动了周围技术人员和工人群众的心，因为只有现场施工人员知道她为筑港所付出的精力和汗水。同志们事后深有感触地说："几年下来，少红脸上虽然少了些许白润，多了几分红彤，但却更像我们港口人了。"

不断提高自身业务技术素质

随着港口的不断发展，科学技术已经上升为港口的第一生产力，港口的建设已离不开技术创新。林少红认识到作为技术管理人员，就要敢于尝试新事物，敢于探索新领域。因此，只要有技术培训的机会，她再忙都要争取参加，不断给自己加油、充电。作为港口工程建设的第一线管理人员，天天面对的是机器轰鸣的嘈杂声和钢筋、水泥、黄泥巴等单调、枯燥、乏味的生活工作环境，夏天要承受炎炎烈日的暴晒，冬天要应对凛冽寒风的侵袭。但她并未被这些艰苦的环境所征服，而是深入到施工现场、工地，通过兢兢业业、脚踏实地的工作，不断丰富自己的业务理论知识，不断增长自己的专业技能。

在福州港鳌峰洲码头三期工程中，林少红充分利用学到的专业知识，大胆采用土工格栅工艺，加强地基承载力，节省强夯费用，有力地确保了工程的顺利实施。该项目经过 8 年使用，集装箱重箱堆场无明显沉降，比预期的效果还要好，后来这项技术推广应用到了福州港新港区 6 号平战结合码头。2001 年"五一"节，当时正在建设中的 6 号平战结合滚装码头水冲桩沉桩连续出现断桩，如果不及时处理，势必延误工期，影响战备码头的如期建设，后果相当严重。当时正值"五一"放长假，林少红与家人已约好外出旅游，但为了不延误工期，她主动放弃节日的休息时间，同设计、监理人员及时赶到现场,对沉桩过程进行细心的观测,对以往沉桩记录、地质情况、预制桩过程等进行科学的分析,连续加班3天,改进了沉桩工艺,终于解决了沉桩过程的技术难题,保证了工期的按时完成。

林少红在注重抓好新建码头建设的同时,没有忘记老旧码头的技术挖潜改造。马尾港区2、3、4号泊位建设于20世纪70年代,由于使用寿命及长期超负荷生产等原因,导致码头作业门机的承载大梁相继发生严重损坏的迹象,其功能已不能满足现有生产使用的要求。1999年,集团投入460万元对其进行技术改造。当时,正值酷暑季节,她不顾自己是一个女同志,同男技术人员一道,戴着安全帽,穿着笨重的雨靴钻到又脏又暗、又闷又热、让人毛骨悚然的码头底下,认真细致地对损坏部位及程度进行勘察、评估。林少红充分利用学到的新技术、新工艺,大胆采用高强钢丝预应力加固法,对2、3、4号的泊位梁进行加固,并要求施工单位严格按照施工工艺要求和顺序施工,使张拉应力得到控制,确保了钢板粘贴效果,从而保证了工程质量。经过3年多的使用,新补的大梁无出现裂缝,使用荷载提高了,码头的生产后劲增强了,技改达到了预期效果,同时也给同类工程的维修提供了科学依据和宝贵经验。

职业女性要干一番事业要付出更多的艰辛

常言道:做女人难,做职业女性更难。职业女性要干一番事业要付出更多的艰辛。1998年底,因工作需要,组织上调林少红到福州港务集团担任建设技术部经理工作。她的身份变了,地位变了,但林少红要求自己敬业的精神不能变,工作的态度不能变,对同志的关心不能变。

走上领导岗位以后,她更加注重培养廉洁奉公、坚持原则的工作作风。工作刚刚接手,林少红就面临着新港区二期、河沙码头的总验工作、马限山3号职工宿舍移交乃至鳌峰洲三期工程土地证办理到合资公司户下等棘手问题。如马限山3号职工宿舍移交问题已经过了十几年,参建人员都已调离了岗位,资料已大量遗失,而她却硬是凭着女人所特有的细腻与坚韧,经过长达一年多的艰苦取证和多方协商,终于完成移交工作,并为公司讨回材料款及多付工程款22万元。其他项目经过她不懈的努力,也终于一一攻克下来。

2001年是6号平战结合滚装码头工程、魁岐二期码头工程施工的关键时期，当时建设技术部水工技术人员只有3名，其中2名已派到江阴码头建设现场，只剩下林少红一人留守集团本部，经常是既当部门领导又当经办人，常常上午去一个工地，下午到另外一个工地，中午抽空回来处理建设技术部日常事务，节假日也常常忙在工地。此时的她已身为人母，家中已是上有老、下有小，年老体弱的父母需要关心照料，年幼的女儿需要教育呵护，生活逼迫她要肩挑起工作和家庭这两副沉重的担子。一天早晨，建港工地发生工程施工故障，造成整个工地停工，闻讯后，她心急如焚，也顾不上女儿不愿松开的双手和那带有祈求的呼唤，以最快的速度赶到了工地现场，冒着刺骨的寒风，在现场组织指挥。看着一个纤弱的女子长时间地伫立在寒风之中，同事都劝她暂时回工棚休息一下，她只说了一句“没那么娇贵”，又一心扑在故障的抢修上，直到故障排除，工地恢复生产。

走上领导岗位以后，林少红十分注意关心身边同志的工作和生活。前几年，建设技术部一位同事添了个双胞胎，一下子增加了成倍的家务活，夫妻俩忙得不可开交，她就主动包揽了一些他分内的工作，减轻他的工作压力。职工家庭有个红白喜事、病困灾难，她都会带上一份礼品、送上一声问候、表达一份心意。作为女人她也有过脆弱的时候，每当看到年迈的父母期望留下的目光，手机里传来女儿稚嫩的声音时，林少红都深感内疚，她说：“为人母我不是一个好母亲，为人女我不是一个好女儿，为人妻我不是一个好妻子，我欠他们的真是太多太多了。”

青春铺洒筑港路

从1999～2004年，林少红先后组织或参加了福州新港区6号平战结合滚装码头工程、魁岐二期码头工程、江阴港区1号泊位、江阴5万吨级进港航道、罗源狮岐码头3万吨级多用途码头的建设。面对一个个挑战，她严格把好工程质量关，认真控制工程建设投资，既满足了企业生产使用要求，又节省了巨额投资。

2000年，福州港务集团介入江阴港区1号泊位建设，根据国际船舶运输日益大型化和福州港的集装箱码头能力缺口较大等要求，林少红带领工程技术人员和水工专家对码头的标高、前沿线位置、结构型式反复研究,优化方案,把1号泊位原设计功能调整为兼靠5万吨全集装箱货轮,重新确定了建设方案,为江阴港区后续泊位建设奠定了技术基础。由于投标与实施相隔两年多时间,而且投资规模扩大,定额发生了变化。为了更好地控制投资,尽快恢复施工,尊重原投标结果,她带领部室技术人员同水运定额站、施工单位结合施工工艺反复讨论,形成了1号泊位合同造价,共节省了投资700万~800万元。

2002年7月,福建省交通厅决定由福州港务集团公司承担江阴5万吨级进港航道的建设任务。为了赶在2002年12月18日与1号泊位同步建成投产,需要在短短5个月内要完成工程招标文件编写、招标、施工等全部工作。林少红主动放弃休息,日夜加班,在1个星期内完成51页招标文件的编写,20天完成招标。为确保疏浚质量,她还和男同志一样顶着风浪坐着小船到海上测量水深,晕船呕吐的一塌糊涂,终于赶在11月底完成疏浚任务。同时,在工程实施过程中,她严格按照合同进行管理,不讲人情,不讲关系,使工程质量、投资得到有效控制,已竣工的6号平战结合滚装码头工程、魁岐二期码头工程、江阴5万吨级进港航道工程均被评为优良工程。江阴港区1号泊位2003年5月的投产,结束了福州港没有深水外港的历史。

林少红常常爱说这样一句话:“人生的乐趣不仅在于实现某一目标的那一刻,而在于孜孜不倦的追求过程中。”正是她的这种孜孜以求的精神让她从不问哪里才是止境,也不问自己能获得多少,而是以此为动力,用青春铺就了一条绚美的筑港之路。

奔波在路桥上的拓荒者

——记 1988 届校友姜友生

姜友生从 1984 年 7 月进入我校桥梁工程专业后，就与路桥结下了不解之缘。

姜友生毕业后一直在湖北省交通规划设计院工作，1998 年 9 月在湖南大学攻读桥梁专业硕士研究生，2000 年 7 月至 2001 年 7 月任副院长，2003 年 3 月任湖北省交通规划设计院院长，现任湖北省交通运输厅党组成员、重点办主任。他主持或参与的多座长江大桥建设先后获国家“詹天佑奖”、“鲁班奖”、银质奖、铜质奖各一项；省部科技进步一等奖两项；省部优秀管理一等奖四项；省部优秀设计、咨询成果二等奖五项。在这满满的荣誉背后却记叙着姜友生辛勤的拓荒经历。

在湖北省西部，20 世纪 90 年代初，国内首座主跨突破 400 米的 PC 斜拉桥——郧阳汉江大桥建成了，姜友生是这个项目的主要技术人员，他的创业成才路也就是从这里开始的。

20 世纪 90 年代中期，湖北省迎来了长江上建桥的高潮。作为年轻的技术带头人，姜友生被赋予重任，他带领项目组同时承担了多座长江大桥的前期工作。在他主持设计宜昌大桥之初，面对钢结构设计技术储备及经验的不足，他和同事们没有退缩，从钢结构焊接符号等基础知识学起。几年下来，他带领一帮年轻人不仅圆满完成了大桥的设计任务，还成功解决了锚碇大体积混凝土开裂等技术难题，取得了多项创新成果和两项国家专利。

宜昌大桥建设期间，上级让他承接了巴东大桥设计任务。姜友生带领他的团队在几十公里的江段上反复勘察论证，找到了安全可靠的桥位，在后来的攻关中，他们还成功解决了超高桥墩、低热高性能混凝土研制等技术难题，积累了众多超高大跨桥梁的建设经验。

2002年，他回到武汉，和规划院的同志们一道投入到阳逻大桥工程上。阳逻大桥主跨1 280米，是武汉市第一座现代化悬索桥，位于长江防洪险段上。在专家们的帮助下，设计组在桥塔、锚碇等方面进行了一系列创新，一座高品质的现代化大桥即将建成。目前，他主持设计的主跨926米的鄂东长江公路大桥和主跨816米的荆岳长江公路大桥将于年内相继开工建设，其跨度和设计难度均居世界同类桥梁前列。

近20年来，姜友生始终工作在桥梁建设的第一线，完成了包括7座长江大桥在内的多座特大桥的勘察设计和科技攻关工作，获得了一批科研成果和具有自主知识产权的创新技术，先后获得国家、省部奖励10多项，入选为国家863专家库专家，被评为交通部首届"交通科技英才"、省"有突出贡献中青年专家"、省"劳动模范"并享受政府特殊津贴。

2002年，姜友生凭借出色的业绩和卓越的领导才能当选为湖北省交通规划设计院院长，成为当时国内最年轻的省级交通规划设计院院长。他带领自己的团队，高质量地完成了近3 000公里高速公路、300余座特大桥梁、60余座隧道和20多项大中型水运项目勘察设计工作，企业效益屡创新高，集体被评为全国"十五"科技创新先进单位和全国"五一"劳动奖状先进集体，首届全国桥梁文化周"十大桥梁英雄团队"。团队中还涌现出了时代先锋陈刚毅等一大批英雄模范人物，受到了党和国家领导人的亲切接见。

姜友生的人生准则是：君当如兰，幽谷长风，宁静致远；君当如竹，高风亮节，坚韧不拔；君当如菊，洁身自好，寒风自赏；君当如梅，笑迎霜雪，傲骨不折。多年来，姜友生一直以此为镜，不断地折射着自己的人生光芒，展现出交大校友良好的精神风貌。

大地为琴路做弦，我来弹！

——记1988 届校友裴古安

在甘肃省交通系统，一提起裴古安大家都交口称赞。在交通系统从业20多年来，裴古安立足工作岗位，奋力拼搏，无私奉献，以高度的主人翁责任感和使命感全身心地投入到甘肃省公路建设当中，在平凡的岗位上做出了不平凡的工作业绩，以自己的实际行动谱写了一曲新时期的路桥赞歌。

裴古安先后在甘肃省兰州公路总段榆中段、甘肃省公路局、甘肃省公路工程总公司、甘肃省交通规划勘察设计院工作，历任副段长、养路科长、副局长、党委书记、董事长职务。工作二十几年来，他兢兢业业，恪守职责，勤奋好学，吃苦耐劳，一心奉献甘肃交通事业，脚踏实地，严于律己，为实现甘肃公路建设的跨越式发展尽心尽力，树立了新时期甘肃公路建设者的良好形象。

燃起火把的夜行者

1986年，裴古安已经在甘肃省兰州公路总段榆中公路段工作了6年，甘肃的交通事业也是在那个时候开始进入快速发展的轨道，他正当其时。22岁的裴古安感到自己在中专学校学到的知识不够用了，正是大干一番的时候，岂能让知识成为瓶颈？于是，在他简陋的宿舍里，裴古安憋着一鼓劲刻苦攻读，这一年，他成功地考取了我校公路工程管理专业，两年后,毕业回到了榆中公路总段。过硬的工作能力和较高的知识水平使他成为了组织培养的重点对象,很快他被提拔为榆中段副段长,后来当上了段长。

新的工作岗位对他提出了新的挑战。他敏锐地感觉到,中国的高速公路已经快速发展,甘肃省的高速公路建设也已起步,交通事业日新月异,交通技术也突飞猛进,不学习,没有前途! 于是,工作忙,就利用业余时间,寒来暑往,坚持不懈。学无止境,裴古安走出了一条学中干、干中学,学真知、长灼见的学习道路。1988 年以后随着甘肃交通跨越式发展的进程,他的求学之路进一步延伸,攻读硕士学位,职务也已从甘肃省公路局的科长到副局长,又担任了甘肃省公路工程总公司的党委书记。2005 年 10 月至今,他一直担任甘肃省交通规划勘察设计院有限责任公司董事长。

有一句阿拉伯谚语说道:知识的用处就是夜行人的火把。从中专学历到硕士研究生,从养路工到董事长,裴古安始终高举知识的火把,照亮了自己的路桥人生。

西部咽喉的守路人

甘肃地处祖国内陆腹地,地域辽阔,地形狭长,是著名的古丝绸之路的必经要道,又是新亚欧大陆桥的咽喉省份,具有十分重要的战略地位。榆中段是兰州公路总段下属的一支施工技术力量强、管理严、业务精、作风硬的公路建设劲旅,从国道到省道,从省道到县道,他们都承担了管养任务。

刚上班时,裴古安所在的养护段一年修补的路面只有数百平方米。随着公路运输业的发展,货车超载对路面损坏严重,公路养护的面积大大增加,尤其是每年的油路工程都让养护职工大伤脑筋,因为无论是烧油、洒布还是摊铺,都要人工完成,不但劳动强度大,高温的沥青还会对职工的身体健康造成很大的伤害,而且如果由于洒布不均匀,还会给环境带来较大污染。为此,裴古安反复查阅国内先进的公路养护资料,并主动请缨,要求段里成立技改小组。领导被这个肯钻研的小伙子打动了,成立了技改小组,开始自行设计改装沥青洒油车和沥青撒砂车。作为技改主力军的裴古安一马当先，提出了用液压驱动油泵完成洒布的新设想，但知易行难，一切从头开始谈何容易。仅仅为了获得一个数据，裴古安一次次演算，一次次试验，在反反复复的实验中，他终于掌握了第一手数据。试车时，裴古安跟在车后，冒着随时被高温沥青烫伤的危险进行调试。由于前期工作准备充分，试车时遇到的问题很快都得到了解决，新的洒油车和撒沙车大大降低了职工的劳动强度，提高了工程质量。

工作中，裴古安总是脏活、累活抢着干，唯恐落在别人后面；分片包干的任务，他总是第一个完成，然后帮助其他人。修补油路、处置翻浆、清理边沟、垫补坑槽，这些看似简单的养护工作，要干好也需要一定的养护技术。他经常翻阅相关的资料，不厌其烦地向老职工请教，在实干中不断摸索，总结出一套“沙路雨天护、油路晴天养”的科学养护方法，明显提高了好路率和综合值。没过多久，他就成为全段公认的养护技术能手。

“甘于吃苦，技术过硬，工作经验丰富。”这是当年裴古安同事对他的评价。1988 年，当他从我校回到养路段时，被职工一致推选为副段长。

在担任副段长、后来当段长的时间里，有一年，一场特大暴雨将裴古安所在公路段所辖部分路段的路基冲毁了，大量的泥石流淤塞边沟，影响了公路通行。裴古安得知这一情况后，立即率领人员火速赶往现场。由于边沟内垃圾、污水恶臭难闻，工人们见此情景都捂着鼻子站得远远的，可他二话没说，裤腿一卷，袖子一捋，就跳进了一米深的边沟里，职工们也纷纷跟着他干了起来。1990 年 8 月的一个深夜，一阵刺耳的鸣笛声惊醒了裴古安，他急奔门外，当得知开往兰州的班车在不远处发生侧翻事故时，立即召集职工迅速赶往事故现场，将 1 名伤员及时送往诊所治疗，使伤员转危为安。

正是有了这样一位从基层走来的优秀带头人，他的优秀作风被后继者不断地继承和发扬，该段连续 20 年被兰州公路总段评选为“年度先进单位”，并被省委、省政府命名为“省级文明单位”。

陇原动脉的维护者

甘肃省公路局负责着全省国道、省道、县道的养护管理工作。1995 ~ 1998 年，裴古安在省公路局担任养路科长职务；1998 ~ 2004 年，他担任了副局长职务，主要分管养护工作。有人把公路比作祖国的动脉，在甘肃省公路局10年的养护管理工作中，裴古安承担起了陇原交通动脉的维护责任。

多年丰富的养路实践经验和勇于探索的创新精神，使他在工作中很快取得了显著成效，也使得甘肃的公路养护管理工作步入了养护科学化、管理规范化、考核标准化、奖惩制度化的轨道。裴古安提出并形成了一整套全省公路养护的指导性办法，被基层养护单位称为"养护五法宝"，即雨季公路养护，早安排，措施新；沥青路面养护，守规范，质量高；水利路面养护，抓得严，效果好；公路水毁，重预防，快抢修；公路安全保障工程，进度快，影响好。经裴古安总结的这些办法，在养护工作实践中发挥了实实在在的效果。

这10年中，裴古安每年都要深入基层调研，并亲自制定甘肃省公路养护工作要点，特别注重加大对养护机械购买资金的投入，狠抓设备大修与技术改造工作，加强对基层单位工作的督促与指导。他制订的要点对基层的工作具有极强的指导性，为甘肃省公路养护工作指明了方向。甘肃省公路养护工作在他的积极努力下，不断取得新成绩。

交通企业的改革人

中国高速公路的快速发展始终伴随着中国交通行业的持续改革。改革是攻坚战，改革需要攻坚者。

甘肃省公路工程总公司1998年成立，在6年时间里已发展成为拥有14家相关产业、员工1500多人、总资产5亿元、年施工能力10亿元的公路工程施工企业。随着公路施工市场竞争日趋激烈，外省大的施工企业纷纷拥入甘肃市场，企业遇到了如何进一步发展壮大的巨大难题。在这个关键的时候，裴古安来到了总公司，担任了甘肃省公路工程公司的党委书记，主持该公司的改革工作。

裴古安以打造路桥集团为目标，提出企业必须抢抓西部大开发的良好历史机遇，以市场为导向，解放思想，深化改革，强化管理，积极提高总体施工能力和市场竞争力，切实走"科技兴企"、"质量兴企"、"人才兴企"、"多元化经营"之路的发展总战略；加大科技投入，先后投资1亿元购置国内外大批先进的公路施工专用机械设备;大力实施人才战略,为公司的进一步发展作好了人才储备工作;按照现代企业制度的要求,大力推进管理创新、体制创新和制度创新,对人事分配、劳动用工、经营管理等各个方面进行了改革,不断增强了企业适应市场的能力,着力使企业的内部经营管理体制由计划经济下事业单位管理体制向市场经济条件下的现代企业管理制度转变。在1年的时间中,企业集团改革工作就已基本完成。在这个时候,另一个更需要改革者的交通企业正在等着他。

2005年10月,裴古安来到了董事长职位空缺已达半年之久的甘肃省交通规划勘察设计院有限责任公司。刚刚完成改制的设计院是甘肃省唯一的一家交通行业甲级设计院,成立于1978年,共有280多名专业技术人员长期奋战在公路勘察设计一线,陇原大地的公路、桥梁、隧道大多是他们设计的。

就是这样一支甘肃交通系统职工学历、职称层次最高,专业技术人员最密集的科技型企业,员工的收入和甘肃的经济水平一样,处在较低的水平;在管理上,还没有摆脱事业单位的影子,与市场需求格格不入。

裴古安先从制定企业的发展战略入手,到院的第一个月就开始筹备召开"十一五"规划研讨会。在2006年的春天,为设计院谋划了该院历史上第一个5年规划。并连续召开中层干部大会、人才发展规划大会、科技质量发展规划大会,全面总结了设计院的历史,按照科学发展观的要求,提出了以发展为第一要务,以项目建设为载体,以生产经营为中心,走科技兴企、人才强企的路子。在此基础上,裴古安一改按照资历来提拔中层管理人员的旧习,将一大批技术过硬、能力较强的青年技术骨干选拔到中层管理的岗位上来,让他们冲锋在勘察设计工作的第一线,担起该院设计理念提升和勘察设计质量提高的重担。一系列的规划和动员部署,使设计院士气大涨,人心备受鼓舞,员工干劲十足,在连霍国道主干线天水至定西高速公路,徐家磨至古浪高速公路项目上,前期工作进度不断加快;在"难于上青天"的蜀道项目——武都至罐子沟高速公路项目上,青年技术人员翻过了一道道高山,描绘了桥隧比例达70%的国道的宏伟蓝图。

今天的陇原大地,已有1 000多公里高速公路建成通车。裴古安在陇原大地上将继续谱写壮丽的路桥之歌。

从农村娃到中国公路优秀工程师

——记1989届校友石飞荣

石飞荣,陕西省公路勘察设计院院长,兼任陕西省交通厅交通工程定额站站长,工学博士,正高级工程师;中国人民政治协商会议陕西省第九届委员会委员,全国交通工程设施(公路)标准化委员会委员,陕西省公路学会常务理事、造价专业委员会主任,陕西省建设工程造价管理协会常务理事,陕西省勘察设计协会副理事长,陕西省咨询协会副会长。

农村娃要做公路工程师

1963年,石飞荣出生在陕西省府谷县的一个农村家庭,从小就好学习的他,16岁那年,考上了陕西省交通职业技术学院。府谷县位于内蒙古、山西、陕西交界处,距离西安1 000多公里,去西安上学最方便的是绕道山西。第一次上学,石飞荣深感行路难,也觉得陕西人走山西路似乎很理短。于是,在那时他的心里已经埋下了一个愿望:一定要亲自修一条通往家乡的公路。

在学校的4年时间里,他如饥似渴地学习。1983年,石飞荣被分配到陕西省勘察设计院工作。“勘察设计”也许在别人的眼里只是几个稀松平常的字眼,石飞荣却知道这里面包含着怎样的艰辛。

“那时我们下工地,都是用大卡车拉着去的。陕北的冬天冷啊,我们坐在卡车里冻得直哆嗦，刚开始还有人站起来活动活动，后来都冻得不行了，相互挤在一起取暖。每次下工地，都是与铺盖卷、大卡车‘为伴’，后来我们就天天想着什么时候下工地我们能坐上有蓬的车、住旅馆就好了。”回忆起那段时光，石飞荣还是感慨不已。“有时候上午出发的时候天还是好好的，一场雨下下来，晴通雨阻的沙石路就给封住了。记得有一次，我们晚上 12 点才回到驻地，饿得大家连站的力气都没有了。那时候，我们都这样调侃自己：‘远看像逃难的，近看像要饭的，走近仔细看才是设计院的。’因为长年累月在外，家里根本顾不上，‘好女不嫁勘探郎’让很多人的爱情泡了汤。”

艰苦的条件磨炼了他坚忍不拔、迎难而上的性格。因为这个农村娃心里已经藏了一个梦想——做中国最好的公路工程师。

4 年的工作实践让他深感自己的知识储备远远不够，于是他决定重返校园“充电”。1987 年，他来到我校学习工程管理专业。两年系统的学习，为他未来的勘察设计之路打下了坚实的基础。

此后的十余年时间，石飞荣一直坚守在勘察设计一线，取得了一项又一项成绩。他先后主持或负责完成了宁夏平罗—青铜峡一级公路，国道主干线 GZ40 禹门口—阎良、户县—洋县—勉县高速公路；国道主干线 GZ35 吴堡—子洲—靖边高速公路；西部大通道阿北线靖边—安塞、黄陵—延安、西安—柞水—安康、安康—陕川界高速公路；西部大通道西合线蓝田—商州、商州—马安石高速公路；西部大通道银武线凤翔路口—咸阳国际机场、商州—漫川关高速公路等项目工程部分预可行性研究、工程可行性研究，累计里程达 1 680 公里，总投资达 694 亿。其中禹门口—阎良高速公路项目在陕西省 2000 年度优秀工程咨询成果评选中，荣获省级“优秀工程咨询成果二等奖”。

他还先后主持了《禹门口—阎良高速公路湿陷性黄土地基评价与处理研究》、《公路线形设计仿真技术研究》等科研项目。先后发表了《山区高速公路车辆下行最大纵坡及坡长限制分析》、《公路设计创新与公路建设可持续发展》等多篇论文。其中，《公路设计创新与公路建设可持续发展》获陕西省公路学会优秀论文一等奖及陕西省高级专家会优秀论文二等奖。

“中国工程师是最棒的”

1998年,陕西省决定修建禹门口—阎良高速公路,这是陕西省一次性建设里程最长、投资最大的项目,作为项目负责人的石飞荣深感责任重大。一是因为这段路涉及两大难题——跨越深大黄土冲沟的桥梁设计和湿陷性黄土地基处理;二是因为这是世界银行贷款项目,将有很多国外专家参与工作,如果设计有什么问题,只会让外国专家瞧不起咱中国人,看低中国工程师的水平。于是,石飞荣在心里暗下决心,一定要把工程设计做到最好。

在勘察设计中,为了提高勘察设计质量、降低工程建设造价,石飞荣在项目一开始就以创优秀设计为目标进行管理,要求参与单位编制创优规划、作业大纲、勘察设计工序管理表。同时,把路线跨越深大黄土冲沟的桥梁设计和湿陷性黄土地基处理作为两大课题进行深入研究,以项目带动科研、以科研保证项目建设质量。在项目实施过程中,首次将地质遥感技术运用于道路选线,将仿真技术应用于设计,模拟公路建成后的实际状况,将航测成图与德国CARD/1道路设计软件结合应用于公路设计,使公路设计从平面、纵断面、横断面设计实现了自动化,提高了设计质量、缩短了设计周期。世行国外专家开始并不相信中国工程师,他们总是不断地提出很多尖锐的技术问题“为难”中国工程师,但中国工程师有礼有节、不卑不亢地说明令国外专家信服。慢慢的国外专家的眼神已经从开始的不信任转为了赞许,他们都不由地竖起了大拇指说道:“中国工程师是最棒的!”

黄陵—延安高速公路是西安通往革命圣地延安与能源重化工基地榆林的一条重要通道,是陕西省“三大标志性工程”之一。路线穿越黄土高原沟壑区,地形、地质条件复杂,滑坡、崩塌、黄土湿陷、湿软地基、碎落、泥石流等不良地质时有发生,高墩大跨桥梁(最大墩高达150米)、长大隧道数量多,工程艰巨,技术复杂,建设投资66亿元。石飞荣担任了该项目的负责人,他精心组织,狠抓路线方案、重大结构物方案及项目总体设计工作。当时已是陕西省公路勘测设计院副院长的他,与专业技术人员一道吃住在工地,研究各种有价值的路线方案,确保了构造物设计与地形地质有机结合。在交通部组织专家对该项目进行初步设计审查时，专家们一致认为该项目路线方案研究透彻、总体设计合理，是全国山区高速公路设计中做得很好的一个项目。

不间断学习　认真做事

石飞荣常常把这样一句话挂在嘴上："我是一个农村娃，今天能取得这些成绩，靠的是啥，就是不间断的学习和认真踏实的工作。"

如今，石飞荣依然是一名严格的管理者，设计是公路建设的灵魂，没有一个好设计，很难建成一条好公路。他奉行"公路设计人员不仅要尊重科学、合理利用突破现行规范标准，将公路按系统工程学的理论进行设计，又要增强创新意识、不拘泥于传统与规范，从意境上跳出规范束缚；而且要加强设计人员的艺术素质修养，如美术、音乐、诗词等方面的培养，拓宽知识面，主动设计、激情创作，把公路当作一件作品，而不是一件产品去设计，要用美学的观点、能体现设计人员风格的观点去设计，真正做到一条路，体现一种特色、一种风格"的理念。如今陕西省公路勘测设计院已成功跨入全国勘察设计单位百强之列。石飞荣依旧在孜孜不倦地学习着，因为这个农村娃"做中国优秀公路工程师"的梦想虽已实现，但他心里还有一个更大的梦想……

长路未有尽　不敢罢远征

——记1989 届校友许仁安

他修过路,“8 小时重庆”、县际联网公路等重要工程,他都作为主要规划、设计者参与。他也搞过旅游资源整合,积极探索交通与旅游的有机结合。如今,他又回到了熟悉的公路建设行业,继续为重庆高速公路的发展发挥着重要作用。他就是现任重庆高速公路集团有限公司总经理的许仁安。

基层练就过硬基本功

1989 年,许仁安从学校毕业后,进入到交通建设系统。他的第一个职位是,綦江养路段工程队施工员。他给记者形容当时的施工环境是,“一边是悬崖,一边是峭壁”。

在两三年的路段工作中,许仁安很快将大学里扎实的基础知识与实际工作相结合,加上自己的努力,他很快从一个刚毕业的大学生成为一名“熟手”。他用这样的话来形容自己当时的熟练程度:在搅拌泥沙的时候,用手一抓,就能感觉出泥沙混合比是否恰当,是否达到规范要求。而后,许仁安被调到重庆市公路养护总路段。

1997 年,重庆成为直辖市后,许仁安被调到了重庆市交通委员会工作。

“8 小时重庆”的见证者

2000 年,重庆市委、市政府提出了民心工程“8 小时重庆、半小时主城”交通建设规划。“8 小时重庆”即从重庆城区到重庆任何一个辖区的县城,共 6 万多公里直线的时间距离,都是 8 个小时;“半小时主城”就是从主城区人民广场到环线的任何一点,都只需半小时到达。

“8 小时重庆”涉及公路总里程 1 534 公里,计划总投资 93.8 亿元。许仁安担负起了勘测、可行性研究、前期立项等系列工作。他记得很清楚的是,2002 年,为了勘测开县雪宝山隧洞地质情况是否适合建设公路,他和一群专家进到开县的深山里,那里根本没有公路,而且那段时间天一直下着大雨。他们只有冒雨爬山路,摔跤更是常事。一群人每天早上 6 点钟就从乡镇出发,一直到晚上天黑了才能回来。许仁安说,那时每天回到乡镇上的招待所,唯一还有体力做的事情就是往床上爬。

那几年,许仁安每年有一半的时间都在区县度过。在他们的努力下,“8 小时重庆”工程于 2003 年底如期完工,重庆城区间往返需要数天的历史结束了。同时,许仁安担任了重庆高等级公路投资有限公司副总经理。

辐射2500 万人口的惠民工程

在 2003 ~ 2007 年的 5 年时间里,在许仁安任职期间,共投资 128 亿,建成了 36 条长 2 000 多公里县际联网公路的惠民工程(平均每年建成 600 余公里)。许仁安同志与集团员工担负着重庆市委、市政府赋予的历史重任,走在了新的攻坚战的最前列。大巴山山高路险,条件恶劣,这位硬汉子舍小家,踏征程,不畏艰险,亲临已经这项工程,他在继续的忙碌中露出了些许欣慰的微笑!

减少收费站点改善投资环境

回购区县已建成的约2 000公里收费公路，以改善投资环境，巩固治理公路“三乱”成果的希望而今已变成现实。在回购公路过程中，许仁安同志始终坚持以重庆发展大局为重，坚持社会效益和经济效益并举，实现了一举多得。一是回购区县公路后，以重庆发展大局为重，拆除收费站点21个，改善了投资环境；二是减轻了区县财政多年的包袱；银行高兴，核销了大笔银行坏账；施工单位和民工高兴，收到了多年拖欠的工程款和工资；三是提高了公路路况，树立了交通新形象。

积极整合旅游资源

2006年9月，代表重庆市政府整合三峡景区的重庆交通旅游投资集团公司（以下简称“交旅集团”）成立，总资产逾200亿元。市政府为此出台了《重庆长江三峡旅游总体规划》，预计通过整合，到2020年接待入境游客200万人次、国内游客2亿人次、旅游总收入实现1700亿元。

为了实现这一宏伟目标，重庆交旅集团投入了60亿元对重庆境内的三峡景区动“大手术”，首先是重点打造“7+4”景区，即涪陵白鹤梁、丰都名山、忠县石宝寨、云阳张飞庙、奉节白帝城、巫山小三峡和神女溪等7大重点景区，以及长江三峡沿线的万州青龙瀑布、奉节天坑地缝、巫溪红池坝和宁厂古镇等4个景区。如今，长江三峡重庆段境内的6个旅游码头，以崭新的面貌迎接着南来北往的游客，成为三峡旅游中的亮点。

打造重庆高速的特色

近年来，重庆高速公路建设有了长足的发展，随着“二环八射”近2 000公里骨架公路网全面形成，重庆高速公路建设提速10年的目标顺利实现。如今，国家高速公路网在重庆境内项目全部建成，高速出口通道增至10个,密度达2.4公里/百平方公里、居西部地区第一,覆盖区县由18个增加到38个,"4小时重庆"、"8小时周边"初步实现。

在这样的情形下,如何进一步加快重庆高速公路的发展,如何让重庆高速发展更有特色,是面临的新问题。2010年,重庆高速公路集团有限公司通过实施国高网改造、智能管理为高速公路"增效"、优质服务为高速公路"提速"等措施,成为重庆高速公路建设、管理的新亮点。

转瞬之间20余载时光匆匆流过,许仁安说,要实现畅通重庆的目标,重庆高速公路仍需快马加鞭,在新的起点上,高速人责无旁贷。有道是:"长路未有尽,不敢罢远征。"

冯鹏程与他的桥

——记1990届校友冯鹏程

冯鹏程,1990年毕业于我校结构工程系桥梁工程专业,现任中交第二公路勘察设计研究院副总工程师、桥梁设计分院院长。

与桥结缘

1986年,湖北黄冈的小伙子冯鹏程收到了重庆交通学院结构工程系桥梁工程专业的录取通知书。桥梁工程不就是修桥嘛,这还需要学习?家里给他取名“鹏程”就是希望他将来能够鹏程万里,修桥的将来有啥出息?带着一百个不乐意,冯鹏程踏上了西去的列车。

入学后,在老师的引导下,冯鹏程才发现桥梁的世界是多么的美妙,悬索桥、斜拉桥、梁桥、拱桥、钢构桥、吊桥,每一种桥型都有自己独特的魅力。桥梁的世界又是多么的巧妙,世界上最美的大桥——美国旧金门大桥、世界上最长的大桥——美国佛罗里达州7英里大桥,还有那屹立千年不倒的赵州桥,都让他惊叹不已。冯鹏程在心里悄悄地埋下了一个愿望,将来他也要设计一座世界最美的大桥。也许从那时起,冯鹏程就开始了与桥的缘分。

“老资格”的建桥人

1990年毕业后的冯鹏程进入中交第二公路勘察设计研究院工作,他将自己对桥的挚爱全部化作了工作的动力。一年 365 天，最少有 300 天泡在工地上，那些日子，他总是和工人师傅们一块干活，为了解决一个个技术问题，他曾创造了三天三夜不睡觉的"记录"，大伙都喜欢上了这个干活拼命的年轻人。"和工人在一起，几天几夜不睡觉，就技术问题和同事激烈辩论，那真是一段难忘的日子。"

经过几年的磨砺，这只"大鹏"终于要展翅高飞了。1997 年，他主持设计的广西柳州至南宁高速公路六景郁江大桥为主跨 220 米的钢管混凝土中承式拱桥，获 2002 年度交通部优秀设计奖。

1999 年，冯鹏程接到了一项任务，主持设计湖北"九五"期间交通建设的重点工程——湖北鄂黄长江公路大桥。鄂州市和黄冈市都是有着两千多年历史的古城，根据《中国历史地图集》刊载，春秋战国时期，长江中游两岸，西边有"鄂"，东边有"邾"，两座城池遥遥相望，一条大江横断中间。对于兴建鄂黄大桥，作为黄冈人的冯鹏程最清楚地知道两市 800 万人民是怎样苦盼了半个世纪。

"为家乡修一座桥，为家乡人民造福"就是凭着这样的信念，3 年间，冯鹏程带领着他的团队，将全部精力和时间都扑在了这座大桥的设计上。时间紧、任务重，古时有大禹治水三过家门而不入，而冯鹏程的家就在"门口"，却因为太忙，总是匆匆而过。同事们常开玩笑说，冯鹏程是"十过家门而不入"，他是现代的"大禹"。

2002 年 9 月 26 日上午，全长 3 245 米的鄂黄长江公路大桥胜利合龙，一桥飞架夙愿成。这座主桥为 5 跨连续双塔双索面预应力混凝土斜拉桥，位居世界同类桥梁亚洲第二、世界第三。鄂黄长江公路大桥也赢得了"2005 年度公路交通优秀设计一等奖、2006 年度全国优秀设计银奖及 2006 年度国家优质工程银奖"等诸多荣誉。

此后，冯鹏程主持设计了沪蓉国道主干线湖北宜昌至恩施公路龙潭河大桥，该主桥上部构造为 5 跨预应力混凝土连续钢构箱梁，桥长 1 182 米，主桥墩最高 178 米，居世界梁式桥高墩之最。他主持设计了湖北沪蓉西高速公路四渡河大桥，该桥为主跨 900 米的钢桁架劲梁悬索桥，全桥长 1 170 米，宽 24 米，桥面与峡谷谷底高差 500 米，是目前国内最大跨度的桁架加劲梁式悬索桥。他还主持设计了汕头至昆明公路贵州马岭河大桥等多座特大型桥梁的设计工作。

“我设计的桥要美”

在工作中,冯鹏程渐渐发现,随着经济的发展,科学技术的进步,生活水平的提高,人类对自身的生存环境提出了更高的要求,桥梁美学也愈来愈受到重视。桥梁建筑首要满足其结构功能,还要体现其美学特性。于是,冯鹏程要求自己主持设计的特大型桥梁要彰显美学的特质。

2003 年,江苏省无锡市华清大桥设计的重担落在了冯鹏程的肩上。怎样才能体现桥梁的“美”,如何才能展现江南的特色,他苦思冥想,前后设计了十多个方案,都不满意。一天,冯鹏程到无锡市区办事,当他偶然看见当地很多妇女手里都提着一个精巧的提篮时,一个奇思妙想冒了出来。冯鹏程将桥型设计得宛如江南妇女手中的提篮,充分展示出江南婉约的风情,这个设计方案无论是设计理念、施工难度,还是施工工艺等多项技术都属国内首创,获得了业主方的认可。

经过 9 个多月的奋战,大桥建设进入关键环节,难题出现了,由于桥面太宽,跨度达 148 米的钢管拱根本无法运输,经过多次论证,冯鹏程提出了一个先在铅垂面单肋合龙后侧倾成提蓝拱的施工方案。由于这个方案技术含量极高,工艺又特别复杂,业主方犹豫了。他们邀请了一位全国知名的专家为这个方案“把脉”,这位专家看了方案后,觉得太过冒险,“国内都没有这样的做法”,投了反对票。意见反馈到了冯鹏程那里,压力可想而知,但他最终还是凭借自己过硬的技术说服了业主方。

2003 年 10 月 11 日,京杭运河岸边聚集了众多桥梁专家,侧倾成拱能成功吗?大家都捏着一把汗,但冯鹏程却是一脸的自信。上午 10 点,钢管拱侧倾施工开始,侧倾 10 公分、20 公分、50 公分……随着不断有人报出的数字,人们的心也跟着一点一点地提起来,当 17.2 米侧倾到位时,人群中顿时爆发出“成功了”的喊声。这时,没有人注意在一旁的冯鹏程悄悄放下了捏得紧紧的拳头……

精湛的工艺、精美的桥型,无锡华清大桥一举揽获江苏省市政府“金杯示范工程”、“省优秀市政工程设计奖”,“中国市政金杯示范工程奖”。

2006 年,冯鹏程又承担了南昌英雄大桥的设计任务。南昌是一座具有光荣革命传统的城市,“八一”南昌起义使南昌成为军旗升起的地方。

于是，在设计中，他将桥型设计为斜塔斜拉桥，桥上有一座红色斜塔，斜塔如利剑及枪杆造型，寓意“八一”起义打响第一枪。整体造型简洁、现代，视觉冲击力强。南昌英雄大桥建成通车后，成为了南昌市的又一地标建筑。

肩上的责任更重了

2004年，冯鹏程被任命为中交第二公路勘察设计研究院桥梁设计分院院长。在别人眼里，他是当官了，但在冯鹏程的心里，“院长”这个称谓只意味着肩上的责任更重了。

“现在我们为业主做设计，不要为了省钱而忽视桥梁的质量和安全。”冯鹏程常常这样对院里的员工说，“在现场配合施工时，我们要维护业主的利益，对合同定下来的内容要坚持。对于设计变更，我的原则是：设计上的问题，我们主动变更；对改进施工有利，而且花钱不多，以及对解决已出现的问题有利的变更内容，我们也都同意。”在工地例会上，冯鹏程总是最后发言，认真听取各方意见。他说：“只有设计单位最清楚工程的安全储备有多少，知道哪些地方能改、哪些地方一点也不能动。设计是系统工程，变更设计有时会牵一发而动全身，必须慎重。”

在冯鹏程的带领下，桥梁分院先后在长江、黄河、汉江、珠江等大江大河上勘察设计了多座特大型桥梁，创造了多个世界领先和国内第一，中交第二公路勘察设计研究院桥梁设计分院也成为了我国桥梁建设界一支响当当的队伍。

冯鹏程常说：“我赶上了国家交通基础设施快速发展的好时候，当前桥梁设计的好多桥型我都做过了，老同志羡慕我，以后年轻人也会羡慕我们这一代人。我生逢其时，学到的知识都派上用场，我还会继续与桥的缘分，设计出更多更美的桥，为把我国从桥梁建设大国变成桥梁建设强国而努力。”

驰骋在桥梁战场上的勇士

——记1990届校友刘先鹏

因为纵横桥梁战场、身经百战，他获得了“全国十大桥梁人物”的光荣称号；

因为管理与创新能力，年仅36岁的他就被挑选为苏通大桥控制性标段的项目总经理，被誉为中国桥梁届的“少帅”；

他是奥运圣火的传递者；

他为了参加汶川救灾毅然推掉了去美国领奖的机会；

他，就是我校1990届校友，中交第二航务工程局有限公司副总经理刘先鹏。

脚踏实地——比别人多十倍努力的学习

1986年，刘先鹏以优异的成绩考入了我校，就读于港航专业。因为家境贫寒，一年只有180元的生活、学杂费，为了补贴生活，田径队、篮球队、游泳队，擅长运动的他参加了学校几乎所有体育项目的训练，仅仅只是为了那一毛二分的补助。

生活条件的艰苦并没有压垮这个年轻的肩膀，刘先鹏更加珍惜读书的机会。4年里，他的业余时间大部分都泡在了教室和图书馆。一进校，老师就告诉他港航专业是一个理论与实践结合得十分紧密的专业，除了理论知识的掌握，动手能力也十分重要。于是，他不仅认真学习自己本专业的课程,对选修的其他专业课程也是如饥似渴地学习着。他利用周末的时间学习道桥专业的《工程造价》。他的一位好友至今仍清楚地记得,刘先鹏怎样拉着他将学校几栋大楼的报价逐一进行计算的事。

回顾4年的大学时光,刘先鹏说:“大学只是培养学生学习能力的地方,进校以后一定要有一个明确的学习目标和人生规划。要清醒地知道自己要做什么,能做什么。要有针对性的学习,除了把自己的专业知识学深、学透,其他相关专业的学习也不要放松,这样的学习才能为以后的工作奠定坚实的基础。”

如今离开母校已经20多年了,但刘先鹏依然心系母校,作为兼职教授的他,每年他都要返回学校办两三次讲座,每年他还要带15~30个学校的毕业实习生。他说,我只是想用自己的成功经验和失败教训告诉学弟、学妹,成功的捷径只有一个,那就是脚踏实地。

崭露头角——事业的第一次起步

1990年,毕业后的刘先鹏被分配到中交第二航务局二公司工作,参加了自己的第一个工程项目——上海合流污水5.3标工程。该工程是当时二航局承担的最大项目,总投资3 300万元。那时,该工程正遇到了一个很大的难题。因为上海特殊的地质构造,土层10米以下就是地下水,在差不多一年的时间里,各种方法都试过了,地下水始终降不下去,开挖土石方的工程不得不停滞。

按照惯例,刘先鹏与其他十多名大学生被分配到了钢筋组。因为第一天到工地,刘先鹏决定到处转转,熟悉一下环境,就是这一转让他初步了解了工程受阻的原因。他大胆地想出了一个解决方案,回去后立即向项目组负责人建议,项目组的负责人瞅瞅这个刚分来的大学生半晌没说话。是啊,一所名不见经传的大学的毕业生,一个刚到工作岗位一天的“学徒”,却企图解决那么多工程师都无法解决的难题,这可能吗?这位负责人最后说,我给你3个月的时间,你要能设计出一套降水的专用设备,我就让你干项目经理,否则你就卷铺盖走人,我们不欢迎好高骛远的年轻人。咬咬牙,刘先鹏接下了这份军令状。

在接下来的3个月的时间里,这个年轻人没有一天休息,查资料、画设计图、向有经验的工人师傅请教成为他生活的全部。有时为了解决一个技术难题,他可以几天几夜不眠不休,饿了就随便拿起一个冷馒头啃上两口,困了就地打个盹儿。硬是凭着"拼命三郎"的这股劲儿,3 个月后,刘先鹏成功设计出了一套降水设备。

1991 年,刘先鹏成为二公司上海合流污水 5.3 标工程项目部的副经理,在当时要从一名大学生干到项目经理,没有十年八年是不行的,但刘先鹏仅仅只用了一年的时间。

此后,刘先鹏先后担任二公司 202、203 工程处副主任、主任,二航局四公司经理,2003 年任二航局副局长。期间,他担任了温州瓯江二桥、深圳盐田港等重大建设项目的负责人,并获得了二航局"海星奖"模范带头人、武汉市"五一劳动奖章"、武汉市"政府专项津贴"、江苏省交通工程"十佳项目经理"、全国水运建设行业"优秀项目经理"等诸多荣誉。

殚精竭虑——用生命铸就大桥

2003 年,已是中交第二航务工程局有限公司副总经理的刘先鹏担当了苏通大桥项目部总经理的重担。

苏通大桥建设——这是怎样一块难啃的骨头。这里不仅浪急,而且江面宽达 6 公里;由于距入海口仅百余公里,江水一日有两潮,潮差 2 ~ 4 米;江面一年中有近一半时间刮着 6 级以上大风,偶尔还有台风入境;降雨超过 120 天,大雾 31 天;主航线上日通过船只 3 000 艘左右,高峰期超过 6 000 艘;主塔区水深 35 米,基岩则深埋在 270 米厚的沙土覆盖层之下,桩基根本打不到岩石上……记得 5 月刘先鹏率领一帮重庆汉子,从上游尚未最后完工的润扬长江大桥(扬州至镇江)赶至苏通大桥所在江段时,临江而立,江面茫茫一片,对岸只是依稀可辨,旁边有人咕嘟一句:"恁个宽,哪里还能建桥哦!"

苏通大桥建设——这是怎样一场漫长而艰苦的战斗历程。7 月 27 日,长江上,100 多名工人正在苏通大桥的施工船上,迎接苏通大桥施工平台的建成。然而,刚刚建好的施工平台,不到一晚上便垮掉了!两艘打桩船和起重船、100 多个工人随时面临沉入江底的危险!当时长江上水流速度为 4.01 米/秒,人在水里根本不可能游泳。茫茫的长江上,没有任何的依靠，此时情况十分紧急、复杂，如果不立即采取措施，国家上亿的财产、船上上百条人命，随时都有可能葬身江水。虽然刘先鹏有着丰富的技术经验，深谙长江的水利条件，但是，采取什么样的措施，在这种情况下任何一个人都要对自己作的决策负责！而且自己此时也深陷危险，怎么办？生命、责任、后果，所有的问题在这一时刻涌来，需要一个人得拥有怎样的冷静、坚强、智慧以及临危不惧的能力才能面对啊！而在生死攸关的时刻，刘先鹏来不及考虑太多，他当机立断："把所有船上的缆绳砍断！"他沉着地指挥人员将缆绳砍断，让船在长江上自由漂移，在茫茫江水中等待救援队伍。半个小时后救援队伍赶到了，最终保住了船上100多条人命和上亿的财产！事后，刘先鹏说："当时，在茫茫长江上，真的是无依无靠，我自己也面临着生命危险。但作为一个项目的负责人，我必须要表现出应有的沉着、冷静，我们的工人、技术人员、专家领导——所有的人都在看着我，根本来不及考虑自己的性命，只有我给他们勇气和信心，才能带领大家一起渡过险关。"

苏通大桥建设——这是怎样一次艰苦卓绝的技术攻关。作为世界首座跨径千米的斜拉桥，苏通大桥在建设过程中面临的技术难题难以想象，存在很多不可预测的风险，而且没有任何经验可以借鉴，在这个过程中每遇到一个技术难题就要靠自己去攻关、去创新。苏通大桥业主提供的科研经费为500万元，但刘先鹏在科研上已经花费了6 000多万元。每遇到一个技术难题，刘先鹏都尽最大努力通过攻关解决问题。他说，要想创新，就必须加大投入，为了保证安全、优质的建成苏通大桥，就无法过多的考虑成本问题。他曾花费400多万元，彻底解决了苏通大桥的50米现浇箱梁上出现的裂缝问题。由于这种不计成本加大技术创新投入，刘先鹏在管理上遇到了很多阻力，因为刘先鹏在二航局恰巧是负责成本的副总经理——连自己做的项目都在亏本，在领导的过程中难免受到别人的质疑。但刘先鹏说："我的一切工作都是要以建成世界一流的苏通大桥为目标，所有的问题都要为这一目标让步，即使以后我领导不了合同管理部也无所谓。因为苏通大桥和别的项目不同，肩负着巨大的社会责任和历史使命，这绝对不是套话和空话。如果说仅仅为了利益，苏通大桥也不会考虑今天的方案。国家把苏通大桥最艰难、最关键、最宏大的部分给了二航局，是对二航局的信任。业主选择我，是对我个人的信任。我们有责任创新科技成果、培养一批与二航局'排头兵'地位相匹配的科技人才队伍和品牌建桥队伍,更有责任让苏通大桥的丰碑树立到世界桥梁的平台上去,苏通大桥是一座'为中国人争脸的桥'。"

苏通大桥建设——这又是怎样一项惊心动魄的建设成果。随着2007年6月18日,苏通大桥在滚滚长江72米上空顺利完成中跨合龙,4项世界纪录也宣告诞生:世界斜拉桥最大主跨1 088米、最长斜拉索577米、最大群桩基础131根、最高主桥塔300.4米。以求实态度和探索精神著称的美国国家地理频道到苏通大桥采访,拍摄了反映大桥建设的专题片《无与伦比的工程》。时任交通部总工程师凤懋润说,它是中国由"桥梁建设大国"向"桥梁建设强国"转变的标志性建筑。原科技部部长徐冠华视察苏通大桥时表示:"以苏通大桥为代表的中国桥梁建设是我国自主创新的一面旗帜。"而作为建设者的刘先鹏却显得异常平静,2008年被选为奥运圣火传递者的他说:"我觉得自己同时参与了两个奥运。火炬传递的是奥运精神,是拼搏奋进永不服输的精神。而大桥建设也是一次奥运比赛,同样是一场顽强的拼搏大战,如今我们的大桥已经拿到了4个冠军,我们还想拿更多的冠军!"

2008年3月,苏通大桥被美国国际桥梁大会(IBC)授予"乔治·理查德森大奖",成为我国首个荣获该项国际桥梁大奖的工程项目。刘先鹏受邀参加颁奖大会,并办理了美国签证。但是在2008年5月12日汶川发生了大地震,灾区的情况深深震动了他。刘先鹏在第一时间写下请战书,要到灾区去抗震救灾,去恢复道路桥梁,因此他推掉了美国的颁奖典礼。他说:"我是四川人,现在家乡有难,我时刻准备着为灾区服务,我们单位已经派遣了第一支小分队前往灾区,我时刻准备着为灾后重建贡献自己的力量!"

科研路上的"朝圣者"

——记 1990 届校友任瑞波

他醉心科研,10 年间承担和参与省部级以上科研课题 20 余项,科研成果达到国际先进水平;他致力于山东建筑大学新兴专业的学科建设,积极组织成功申报了国家级土木工程实验教学示范中心,建成目前山东省唯一一个土建类国家级实验教学示范中心;他挂职新疆,为新疆交通事业的发展做出了突出贡献,受到中央政治局委员、中央组织部部长李源潮的亲切接见。他就是我校 1990 届校友,山东建筑大学中青年学术骨干、土木工程学院副院长任瑞波教授。

醉心科研结硕果

2001 年 1 月,任瑞波获得哈尔滨工业大学道路与铁道工程专业工学博士学位,同年 7 月调入山东建筑大学任教。他先后为道路与交通工程专业本科生和研究生开设了《交通工程学》、《路基路面工程》等课程,同时还指导硕士研究生 10 人,年教学工作量达 500 课时左右,授课效果受到了学生的好评,学生网上评教全为优秀。作为新兴学科的带头人,任瑞波成立了该学科第一个教学科研团队,热心指导年轻教师,提高了年轻教师的教学和科研水平。在繁忙的教学工作之余,任瑞波醉心于科研,2001 年以来,他承担和参与省部级以上科研课题 20 余项,发表科研论文 60 余篇。

为了学校道路与交通运输工程学科的发展,任瑞波费尽心思。考虑到学校资金短缺,他积极组织协调,引进校外企业资金1 000万元,与山东路通道路材料有限公司等企业合作,共建了山东建筑大学道路工程实验室。目前该实验室已经建成并投入使用,既为学校节省了办学资金,又为道路与交通工程学科的发展奠定了良好基础。他还积极组织,成功申报了国家级土木工程实验教学示范中心,这也是山东省目前唯一一个土建类国家级实验教学示范中心。

近几年来,任瑞波在《中国公路学报》、《岩土工程学报》、《工程力学》等学术刊物上共发表科研论文35篇,其中核心以上期刊31篇,EI收录9篇,出版《层状黏弹性体系力学》专著1部,参著《沙漠地区公路建设成套技术》专著1部,参编全国普通高等院校土木工程类实用创新型系列规划教材《路基路面工程》1部,主编二级建造师教材《公路工程管理与实务》1部,参编二级建造师教材《市政公用工程管理与实务》1部。2003年《高等级公路柔性基层研究》项目获吉林省科技进步二等奖,2005年《高等级公路交通噪声衰减规律与控制对策研究》项目获山东省科技进步三等奖,2005年《高等级公路沥青路面结构计算方法的研究》项目获山东省高等学校优秀科研成果二等奖(自然科学类),2006年《基于(矩阵)传递机理的状态传递矩阵法及其在岩土工程问题中的应用》项目获山东省软科学优秀成果二等奖,2006年《沙漠地区公路建设成套技术研究》项目获交通部科技进步特等奖。2003~2006年主持研究完成了山东省自然科学基金项目《柔性与半刚性两种基层优化组合的沥青路面结构设计理论及试验研究》(Y2003F01)。2000年以来,主持和参与科研项目7项,目前正主持的纵横向科研项目3项。

"我从未真正离开过新疆"

在学校,任瑞波读的是桥梁道路专业。博士毕业后,他参与过不少交通建设项目,也走过不少地方。可祖国西部的新疆大地,尽管他只走过一遭,却一直在撩拨着他的专业神经。

2005年10月,由中组部、团中央组织的第6批"博士服务团"给了任瑞波一偿心愿的机会。他被派到新疆,挂职担任新疆维吾尔自治区交通厅厅长助理。

“新疆地貌地形极为复杂,交通建设难题多,我早就想去看看了。”任瑞波说。从业20年来,他一直在关注新疆,但真正踏上那片土地,他才惊讶地发现,“那边的道路交通现状与之前想象的还有很大差距”。任瑞波做了个简单的对比:他刚调到山东建筑大学任职时,山东省约16万平方公里的土地上,已铺就高速公路将近4 000公里;而新疆疆域166万平方公里的土地上,高速公路通车里程仅达1 000多公里。

正因为如此,任瑞波抵达新疆两周,肩头就压上了沉甸甸的担子。

达里亚布依乡是塔克拉玛干沙漠腹地的一个原始村落。为改善乡民生活,当地政府曾将整个村落迁出,可乡民因不适应外面的世界,又成群结队迁了回去。政府没辙,只能致力于改善当地交通状况,给闭塞的村庄铺条通往现代生活的大道出来。任瑞波的任务,就是跟随新疆交通科学研究院的专家进入沙漠地区考察,拿出个可行的方案来。

“山东第一条高速公路,济青路,你知道吗? 我参与修筑的。这么多年,什么样的工程没见过,我心里就没有犯怵的时候。”可在新疆,任瑞波第一次钻进茫茫大漠,终于体验到“心里没底”的感觉。

回来后,他没日没夜地查阅了大量资料,把陕西、内蒙古等地的沙漠公路项目捆扎在一起反复研究。最终,和新疆交通科学研究院的专家一起,向交通厅提交了修筑新疆第二条沙漠公路阿拉尔—和田公路的方案。

在任瑞波的方案中,他利用自己20年间积累的知识和经验,突破了沙害处理等几项技术难关。2006年4月,交通部组织专家对该项目进行了鉴定验收,成果总体达到国际领先水平,填补了沙漠筑路技术的多项空白。

在这条公路修筑的过程中,任瑞波先后5次带着他从全国各大院校请来的专家学者深入施工现场,查漏补缺。“以前积攒的那点人脉关系,全都用在我这第二故乡了。”他说。

修筑的沙漠公路,是任瑞波在新疆挂职期间最得意的一件“作品”。他将这次成功归结于两个字——魄力。“发展新疆交通事业需要的不仅仅是技术,还有锐意进取的气魄。”

任瑞波说,他的另一件得意之作,也归功于气魄。2006年5月,自治区交通厅工作人员带着《国道312线吐鲁番—星星峡段高速公路利用老路部分养护改造工程方案》向任瑞波请教。“我一看,这个方案太保守,很难达到预期效果。”于是，他带上四五个人，实地考察了五六趟，确定了新的改造方案。新方案不仅在技术应用上更加合理，还降低工程造价约7 000万元。

说是挂职一年，实际上，任瑞波在新疆待了一年半。“他们不想让我走，我也真舍不得离开。可是没办法，山东建筑大学土木工程学院还有一堆工作等着我回去处理。”

任瑞波返鲁时，正赶上青岛修建跨海大桥。“这可是个难得的机会！”首先在他脑中闪过的是远在新疆“上下求索”的同事。他立刻把新疆的桥梁交通建筑专家邀请到山东，组织参观、交流和学习。

最近，任瑞波正琢磨着在新疆的专业院校设立“工程硕士点”。“那边最缺乏的是专业人才和技术精英。可新疆那么老远，出来一趟挺不方便，还是咱们派人过去上课吧。”

任瑞波也没想到，这片前半生只涉足过一次的土地，注定要成为他后半生无尽的牵挂。“我和新疆的联系从没断过，可以说，我从未真正离开过那里。”任瑞波说。

挂职一年期间，任瑞波利用自己的专业知识，为新疆交通事业的发展做出了突出贡献。在新疆维吾尔自治区国道312线吐鲁番—星星峡段高速公路利用老路部分养护改造工程中，设计单位拿出的设计方案造价为1.6亿元，任瑞波发挥专业特长，在满足要求的前提下，最终确定的方案造价为9 000多万元，仅此一项工程为新疆交通系统节约资金约7 000万元。期间，他组织完成的国家西部交通建设科技项目《沙漠公路建设成套技术研究》课题的打捆工作，成果总体达到了国际领先水平，填补了沙漠筑路技术的多项空白，并获国家科技进步二等奖。2009年，中组部“博士服务团”工作10周年纪念座谈会上，任瑞波作为山东省唯一一位博士优秀代表，受到了中央政治局委员、中央组织部部长李源潮的亲切接见及表扬。

丝绸古道铸新路
飞天故里创“飞天”

——记1990届校友吴敏刚

吴敏刚，1990年毕业于我校道路工程系公路与城市道路专业，甘肃省公路局副局长，2004年7月担任安（西）敦（煌）公路改建工程项目办主任。

作为项目建设单位的全权代表，吴敏刚与项目主管单位、项目设计单位、质量监督单位、项目监理单位、项目施工单位一道，团结协作，拼搏进取，谱写了一曲曲交通建设的壮丽之歌。两年多的时间里，他和同事们一起，在坚忍不拔中顽强挺进，于风霜雪雨时攻坚克难，确保了项目的顺利实施。

安敦公路是西（宁）—库（尔勒）公路在甘肃境内的重要组成部分，是国家为实施西部大开发战略规划建设的8条通道之一，是甘肃省境内的重要旅游路线和经济通道。东起国道312线，绕安西榆林窟、锁阳城，经世界艺术宝库——莫高窟和鸣沙山、月牙泉，西至敦煌七里镇与国道215线相接，全长133.631公里，大部分路段采用二级标准设计，路基宽度为12米和17米，敦煌市连接线、敦煌市五墩乡至敦煌市区采用一级公路标准设计，路基宽度为25.5米。全线需移动路基土石方234万立方米，新建党河大桥1座（长152.04米）、疏勒河中桥1座（长84.48米）、小桥13座（长154.320米），涵洞300道（长4 922.72米）。建设工期为2004～2006年。

热诚似火焰燃烧

安敦公路的施工地表多为砾石，植被稀少，炎热干旱的施工条件让许多初来甘肃的建筑施工人员望而生畏，特殊的地理条件更给工程的质量和进度提出了新的要求，出乎意料的众多困难叫人没有喘息的机会。然而，此起彼伏的难题，没能阻挡安敦公路建设的步履。为了使工程早日完成，项目办人员在吴敏刚主任的带领下，以路为家，把施工一线当做办公室，每天多次到施工现场进行实地查看，了解进度，检查质量，发现问题及时解决，为施工现场的排兵布阵、保通保洁提出积极建议。

为了抢抓施工黄金季节，加快工程进度，在项目办主任吴敏刚的倡导下，开展了“大干六十天，创优质工程”的竞赛活动。令出如山倒，安敦公路改建工程施工现场人声鼎沸，机器轰鸣，呈现出一派战天斗地的施工场景。比质量、比进度，保安全、增效益的良好气氛使工程建设高潮迭起，推动了整体工程进度。9 月下旬，大漠上中午的气温还是很高，吴敏刚的身影一直在早穿皮袄午穿纱的戈壁滩上晃动，他实干、苦干的情景深深地感动着周围的每一个人。在路面铺筑现场，筑路大军繁忙而紧张有序的施工场景更是令人振奋，“甘洒热血筑通途”、“争夺飞天奖”的横幅标语在猎猎彩旗的辉映下格外醒目。吴敏刚充满豪情地说：“烈日再毒，晒不化我们的服务热情和严格管理的信念；风沙再大，吹不走我们把安敦路建成精品工程的信心。”

700 多天的风风雨雨，几多摔打、几多拼搏，换来了主体工程的竣工，它凝聚了全体参战人员的心血、汗水与智慧。作为项目办主任，吴敏刚以身作则，积极参与工程建设与管理工作，对工程建设者的体贴和关心极大地激发了他们的热情，为工程建设提供了强劲的动力。这就是安敦公路的建设者，他们把生命奉献在了路上，把智慧奉献在了路上，把汗水抛洒在了路上。

优秀团队的领导

有人说，做好领导工作，既要靠真理的力量，也要靠人格的力量。人格高尚，会产生无限的魅力，从而在群众中形成强大的吸引力和感召力。在安敦项目办，吴敏刚以一种无形的力量、独特的魅力把大家凝聚在了一起。

这是一个管理严格的项目办，也是一个服务型的项目办，吴敏刚如是说。在施工过程中，管理人员挂牌上岗，公开办事，业主、监理、施工三位一体、环环相扣。遇到问题，项目办及时召开协调会议，共同协商解决，大到施工单位与工商、税务、市容、城管、路政等方面的协调，小到后方料场的运输通道、沥青储备、弃土场的选定。

汗，流到一起，力，汇聚一起。按照吴敏刚的要求，项目办注重将管理融于服务中，千方百计为施工单位排忧解难。一位项目经理这样描述施工单位和项目办的关系："我们是目标共同体，业主不是把我们作为一个管理对象，而是当做一个参建主体和我们合作，吴主任的做法确实让我们十分感动。"承建方有 18 家，都是资质过硬的公路桥梁建设集团和工程公司，由 3 家监理单位全程监理，全线参建者数千人，堪称一个复杂的系统工程。项目办是一个精干的团队，又是一个高效能的指挥中心，团结、协作、创业、廉洁是他们的宗旨，在吴敏刚的领导下，全线各合同段的施工井然有序地进行着。

"没有规矩不成方圆"，为了争创"飞天奖"，实现"工程优质、干部优秀"的目标，项目办统一编写印发了各类监理、施工用表，制定了安敦公路改建工程《管理制度汇编》、《竣工文件编制办法》、《内部管理制度》、《奖惩手册》等 9 个系列丛书，明确了任务和职责，使各项管理工作走上了制度化、标准化、规范化的轨道。2005 年 4 月份复工后，为加强现场管理，在已制定的质量举报、质量奖罚、质量责任卡等制度的基础上，由吴敏刚提议并牵头，项目办补充制定了《安敦公路项目建设管理现场督查制度》。

对工程质量的敏感已经成了项目办主任吴敏刚的一种本能，他对工程质量的要求几近苛刻。他思考的总比别人多一点，一些工程上司空见惯的问题他都要多打几个问号。同时他也像兄长一样细致入微地关心着他的同事们。作为项目管理的第一责任人，他从来没离开过工地。在他的带领下，项目办管理人员一心扑在工作上，没有上下班之分，没有节假日概念。综合科科长刘今凯深情地说道："我工作在一个优秀的团队里，生活在优秀的人周围，我们的灵魂深处被吴主任无私奉献、团结协作的精神所感动，被他率先垂范、追求卓越的形象所震撼。"

感人至深的插曲

寒去暑来，月落日升，时间就这么悄悄地在建设者忘我的工作中流淌。浓浓的亲情是每个人都挥之不去的根，夫妻分居，子女离别，亲人远去……为了安敦公路，吴敏刚牺牲的不仅仅是亲情。

在工程建设过程中，吴敏刚经历了除建设任务以外的各种事情，他宁愿愧对自己的父母、妻子和儿女，也不辜负自己的信仰、理想和追求。他完全把自己的生命与项目的建设融在了一起，完全把自己的聪明才智化作了安敦公路的熠熠光彩。为了这个项目，两年多来殚精竭虑、寝食难安。因此，他的生命里便有了一份与众不同，有了一份崇高。

2005 年 3 月复工时，吴敏刚的父亲在医院里卧病不起。在父亲最需要他照料的时候，他还是毅然同大家一样按期回到了工地，一面处理千头万绪的工作，一面拼死拼活地奔波在工地上。正在路面施工建设全面展开的关键时刻上，他的父亲病逝了。他用最短的时间料理完后事，又匆匆赶回工地……省公路局局长赵彦龙在项目办座谈中说到这里时，在场的人无不为之动情，无不为之掉泪。

吴敏刚的故事连着安敦公路建设进程，永远也说不完，他把生命化作闪光的铺路石，落进了通天大道中。

（备注：吴敏刚现任甘肃省交通科学研究院有限公司董事长）

外柔内刚大智谋

——记1991届校友王海怀

王海怀,我校1991届校友,中交第二航务工程局有限公司(以下简称"二航局")董事长、总经理兼党委副书记。在业界,他被誉为"桥梁少帅"。2002年被任命为中港第二航务工程局(中交第二航务工程局有限公司前身)局长时,他刚满34岁,是二航局和中港集团历史上最年轻的局长。王海怀,这个来自四川的山娃子,从一个技术员到大型企业的领军人,仅仅用了11年的时间。现在又一个7年过去了,在以王海怀为首的管理团队的驾驭下,中交第二航务工程局有限公司正在加速"远航"。

只有把自己的追求与社会的需要相结合,才会产生最大的价值

1987年王海怀以优异的成绩考入了我校水港系港口与航道工程专业。在校期间,王海怀了解到,20世纪80年代末,我国的交通建设正方兴未艾,急需大量的建设人才,他就立下了一个志愿,要为祖国的桥梁建设奉献自己的一生。

1991年夏天,23岁的王海怀被分配到中交二航局工作,开始了作为一名二航人的职业生涯。由于他勤奋好学,技术水平、工作能力很快得到了长足的进步。他和工人师傅们一块干活,有时连续三天三夜不睡觉,大伙很快就喜欢上这个身体单薄、干活拼命的年轻人。

1991 年,实习期刚满的王海怀,就担任了二航局武汉长江二桥黄浦路立交桥的项目部技术主管。工作中,他结合工程施工的需要,带领工程技术员,凭着年轻人的闯劲,大胆探索,经过无数次的反复实验,他们研制完成了“6 跨连续预应力混凝土箱型梁”施工技术,填补了原中港集团内这一技术空白。

1994 年 1 月,参加工作才两年的王海怀就成为武汉港汉阳 7、8 号码头工程项目的负责人。他精心组织、周密安排施工生产,使得工程提前 1 个月竣工,质量优良,受到交通部好评,并获得业主单位 20 万元的工程质量奖。

1995 年 8 月,王海怀担任了我国首座主跨超 1 000 米的特大型悬索桥——江阴长江公路大桥 B 标项目的常务副经理。江阴长江公路大桥,这座中国桥梁建筑里程碑式的项目,主跨 1 385 米,是当时“中国第一、世界第四”的世界级桥梁工程,科技含量高、施工难度大、质量要求严格。王海怀作为施工组织管理者和施工生产直接责任人,依靠科学,组织人员相继攻克了大体积混凝土温控、爬模施工及横梁支撑等重大技术难关,出色地完成了施工任务。经江苏省交通厅验收,该工程质量评分高达97.97 分,王海怀本人被评为江阴大桥建设先进个人。江阴长江公路大桥于 1999 年 10 月建成通车,先后获国家建筑工程“鲁班奖”、“詹天佑土木工程奖”及国际桥梁协会颁发的首届“尤金·菲戈国际工程大奖”。在江泽民总书记出席的通车剪彩仪式上,王海怀披上了“建桥功臣”的绶带。

过硬的技术和良好的沟通能力,使王海怀这个年轻人在二航局的舞台上青春飞扬。1999 年 5 月,王海怀出任二航局局长助理,并兼任湖北省鄂黄长江公路大桥项目部经理。面对水深达 30 余米、流速超过 3 米/秒、地质复杂的基础施工条件,王海怀大胆进行技术创新,提出了超常规的“三向定位船稳桩施工工艺”,同时采用“护筒二次复打、大直径回转钻机全断面清水钻进一次成孔工艺”,一举攻克了溶洞、裂隙的地质构造层下深水桩基础施工的难关。首创“有底双壁钢吊箱拼装与钻孔桩同步作业施工工艺”;应用“手拉葫芦应力监控技术”,确保了总重 1 200 吨的钢吊箱分段准确的下沉。42 个月的合同工期,提前 1 年完工,在施工管理上,他大胆改革,认真贯彻施工项目管理模式中管理层、劳务层“两层分离”的要求,有效地协调了局内单位在同一项目施工的诸多组织和利益问题,不仅建造了一流的大桥,而且培养了一支过硬的职工队伍，树立了二航局桥梁建设“国家队”的企业形象，获得了良好的市场辐射效应。

2001 年，时任二航局副局长兼局总经济师的王海怀，领导清理、整合全局资源，完善全局营销网络，规范营销内业资料，大力推进信息化营销管理，使二航局顺利成为当时全国 99 家具有施工总承包特级资质的企业之一，使企业的经营管理工作迈上了一个更高的台阶。

正是王海怀在工程项目管理、企业管理上表现出的优秀的领导才能，2002 年 11 月二航局领导班子调整时，他成为了这个当时年产值近 30 亿元、经营额近 40 亿元、员工近万名的大型国有建筑施工企业的“掌门人”。

根据国家经济社会发展，集中智慧谋划企业发展战略

“不谋全局，无以谋一时；不谋长远，无以谋一域。”上任伊始的王海怀就提出了雄心勃勃的发展战略：立足于大土木工程，提升项目管理和资源整合能力，以资本运作为手段，发展成为具有全方位服务能力的国际一流企业。以打造“国际一流”为目标，实施“大土木、国际化、品牌经营、以人为本、科技领航、卓越管理”六大战略举措，将二航局战略发展框架分解为三个“三”，即发展“三步走”、营销“三分天下”、盈利“三分天下”，实现管理领先、优化盈利模式和可持续发展，把二航局建设成为具有全方位服务能力的国际化大型建筑企业。

2004 年以来，二航局先后以 BT、BOT 方式建设湖南株洲湘江四桥、内蒙古 110 国道等工程项目，以投资带动施工，不仅培育了企业资本运营能力，丰富了企业的盈利手段，同时也解决了地方交通基础设施建设资金紧张的难题。

2005 年以来，二航局抓住铁道建设项目向具有公路工程施工总承包特级资质企业开放的机遇，成功进入铁路建设市场，先后参加了合武铁路、洛湛铁路、太中银铁路、哈大铁路的建设，产品结构进一步改善。

目前，二航局已具有公路工程施工总承包特级、港口与航道工程施工总承包特级、市政公用工程施工总承包一级资质，成为跨港口、桥梁、公

路、铁路、市政、能源、环保等领域经营的大型骨干建筑企业。2007 年，二航局经商务部审定，获得对外经营权，国外工程订单有望突破 3 亿美元，打开了企业国际化经营的新局面，王海怀将自己雄心勃勃的战略一步步变为现实。

精心打造两个管理平台，提升企业管理水平

王海怀重视质量、环境、职业安全健康管理，倡导人与自然和谐发展。他率领的管理团队，从企业标准化、规范化管理工作入手，通过引入质量、环境、职业安全健康管理体系，促进质量、环境、职业安全健康一体化管理体系的建立、认证、运行和持续改进，不断改造、规范企业的业务流程；加大投入，加强局域网和广域网建设，全面推进企业信息化建设，精心打造基础性管理平台。

2003 年，二航局成为原中港集团系统内第一家取得一体化认证证书的单位，走在国内工程行业的前列。通过不断运行这两个基础性的管理平台，推动企业业务流程再造，促进管理精细化、资源利用高效化、管理流程的扁平化，使二航局的质量、环境以及职业安全健康管理始终处于受控状态，企业综合管理水平不断提升。2002 年，二航局获得“武汉市质量管理奖”，2004 年再度蝉联，成为武汉市连续两次获此殊荣的唯一一家企业，为武汉市各企业在质量管理方面树立了榜样。为表彰王海怀推进管理规范化、科学化方面的突出成绩，2004 年武汉市政府授予他“质量贡献奖”。2005 年，他又获得中国质量协会“杰出质量人”提名奖。

在系统运行“一体化、信息化”两个基础性管理平台基础上，王海怀又积极导入并建立了以美国波奖为基础的卓越绩效管理体系。通过运行卓越绩效管理体系，开展争创“全国质量奖”活动，进一步打造企业文化、发展战略和绩效目标体系，清晰公司的发展战略和愿景，确立公司的主要价值创造过程与关键支持性过程，构建了公司“超越自我、追求卓越”的管理框架，为打造国际一流的工程建设企业奠定了基石。经过几年的努力，2006 年二航局成功获得中国企业管理最高奖——“全国质量奖”，成为湖北省继武钢之后第二家获此殊荣的企业，也是中交股份公司第一家获奖企业，从而大大提升了二航局品牌的影响力。

大力推进体制改革和制度、技术创新，形成竞争优势

王海怀一直紧紧抓住建立现代企业制度这条主线，以产权改革为核心，切实推进企业改制分流、调整结构、整合资源、精干主业，企业改革取得明显成效：2003 年对原一、五公司进行了整合，二航局在汉单位机构进一步精简；2004 年，对在汉地区物业公司进行了重组与改制，组建了中日合资海力工程公司等多个合资专业公司；2005 年，二、三两个分公司相继进行了以产权多元化为特征的公司制改建；2006 年，二航局整体改制并纳入中交股份整体上市范围……这些改制工作的有效推进，优化了企业结构，增强了企业活力，为企业进一步做强做大奠定了坚实的基础。

王海怀常说，人才是二航局最宝贵的资源，未来企业的竞争是人才的竞争，创新是企业永续发展的动力和灵魂。

2004 年，王海怀开创性地提出并实施“千万工程”，对二航局 1 500 名左右关键技术、管理岗位的人才分层次动态管理，每年投入 1 000 万元岗位津贴，提高骨干专业技术人员的收入。薪酬向关键技术、管理岗位倾斜，稳定了专业技术人才队伍，在留住人才、激发专业技术人员创造性、增强技术人员的责任感和荣誉感等方面的积极作用初显。2007 年，在他的积极推动下，二航局总部在原岗位薪酬制度基础上试行宽带薪酬分配制度，较成功地解决了专业技术人员“不升职无法升薪”、职业生涯发展“通道单一”的问题，开创性地让专业技术人员“不升职亦升薪”，初步形成了职务、技术两条线发展的职业生涯发展模式，有效地激发了员工提高专业技术水平和技术技能的积极性。

除了收入的提高，保障体系的健全，他还主张企业为优秀员工提供更多的培训机会，包括出国培训。从 2002 年开始，二航局级就开始将标兵送到国外去参观学习，中层管理干部送到国家行政学院培训，加上二航局内办的各种培训，每年的培训规模都在 3 000 人次以上。

与此同时，二航局还坚持开展“十百千人才工程”，即造就并保持十名在全国、部、省、市有一定影响的青年优秀企业家、项目经理；选拔确定一百名后备干部队伍；造就一千名合格的青年项目经理人选和各类青年优秀人才的“十百千培养青年后备干部队伍工程”。

二航局的本业是航务工程建设，之所以能成功跨越桥梁、高速公路、铁路、市政等工程领域，开展“大土木”经营，原因就在于不断的技术创新。上任后，王海怀以他特有的技术敏感性和创新精神，始终将“追求卓越、发展尖端技术引领施工生产”作为企业科技发展的目标，不断培育和发展二航核心竞争力，引发了一场又一场桥梁施工技术的革命，推动了中国桥梁建设整体施工水平和生产力水平的快速提高，为武汉打造建桥之都做出了突出的贡献。

王海怀非常重视技术创新体制建设和技术创新投入。在他的大力推动下，二航局建成了自己的技术中心和交通部桥隧重点研究室。2003 年以来，企业每年投入科技开发经费在 2 000 万元以上，以完善的技术保障制度和技术创新体系，联合国内外先进企业、大专院校、科研机构，依托重大工程，高起点、高标准组织技术攻关，不断跟踪国际先进技术，注重与已有特长技术嫁接、创新，不断攻克世界级技术难关，积累了一大批具有国际领先和国际先进水平的施工技术和工艺——超长大直径嵌岩桩技术、特大承台技术、超高主塔施工技术、超深沉井技术、特大型沉箱技术、格型钢板桩技术、箱梁悬浇与悬拼成套技术；下承式滑动模板支架系统（造桥机）、水下不离析混凝土、大体积混凝土温控防裂、高等级沥青混凝土路面施工技术、地下三维超大直径曲线顶管、超大超深地连墙基础、自动液压爬模技术等。其中，有 5 项成果达到国际先进水平，填补了 10 多项国内空白。

这些特有的技术优势，为二航局赢来了一个又一个科技含量高、在国际上具有重大影响的项目，并创造了同时承建交通部 5 座重点特大桥项目的奇迹，使二航局参与世界级桥梁建设的次数在国内建桥企业中高居榜首。

短短的 7 年时间，“少帅”王海怀以辉煌业绩将他出色的领导、管理才能展现得淋漓尽致。在着力企业发展的同时，他还心念社会，勇于承担社会责任。作为一名深受全体员工喜爱和拥护并引以为骄傲的年轻领导，还有他谦和、睿智、勤奋、务实、从容、果敢的人格魅力，开拓创新、积极进取的精神，强烈的责任心和使命感，这些也感染、激励着他领导的决策团队和广大员工。

“海阔波平龙卧稳，怀仁尚义自优哉。”一位大师的题字，悬挂在他办公室的墙上。但面对未来的竞争和发展，这位“掌门人”却并不“优哉”，因为他还将继续引领这艘“航母”向着“百年二航”的宏伟目标乘风破浪、勇往直前，为国家交通基础设施建设再立新功。

勇立潮头续华章

——记1991 届校友孙玉祥

一个拥有几十年历史的老国企，在短短的几年内，以一种全新的经营理念步入了跨越式发展的良性轨道。该公司连续获得并保持了全国思想政治工作优秀企业、全国优秀施工企业、全国质量效益型先进企业、重庆市直辖以来首批文明单位、最佳文明单位、模范职工之家，2003年获得全国文明单位，最近，又通过“全国模范职工之家”检查验收。这一切，都有赖于一大批为着企业发展而倾心工作、倾力奉献的改革者和开拓者们的共同努力，同时，更有赖于一位年轻有为的企业管理者、重庆市第九届“青年五四奖章”获得者——中港二航局二公司董事长兼总经理孙玉祥。

孙玉祥，1991 年由我校毕业分配到二公司工作，从工程技术员、助理工程师、工程师到高级工程师，从单项技术主管、施工处主任（项目经理）、公司副经理、党委副书记到董事长、总经理，短短十几年的工作历程，一步一个脚印，一步一个台阶。他以一名共产党员的高尚品质，倾力于企业改革和发展蓝图的设计和践行，处处展现着一名现代企业开拓者的风采和优秀企业家的管理风范。

以人为本　身先士卒

担任浙江洞头大桥工程项目经理这段时间，是孙玉祥人生经历中永难磨灭的一段记忆，在该项目中他的管理才能得以全面展现。他始终把尊重人、理解人、关心人、发挥人的主观能动性作为工作的一个要旨。在极为艰苦的外海施工工地上，他最大限度地调动起职工的积极性、主动性和创造性，并时刻以身作则，以一个优秀共产党员的标准要求自己，以谦和儒雅的个人气质、求真务实的工作作风，使奋战中国东海海滨工地上的工作人员们心悦诚服。每当攻克一项施工技术难关、组织一次抢工战役或完成一个节点目标、开展一项劳动竞赛，他都事前发动技术骨干、党团员们提出合理化建议；发扬民主管理精神，找工人谈心，征求项目工作意见；了解一线员工疾苦，并身先士卒；亲身督战工地，与员工们一起抗击台风、战胜外海恶劣天气。由于干群关系融洽，职工们释放出了极大的合力。职工们普遍认为，正是有了孙玉祥的“人本”理念、人性化的管理和亲善务实的工作作风，在其领导下，项目部才能克服资金严重缺乏、自然条件极为恶劣等诸多困难，不仅顺利建成了二航局历史上的第一座外海大桥，而且还培养了一大批优秀青年技术骨干和管理人才。

重庆朝天门大桥的承建，对公司来说既是一个树立形象、续创品牌的良机，同时，也是又一次向世界级建桥难度发起的挑战。在朝天门大桥工程项目中，孙玉祥以公司总经理的身份兼任项目经理。重庆朝天门大桥是重庆市近年来兴建的又一批重点工程之一，它是重庆市主城区的景观工程，同时也是重庆市 8 大“民心工程”之一。大桥建设的政治、经济意义之重大，不言而喻。以 552 米中承式钢桁系杆拱桥的技术设计，其规模和难度都是不折不扣的同类型桥梁中的世界第一。

大桥开工之前，孙玉祥即与其部属一起，积极投入到项目的组织和筹备当中。朝天门大桥经营模式特殊（BT 模式）、牵涉面广——跨江北和南岸两区、涉及多家厂矿单位和大量困难住户的拆迁，孙玉祥运筹帷幄并一一协调，与有关部门和单位一起，逐步解决。

开工之后，按照他主持制定的科学施工组织设计方案，大桥工作面逐渐打开，孙玉祥一方面肩负着公司的经营及项目管理重任，一方面以共产党员的先进性，带领广大党员干部和团员青年，积极热情地投入到大桥的建设进程当中。朝天门大桥自开工以来的日日夜夜，特别是在大桥第一节点目标的奋战过程当中，孙玉祥亲临现场督战，组织实施“党员责任工程”，开展“青年文明号”、“青年突击队”、“青年安全责任岗”等青年主题活动,开展声势浩大的争抢枯水位施工节点劳动竞赛。克服基础施工中的诸多难点,圆满超额地完成了第一节点目标的战略任务。在3个多月的时间里,朝天门大桥完成了南北两岸最为艰难的基础施工工程,顺利度过洪水期。孙玉祥正是通过对重点项目的切实领导和快速、优质推进,从而有力地将富民兴渝、加快建设长江上游经济中心的奋斗目标和企业、员工个人的发展目标有效地结合了起来,夯实了企业长足发展的基础,履行了共产党员的神圣职责,为企业员工和广大群众谋利。

勇于开拓　矢志不移

孙玉祥在企业管理中积极探索经营管理新模式。他充分施展他优秀的组织管理才能,积极探索公司生产管理新模式,进一步深化项目管理,创新管理模式,扩大营销业绩,提升生产能力,加强技术开发,努力提升企业核心能力,使公司的生产经营、管理水平、改革工作都取得了显著成绩。去年公司营销业绩达26.7亿元,创施工产值11.07亿元,公司的产值、利润、全员劳动生产率、人均创利率、设备装备率等各项经济指标在全国交通系统、重庆市建筑行业名列前茅。

加强营销战略研究,努力推动经营工作新发展。孙玉祥通过贯彻区域营销战略,正确处理市场营销与项目施工生产的关系;实施产品结构战略,架构专业突出、多元发展的经营格局;树立效益优先的经营思想,强化经营决策机制。在此情况下,公司生产经营工作再创历史新高:公司去年中标8项工程,中标总金额同比增长68.27%,再度改写了公司年度营销额的历史纪录。

创新项目管理模式,整合企业资源。孙玉祥紧扣企业发展这根主线,他提出了创新项目管理模式,整合企业内外资源,建立了与项目管理配套的人才劳务、设备租赁、物资、资金、生活服务5个内部模拟市场,逐步形成公司管理、智力密集型的发展定位。通过强化“大本营”对项目的服务和监管功能,加强项目成本控制,加大财务管理力度,认真贯彻“三位一体”管理体系,强化质量、环境、职业安全健康管理体系,加强技术管理等各项管理工作。去年,公司实现了3年产值翻一番的目标,突破10亿元大关,再创历史最好成绩;全年共获得局至国家级优质工程奖及各类优秀

QC 小组奖共 26 项，其中获国优工程奖 2 项（杭州下沙大桥获国家优质工程“银质奖”、江阴长江公路大桥 B 标获第三届“詹天佑”土木工程大奖）、省级优质工程奖 3 项。这其中自然不乏公司其他经营管理者和众多员工的功劳。但无疑，在每一项荣誉的背后，都凝聚着孙玉祥的思考、探索、披肝沥胆的身影。

作为一名 30 多岁的年轻领导人，在企业改革（改制）工作中，孙玉祥充分显示出了他敢拼敢闯的气魄。他大力推进改革，先后成立了二航物资有限公司、二航商品混凝土公司、重庆润航有限责任公司、重庆盛图有限责任公司等具有独立法人资格的公司，让更多的职工有了就业机会。目前几个分离公司经营状况良好，职工也切身体会到了改革带来的实惠。

市场博弈，智者胜。在这些公司吐故纳新、再续辉煌的举措中，无一不浓缩着孙玉祥基于行业格局和现代企业管理运作而释放的才识与智慧。

与时俱进　持之以恒

作为一名现代企业的领导人，孙玉祥坚持与时俱进、持之以恒地学习。36 岁的他，总是抱着学习的心态去工作，抱着谨慎负责、精益求精、不断提高的态度，持续提升自己的竞争力和执行力。他不仅努力学习国际国内先进企业的管理方法，而且积极探索公司的各种管理模式，把国际国内先进的企业管理经验同公司的具体实际结合起来，放眼四海，紧盯行业发展态势，在改革开放的大潮中，抓住机遇，不断提高公司的各项管理水平，不断提高公司的综合竞争力。

打造学习型企业，他积极倡导职工利用业余时间自学，帮助其树立终身学习的观念。倡导竞争观念，在扩大公司本身竞争力的同时，更进一步由内而外的提高企业员工个人的竞争力。公司连续几年与重庆交通大学联合举办路桥专业研究生课程培训班，还联合举办了工商管理培训班，对机关管理人员进行管理知识培训；公司还大力开展职工操作技能培训，培训与考核并重，提高从业人员的整体素质，建立了有利于企业发展的约束和竞争机制。由此，公司在其带领之下，勃发出优秀传统照耀之下的可持续发展的活力和生机。

情系社会　胸怀群众

作为重庆市青年志愿者协会副会长，随着企业效益的不断提升，孙玉祥更加严格要求自己和其他领导班子成员，一切以人民群众的利益为重，尽企业全部力量改善职工生活，并积极投入到社会公益事业之中。

在重庆开县遭遇特大洪灾的时候，孙玉祥发动职工捐款2万余元，捐衣3 000多件；为了支持西部贫困地区建设，公司再次捐款20余万元。“情系社会、胸怀群众”，这种精神，也极大地影响和鼓舞了重庆二航人。

在孙玉祥的心中，始终装着全公司1 200多名职工的切身利益。职工的住房难，金银湾职工集资楼即将破土动工；家属区后勤服务不完善，公司内部物业管理方案即将孕育出台；公司年轻大学生从工地回渝后生活条件较差，公司又投入资金改建了大学生公寓；因项目法施工，目前公司存在相当数量的待岗职工，生活比较困难，除节假日的慰问外，他还提出在用工问题上一定要给职工机会，一定要注意给他们提供学习培训的良好环境，让他们掌握工作技能尽快适应市场竞争。

拼搏的人生　无悔的青春

——记1991 届校友陈宏斌

陈宏斌,1991 年 7 月从我校毕业后分配至甘肃省交通规划勘察设计院工作,先后担任设计院第二设计所主任工程师、所长、第二设计所党支部书记,2005 年 10 月起担任甘肃长达路业有限公司副总经理,2007 年 6 月起担任公司副总经理、党委委员。

多年来,他以对工作的极大热情和满腔责任感,鼓足干劲,和职工一道战严寒、斗酷暑,加班加点超常工作,脚踏实地地为甘肃交通设计事业奉献自己的力量。在负责设计变更、工程回访工作中,他严于律己,严格工作程序,不滥用职权,严把设计造价关、质量关和审查关,为保证项目资金的合理使用、避免设计浪费、防止工程造价失误做出了突出贡献。

身先士卒的书记

作为设计院第二设计所的党支部书记、所长,陈宏斌经常说:“多走难走的路,才能‘看’出好走的路。”他是这样说的,更是这样做的。设计院第二设计所的人都把他当作自己的“品牌”,说他有一双火眼金睛,能从人迹罕至的崇山峻岭、丘陵沟壑间“看”出公路来。

1996 年 5 月,陈宏斌身患胆结石,手术后尚未痊愈,他就急忙奔赴工地,带病作业。妻子生小孩时,亟须丈夫的体贴与照料,但由于工作任务紧,他一直坚守在工地。他常说:“不能因为个人的事情而使工作受到影响。”为保证按时完成工作任务，主动加班加点已成了他的习惯。工作中，他主动放弃节假日和休息日，连续作战。在一次下班后，临夏测设工地需要他赶赴现场协调解决问题，为了不耽误工作，他没有选择回家，而是搭了个便车直接上了临夏工地。据同行的人说，由于一整天没有吃饭，在车上，陈宏斌突然胃疼起来，而且越来越严重。当时天已渐黑，其他同志看不过去了，就说先吃点饭再赶路吧。可陈宏斌为了尽快赶到工地，坚持说到工地后再吃饭。路上，由于疼痛难忍，陈宏斌始终躺在后排车座上，直到工地。

1998 年，设计院第二设计所承担了国道主干线天躔公路的测设任务。这项任务的外业勘测正值盛夏，路线必经的葫芦峡、唐家风台一带，地表温度连续几天高达 40℃。为了选择一个合理的路线方案，陈宏斌在高差达 200 米的唐家风台山岭上来回奔波，因气温太高，加之过度疲劳，他一阵眩晕，从山岭上滚落谷底，致使左手中指撕脱性骨折，落下残疾。但这丝毫没有影响他的工作热情，手伤未愈，他又立即投入到紧张的工作之中。

就这样，在他的带领下，设计院第二设计所的党员同志们始终走在最前面，设计院第二设计所的每一个职工也不甘落后。从 1992 年设计院第二设计所成立至今，共完成公路可行性研究 236 公里，初步设计 546 公里，施工设计图 659 公里，合格率 100%。目前已有近 500 公里建成通车，在甘肃省交通建设史上创造了优秀的业绩，陈宏斌也因此被评为甘肃“全省百名优秀共产党员”，他所带领的设计院第二设计所党支部获“全省优秀基层党组织”荣誉称号。

工程设计质量的“把关人”

陈宏斌自参加工作以来，一直从事公路道路桥涵设计、互通式立交设计和公路选线等公路勘测设计工作，参加了多条公路设计的概、预算编制工作。担任公司领导以来，他仍然分管公路勘测设计的技术工作。

作为一名工程技术领导，陈宏斌深知工程设计质量是事关经济发展、社会稳定和人民生命安全的大事。因此，他经常教育引导全体设计人员正视自己所从事的光荣职业，正视自身所肩负的重要职责和使命，全力以赴确保工程建设的质量。1998 年以来,他先后担任白(银)兰(州)高速公路初步设计、凤(翔路口)嵋(岘)一级公路初步设计、刘(寨柯)白(银)高速公路工程可行性研究工程、山(丹)临(泽)高速公路初步设计、刘(寨柯)白(银)高速公路初步设计等多个项目的技术负责人。在负责项目技术期间,陈宏斌以身作则,严把质量关,不折不扣地坚持质量标准,对一些技术难题与大家一起共同商讨,反复推敲,最后确定最佳方案。

2000 年,陈宏斌带领的第二设计所承担了刘白、山临两条高速公路的初步设计任务。在他的带领下,该所成立了程序开发小组,研制开发了道路、涵洞设计新的“程序包”。经过对比,运用“程序包”进行道路护面和涵洞设计,速度可比常规设计提高 4 ~5 倍,准确度可提高 5 ~6 个百分点,为经济、高效地完成设计任务打下了坚实的基础。他带领的技术人员完成的“高等级公路勘测内外业一体化操作程序”大大降低了设计成本,提高工效 2 倍以上。该成果也被全国总工会评为“全国职工技协优秀技术成果”。

2005 年,在支持完成“部省联合典型示范性工程”宝鸡至天水高速公路设计过程中,按照交通部提出的要将这条路建设成一条与自然环境协调的“生态路”,能代表甘肃公路建设水平的“水平路”,能代表甘肃交通形象的“形象路”的设计目标,陈宏斌对全所技术人员增加了两个新要求,即天宝路要建成与风景名胜相融合的“旅游路”,与环保新工艺相结合的“科技路”。为了完成这一设计目标,他在狠抓设计的工作中,精益求精,将几个设计方案反复进行比选,尽最大努力做到经济、实惠、美观,每个方案都经过仔细审核论证,力求使国家的每一分钱都花得合理,花到实处。在他的积极努力下,该项目设计方案突出了“安全、环保、美观、流畅”的设计主题,得到了专家的高度评价。

民主管理的楷模

担任设计院第二设计所所长期间,陈宏斌在工作中坚持实行民主管理,每一项重大决定,在反复论证、多方征求意见后,都由集体研究决定。在人、财、物的管理上,他从透明管理入手,建立了财务、资产等方面的管理制度,明确了相关管理人员的职责,为实行民主管理提供了保证。在此基础上,他依据工作分工,组织职工选举兼职管理人员,坚持把职工群众信得过、作风好的职工代表选拔出来。在他的不懈努力下,设计院第二设计所的财务、资产等都建立了详细的账目,所有活动和财务管理全部实行公开,每项开支都经过所领导班子或专业负责人的集体商议后决定,并定期在全所进行公示,自觉接受群众的监督。在分配问题上,他个人从不搞特殊化。根据工作的实际情况,组织制定了《劳务分配办法》,按照个人所承担工作的轻重难易及完成任务优劣进行量化,实行功效挂钩,多劳多得,按劳分配,切实改变了以往平均分配和同工不同酬的现象。这不仅取得了大家的信任、增强了职工的凝聚力,也极大地调动了年轻技术人员的工作热情,大家比技能、比贡献、比质量,争先恐后,生产效率倍增。

在担任公司领导职务以后,陈宏斌主要负责技术工作。他继续发扬艰苦朴素、深入实际的扎实作风,经常深入生产第一线,下基层、跑工地、现场蹲点成了他的家常便饭。为解决实际问题,他经常同职工一起加班加点,得到了公司广大员工的一致好评。在下工地指导工作期间,他坚持与职工同吃同住,从不搞特殊,有时为了确保工程进度,他在吃完早餐之后出野外,总是背上一壶水两个馍,直到外业工作结束。吃完晚饭后,他还经常与技术人员进行技术讨论,有时加班到深夜,有时甚至是通宵达旦。在工作中,他将个人分管工作与公司的整体工作结合起来,工作中及时与公司其他领导沟通、协商,工作“到位不越位”,较好地维护了班子的整体威信。对于分管的工作中需要决策的事项,及时提交公司相关会议进行讨论,由班子集体研究决定,从没有个人专断现象发生。

滴水蕴海,细微之处见真知。陈宏斌在工作、学习、生活中的突出表现以及他廉洁从政的工作态度,得到了全体职工的认同,也使得掌声和荣誉纷至沓来。1997 年,他被公司党委评为“职业道德标兵”。主持的《GZ25 线刘白高速公路工程可行性研究报告》获 2001 年度甘肃省优秀工程咨询成果三等奖。主持的《连霍国道主干线宝(鸡)天(水)高速公路中背至天水段工程可行性研究报告》获 2005 年度甘肃省优秀工程咨询成果一等奖,参与的多项 QC 获省部级奖励。2001 年,他获得交通部、团中央联合授予的“青年岗位能手”称号,并获得了甘肃省委授予的“甘肃省百名优秀共产党员”和省交通厅直属机关党委授予的“优秀共产党员”称号。2002 年,他被省交通厅评为“1999 ~ 2001 年公路建设质量年活动先进个人”。2003 年,他被甘肃省直机关工委评为“优秀共产党员”,被甘肃省总工会评为“甘肃省技术经济创新十佳状元”。2004 年,他又被全国总工会授予“全国职工创新能手”荣誉称号。2006 年,被甘肃省交通厅树立为廉政典型,在全省交通系统内学习宣传。在成绩面前,陈宏斌始终保持着谦虚谨慎、戒骄戒躁的品格,把成绩归功于单位上下的支持和关爱。他自己依然一如既往、平心静气,坚守着清正廉洁的信仰,保持着“铺路石”的本色,描绘着陇原腾飞的通途。

（备注:陈宏斌现任甘肃省交通运输厅工程处总工程师）

奏响气势恢弘的交通乐章

——记1992 届校友王化冰

王化冰，我校 1992 届校友，现任山东高速公路股份有限公司副董事长、总经理、党委副书记，第十届全国青联委员，第十届山东省青联委员、常委，第六届山东省青年企业家协会副会长，首届山东省企业青年联合会副主席。

地做琵琶路为弦，弹奏一曲气势恢弘的交通乐章

1991 年，大学毕业后的王化冰被分配到了山东省路桥集团有限公司做一名技术员，王化冰也许并没有想到，从此他就和路桥打了近 20 年的交道，命运和“交通”紧紧地连在了一起。

王化冰在山东省路桥集团工作期间，他从技术员做起，先后参与和组织了济青高速公路、济南黄河第二大桥、京福高速公路山东段、滨州黄河公路大桥、滨博高速公路、济南黄河第三大桥等重点交通工程的建设，为山东省高速公路建设做出了突出贡献。

此后，王化冰先后担任了山东省路桥集团有限公司分公司经理、副总经理、总经理，参与了包括济青高速在内的多项全国、全省重点路桥项目建设，组织施工的济南第二黄河大桥为全国河上设计标准最高、建设规模最大的公路桥梁，被交通部专家组誉为当时全国在建工程最好的项目之一。2001 年他组织施工的黄河上第一座三塔斜拉桥滨州黄河公路大桥

115 米超细长钻孔灌注桩创全国最深纪录,液压爬模填补国内空白。滨州黄河大桥成套技术研究荣获国家科技进步二等奖;主持的项目多次荣获“鲁班奖”、“中国工程建筑质量金奖”、全国优质工程唯一“金质奖”。

在王化冰任山东省路桥集团总经理期间,他带领工作团队积极拓展市场,使山东路桥的足迹遍布全国 21 个省区,公司生产经营产值连创新高,并走出国门。2004 年实现生产产值 25 亿元,实现经营产值 30 亿元,2005 年实现生产产值 31 亿元,实现经营产值 46 亿元。公司多次入选《中国企业新纪录》,成为享誉全国的交通建设的特级大型企业。

久有凌云志,扶摇九万里

2006 年,王化冰调任山东基建股份有限公司总经理。山东基建股份有限公司(以下简称“公司”)成立于 1999 年 11 月 16 日,由山东高速集团有限公司与华建交通经济开发中心共同发起设立。2002 年 3 月 18 日在上海证券交易所挂牌上市。公司的主营业务是高速公路及桥梁的收费、经营,核心资产为济青高速公路。高速公路、桥梁等资产在境外资本市场属于基建行业,因此,当初为了寻求在香港联交所上市而确定名为“山东基建”。

王化冰发现,境内投资者以及社会公众不甚明晰“基建”的概念,使得许多人对公司的主营业务产生了一些误解,在一定程度上影响了公司品牌建设和形象宣传。通过认真细致的调研,王化冰提出了一个大胆的想法——更名。通过更改名称,不仅可以使公司主营业务更加突出、清晰、明确,而且因名称歧义引发的诸多问题,都能够迎刃而解。

经过公司上下慎重的研究,公司的名称变更为“山东高速公路股份有限公司”。2006 年6 月23 日,山东基建股份有限公司召开2006 年第一次临时股东大会,审议通过变更公司名称的议案:公司名称变更为“山东高速公路股份有限公司”,简称“山东高速”或“高速股份”。

多年的基层工作经历培养了王化冰脚踏实地、开拓创新的工作作风,他秉承着科学抓管理、持续谋发展的理念。几年来,他大胆进行薪酬、绩效考核体系等多方面改革,精简机构,优化制度,全面推行信息化建设。久有凌云志,扶摇九万里。在王化冰的带领下,山东高速如鲲如鹏,翱翔在广阔的蓝筹天空。

山东高速公路股份有限公司自上市以来,经营业绩稳步提高,核心竞争力显著增强,树立了良好的社会形象和资本市场形象,为公司的可持续发展奠定了坚实的基础。公司成功实施收购了济德路德齐北段、河南许禹高速和潍莱高速等高速公路优良资产,总资产达到139.2亿元,增长58.39%,利润总额增长51%;公司也先后赢得了"2008年度中国上市公司市值管理百佳"、"全国交通行业质量管理小组活动优秀企业"、"山东省管理创新优秀企业"、"山东省管理创新十佳企业"等荣誉称号。截至2010年6月30日,公司总资产已达138.70亿元,净资产96.04亿元。

科学的管理、优良的业绩及良好的成长性也使公司的投资价值越来越受到广大投资者的认同,先后入选上证180指数、沪深300指数、上证公司治理指数和红利指数,荣获"2009中国上市公司市值管理百佳奖"、"2009中国上市公司市值管理行业百佳奖"、第五届中国证券市场年会"金鼎奖",入选2009年"最佳管理上市公司100强",成为了我国资本市场大盘蓝筹股的代表。

艰辛的付出,换来硕果累累。王化冰被推选为山东省第十届青年联合委员会常委、第十届全国青联委员、第五届山东省青年企业家协会副会长、首届山东省企业青年联合会副主席,并被授予"中国五四青年奖章"、"首届中国青年企业家管理创新奖"、"全国交通系统青年岗位能手"、"山东省十大杰出青年企业家"、"山东青年五四奖章"、"山东省市市通高速公路先进个人"、"山东省青年岗位能手标兵"等称号。

在“小为”中成就“大为”

——记1992 届校友孙大为

想着做大事的人不一定能做成大事,而善于在细节处取胜、从小事做起的人反而是能成大事的人。毕业于我校 1992 届桥梁专业的孙大为同志就是这样的人,他在“小为”中成就着自己的“大为”。

孙大为从我校毕业后,先后从事过公路桥梁的设计、监理和施工等多项工作,具有丰富的工程技术知识和扎实的业务管理水平。同事们都喜欢称他为“老大哥”,因为他的技术是绝对的首屈一指。

自从 1998 年进入苏州交通工程集团有限公司后,他先后参与了沪浮璜一级公路、312 国道改线(上高路立交桥)的建设工作,并全面主持了苏嘉杭高速公路 A4—2、A3—2 标,苏州绕城高速公路 HB—4 标和宁常高速公路 NC—WJ3 标等重点工程的建设,累计参与公路、桥梁工程建设任务近 8 亿元,为苏州市乃至全省的公路建设工作作出了巨大的贡献。每一次工作中,他都是勤勤恳恳,兢兢业业,善于抓重点和关键环节。在项目部管理岗位上,他始终坚持“勤奋、严谨、高效、自律”的项目管理理念,通过不断分析各阶段的施工重点,制定科学合理的措施,努力解决施工中的各项困难与问题,并在项目管理中落实文明、廉政施工各项规定,在公司各大项目中率先制订了《项目标准化实施细则》,对整个项目进行科学化、规范化、人性化的管理。每一次工程中,他总是一丝不苟,从细节着手。面对又苦又累的工作,他从不在同事面前喊累,“如果大家都喊辛苦喊累的话,大家就会觉得更苦了,我们要善于苦中作乐。”

历年来,他多次被上级有关单位和部门评为先进个人,并获得了苏州市“十五”期间建设“功臣个人”、常州市高速公路建设“十佳个人”、“常州市高指项目经理党员示范岗”等荣誉称号。荣誉满身的他并不满足这些,更没有停止自己前进的步伐。“我做得还很不够,那是我的工作,称不上什么贡献。”他总是这么谦虚地说。

他刻苦钻研业务,不断学习新技术、新工艺,积极倡导和推进技术革新。在苏嘉杭高速公路A3—2标施工中,他积极推行“现浇箱梁支点超载预压法”的施工新工艺,在确保质量的前提下加快了进度,缩短了施工周期;在苏州绕城高速HB—4标“现浇箱梁”施工中,他根据施工实际,一改常见的“砂袋预压法”,提出了用水袋预压的新方案,经多方论证,受到了肯定并得以实施;在宁常高速公路NC—WJ3标滆湖大桥施工中,他又提出了“围堰法”施工,经过科学的论证,制定出了切实可行的施工方案,并运用到实践,既提高了工程质量,加快了施工进度,又保护了滆湖水域的自然环境,受到了有关专家的一致好评。历年来,他所撰写的《沪浮璜一级公路加筋土挡墙的施工》、《杨林塘大桥空中预制梁的施工》、《锡宜高速公路跨铁路钢管拱微膨胀混凝土灌注》、《浅论施工项目成本控制》等多篇论文被省各大工程技术类杂志所收录。

也许对大部分人来说这样已经算是“大为”了,然而他还在努力着。目前,他正奋战在苏州市2007年度市政府重点实事工程——北环路东延BHYS—5合同段建设一线,在新的建设岗位上为交通基础设施建设事业继续贡献着自己的青春和力量。也许正如他的名字般,大为,大为,不为何以大为?

川藏公路的守护神

——记1995届校友、“中国武警十大忠诚卫士”刘红春

刘红春，第七届“中国武警十大忠诚卫士”。1995年从我校入伍，现任武警交通部队第四支队副支队长兼参谋长，中校警衔。入伍以来，他扎根“天路”川藏线，一干就是14年，出生入死经历了800多次抢险战斗；攻克川藏公路7项病害。荣立一等功1次、二等功2次、三等功4次；2004年被评为全军优秀地方大学生干部；2005年荣膺“中国青年五四奖章”荣誉称号；2007年，获得“中国武警十大忠诚卫士”称号，受到中共中央总书记、国家主席、中央军委主席胡锦涛总书记的亲切接见。

到西藏，能间接采访到刘红春是我们没有想到的，所以当2003届校友、西藏公路管理局办公室副主任庹江春向我们介绍刘红春所在的武警交通部队第四支队也是属于西藏公路管理局管辖，是西藏公路养护系统的重要一员时，我们坚持一定要采访一下这个素未谋面但又极其熟悉的校友。电话联系到武警四支队，被告之“因为是雨季，刘副支队长一直在工地上还没有回来，回来后马上与你们联系”，遗憾归遗憾，但后来在部队发来的资料中，我们才真正了解了遗憾的原因……

为了一个坚持的理由

1995年的夏天，一门心思想要成为军人的刘红春不顾家人和女友的劝说，以一个大学生身份入伍，穿上了那身梦想的军装，镜子里的自己好

像换了一个人似的神采飞扬，22 岁的他成为一名武警交通部队的“兵”。神采飞扬的他没有想到，等待他的是怎样的一种艰辛。

刘红春被分到了青藏高原，从西宁开往格尔木的卡车上，起初大伙儿还挤在一起说说笑笑，800 里荒无人烟的路走过后，一车 14 个人，心都凉了。这是个什么样的地方啊……

唐古拉山下的风火山口，搭起了几顶帐篷，刘红春开始了自己的军人生涯。不过，这个战场没有硝烟。扛起铁锹，他当起了名副其实的公路兵。熬吧，说不定很快就能调回内地，当上真正的技术兵。他这样劝自己，也这样说服女友。爬冰卧雪也认了，不就一年吗？别的不说，吃苦咱可就没怕过。

一年后，刘红春真的当上了技术员，也真的调走了。然而，他要去的川藏线却是一个比起青藏线不知道要艰难多少倍的地方。吃干菜喝雪水，这些都是微不足道的，比头发脱落、指甲翻卷和牙齿松动更难挺过去的，是另一种“高原反应”——想不通。想不通为什么放着好好的城市不待着，跑这里来受罪？想不通凭什么女友也要为自己的选择等待再等待，付出再付出？

想不通归想不通，工作照样不含糊，军人嘛，服从就是天职。作为毕业于地方大学公路专业的技术人才，初到川藏线的刘红春承担了支队养护的然乌—怒江沟 120 公里徒步考察任务。每天要扛着 30 公斤的测量仪器往返于营地和测绘点，在平均海拔 3 800 米的高原建起了一整套养护保通的数据管理系统以及应对各种情况的抢险方案。

学有用武之地所带来的成就感暂时冲淡了一切不甘，只有在洗去一天的征尘，回到帐篷里的时候，刘红春才有空想想自己的将来，想想女友提出不知多少次的转业请求。

雪越下越大，冰冷的雪雾将四周笼罩得危机四伏。“也不知道那 3 个群众怎么样了，咱们行进速度太慢啦。”一个战士说，这次任务来得很突然，刘红春和两名战士只带了几个馒头和苹果，想争取用最快的速度赶到被大雪围困的藏族同胞所在地，没想到雪越来越大，走了十几个小时，干粮吃完了，脸和手几乎没了知觉，又冷又饿。不走，藏族同胞就失去了生还希望；可如果继续走，很可能连他们自己也有危险……“休息一会儿我们再走吧？”刘红春说。这时，一名战士拿出最后一个苹果：“技术员，你把它吃了，只要你挺住，我俩就没事，群众就有救。”就那么一句普通的话，刘红春的眼泪"唰"的一下就出来了。

直到今天，刘红春依然忘不了那一瞬间带给自己的震撼，就像这片平素寂静的雪域高原，它所蕴含的内在力量和美，总能在最关键的时刻，给你最深的感动。

也正是这一瞬间，决定了他一生的选择，留下来，留在川藏线，留在这片能够实现自己人生价值的用武之地。在刘红春看来，那一次救援，获救的不只是3位藏胞，还有自己的内心。

为了川藏线的"保通"

川藏线，从来就不是一条普通的公路。

这条东起成都西至拉萨的"命脉"，几乎集中了世界上能有记载的所有公路病害，被称为"公路病害百科全书"，几乎每公里就有一处塌方、流沙或泥石流。而由刘红春所在的中队负责养护的然乌—怒江沟段，恰好处于金沙江、怒江、澜沧江和雅鲁藏布江地区以及太平洋、印度洋、欧亚三大地球板块的交汇地带，地应力集中，地壳断裂交错，除了塌方、滑坡、泥石流频繁，雪崩等自然灾害也不断侵袭，致使川藏公路过去的年通车时间只有四五个月。

1996年这支养护队伍刚刚成立的时候，每天几乎所有的时间都是在清理塌方，有时刚清完前面，身后又塌了下来。最多时，昼夜不停得干了好几天。就连小小的流沙也不敢小视，耽误一天，流沙就上了公路。这可让公路工程专业毕业的刘红春有些郁闷，如果找不到一种办法，那么中队的养护保通从何谈起？

为了摸清路害发生的原因和规律，学专业出身的刘红春特别留心观察沿线的地质地貌特征和水文气象资料。他查阅了川藏公路自1954年通车以来所有重要原始记录，结合实地勘测，整理出20多万字的第一手资料，给接下来的研究工作打下了基础。这些年里，120公里的养护路段，他徒步走了300多个来回！

1997年春天的那次徒步勘测，刘红春一个人去寻找流沙源头，爬上海拔4 700米的山头的他，实在累得不行了，靠在一块大石头上休息，突然，他感觉石头在移动。还来不及想什么，巨石带着他往山下滑去，情急之中他一个翻身滚到了沙坡外面,伸手抓住一棵小树,眨眼工夫,巨石滚跳着砸在山下的路基上,又反弹起来落入江中……刘红春吓出了一身冷汗,却也找到了流沙的源头所在地。

原本一直争论的一个焦点是,控制流沙到底是采取在源头筑高墙拦截还是在路基下砌高坡疏导?怎样才能保证流沙不复发?通过这次历险,刘红春提出在源头的沙坡上采取挂网水泥加固的办法,终于解决了这个川藏公路多年未能解决的难题。

紧接着,针对川藏公路等级低、路况差的实际,他提出"清杂物、平路面、整线型"的日常养护方法;针对藏东高原雨季时间长的特点,总结了"雨季前畅通排水设施,雨季中突击抢险保通,雨季后全面恢复路况"的步骤;针对高原冻土地带冬季路面结冰的问题,摸索出了"入冬前开挖盲沟导流,冬季巡查疏导排水"的防治措施。在深入调查了解、科学分析研究的基础上,他探索出了"季节性病害的防治方法"、"冬季路面雪毁的防护与治理措施"等养护保通方法,在支队得到推广。他首创的"石槛技术治理山体滑坡"、"梯级消能原理防治雪崩"、"锚索加固边坡信息施工法"等7项科研成果在西藏自治区交通厅公路养护会议上交流后,受到专家的好评,并在川藏线大力推广。

一系列的举措一下将川藏公路以往4个月的年通车率提高到基本全年通车。同时,因为表现优异,2004年刘红春被任命为武警交通一总队四支队五中队队长,2006年被任命为四支队副支队长兼参谋长,2007年,获得"中国武警十大忠诚卫士"称号,受到中共中央总书记、国家主席、中央军委主席胡锦涛总书记的亲切接见。

抗战在没有硝烟的战场

"刘红春在高原工作的时间最长,蹲点基层的时间最多,到抢通一线的时间最勤。"这是他的战友给他的评价,也是刘红春的工作写照。

从来到川藏线开始,只要有险情,在危险时刻,刘红春总是冲在最前面,一直抗战在没有硝烟的战场上。

2001年4月,安久拉山发生了大雪灾,他带领中队官兵急行军40多公里赶往现场。路上积雪有50多公分厚,为了战士们的安危,他和指导员商定,指导员在后面照顾掉队的战士,他在前面探路。探路途中,战士张豪不慎踩中一块碎石,从50多度的陡坡上滚落,千钧一发之际,他来不及多想,几步跑过去,一把抱住张豪,两人一起滚了几十米远,才在一处缓坡上停了下来。此时他头昏眼花,再也支持不住,晕了过去。战士们围着他,把身上的棉大衣脱下来给他取暖。刘红春醒来后,挣扎着爬起来,带领战士们继续前进。

2002年6月,王排桥路段路基被水冲毁,一辆由八宿开往波密的大客车翻入河中,人民群众的生命财产受到严重威胁。接到险情后,刘红春立即组织人员进行抢险,由于水流湍急,给救援工作带来了很大困难。为了挽救车上的乘客,他不顾自己患有严重的关节炎,第一个跳入刺骨的河水中,把伤员一个一个抱了上来,等最后一个伤员被救上来的时候,由于体力消耗过多以及关节炎复发,他一头栽倒在地上,被战友们连伤员一块送到八宿县医院抢救。

2008年10月28日,然乌沟多次爆发雪崩,积雪从5 000多米的山上倾泻而下,常常是刚清完堆积物,过不了多久又会被重新爆发的雪崩淹没,过往的车辆随时都会面临危险。这天晚上7点多,已是支队副支队长的刘红春接到报告:一辆越野车和6名游客被困在雪崩堆积物中,生命危在旦夕。接到报告后,他顾不得刚从抢险现场回来,还没吃饭,立即带领六中队官兵迅速出动抢救遇险的群众。连续的降雪填平了沟壑,覆盖了道路,分不清哪儿是道路哪儿是沟壑,稍有不慎,就会摔下路基。为了防止发生意外,他用绳子将战士一个一个连在一起,自己走在最前面,在齐膝深的积雪中,相互搀扶着,用铁锹和木棍一边探路,一边前行,就这样,历经重重危险和3个多个小时的艰苦跋涉,终于从死神手中把遇险的群众救了出来。

十几年来,被沿线各族群众称为生死线上“守护神”的刘红春和他的中队就是这样在平均海拔4 200米的高度上,与死神搏斗,使遇险群众转危为安……

权大不忘责任重

如今,刘红春更忙了,作为支队参谋长,他知道身后看着自己的是全支队的战士，自己是他们的“领头羊”。上任来，他从未无故缺过一次早操；有事需要离开部队，即使只有几天，他也严格落实请销假制度；到基层中队指导工作时，坚持深入施工一线，与官兵同吃同住，从不讲特殊，不给基层添麻烦。结合自己多年在工地一线的经验，刘红春根据藏区面临的严峻安全形势和各大、中队所处不同地域、环境及其施工特点，指导业务股室有侧重、有预见地制定针对性很强的行管安全规定，杜绝了事故案件苗头，消除了安全隐患，确保了部队稳定。

无论形势怎样变化，他都不忘全心全意为兵服务的宗旨，不丢军人艰苦奋斗的本色。他有着强烈的“公仆”意识，始终把自己摆在竭尽全力为兵服务、领导部队建设、谋求部队发展的位置上，从不滥用权力，从不以权谋私。2009 年 5 月，一位朋友从重庆老家来到西藏，请求他给支队主管说说情，分包支队养管段内的一段大中修工程。刘红春给他看了支队制定的《工程外包规定》，耐心地给他讲支队党委制定的“四不准”和不能违反规定的原因，朋友心悦诚服地离开了部队。在战士入党考学、立功受奖、士官选改等热点敏感问题上，他也坚持原则，秉公办事，认真落实民主公开制度，并带头抵制各种不正之风，使部队上下形成了风清气顺，融洽健康的良好环境。2008 年 4 月，支队安排他到一大队蹲点，当时“3 · 14”事件刚刚发生，为了确保过往维稳部队顺利通行，他每天起早贪黑，在大队养管的 250 多公里路段，来回奔波，和官兵一起，清塌方，除流沙，整路肩，修边坡，饿了吃干粮，渴了喝凉水，顶着风吹日晒，圆满完成了保通任务，受到了过往部队领导的高度评价。

汗洒天路　情暖人心

——记 1997 届校友卫强

如同文字记载历史,西藏公路则见证了西藏经济的腾飞,并将带来西藏更加美好的未来。被誉为“高原奇迹”的青藏、川藏公路和每一块里程碑下长眠着的英魂正目睹又一名优秀藏族公路工程师的成长,他没有惊天动地的事迹,也没有十分感人的豪言壮语,他只是用自己的实际行动,在平凡的工作岗位上默默奉献着,谱写了一曲敬业爱岗、无私奉献的人生之歌。他就是林芝公路管理分局局长卫强。

起步:立志誓为公路人

卫强,1973 年 9 月出生于西藏林芝地区察隅县的一个普通家庭。1990 年,自幼要强好学的他以优异的成绩考入了北京西藏中学。

初次进京的卫强,惊诧于现代化大都市的魅力,四通八达的高速公路、纵横交错的立交桥,还有车水马龙的街道使他想到了自己的家乡,家乡如今还到处是沙石路和羊肠小道,甚至还有些县城都没有通路,交通基础设施的落后严重制约了当地经济的发展。

汤东杰布,被西藏人民尊为“西藏道路交通的始祖”、“西藏高原上的铁桥活佛”,在 15 世纪明朝时期,他就带领西藏人民在宽阔的雅鲁藏布江和其他大河上,架起了多达 108 座的铁索桥,沟通了沿江两岸的交流,演绎出西藏人民对道路的热切渴望。

此时的卫强暗许志愿，做一名如汤东杰布式的工程师，认真求学，献身西藏交通事业，改善家乡交通落后面貌。

1993 年，他遂愿考入了我校，4 年丰富的大学生活如急流般填补着他对公路事业的求知欲。学成归藏的他被组织分配到西藏公路工程总公司工作，那一刻，他深知自己将要开始实现扎根为西藏公路建设奉献一生的理想了。既然选择了公路，就要为公路事业铸就辉煌。他是这样说的，也是这么做的。

2000 年，卫强在西藏天路交通股份公司工作，成为该公司最年轻的项目经理，先后参与了青藏公路、川藏公路整治改建项目，严谨踏实、好学上进的品格深得时任西藏交通厅总工颜佳义同志的赞赏。川藏公路海通沟整治改建工程还得到了交通部副总工王玉等领导的高度肯定。

2004 年，卫强因出色的施工管理能力被组织安排到西藏自治区交通厅公路管理局任副局长。

2006 年，年仅 33 岁的他又被派任林芝地区公路管理分局局长，成为西藏交通系统最年轻的公路局局长。

他的才华，他的价值，一次次得到了体现。

使命：公路始终在心上

路，占据着他的心灵；路，伴随着他的人生。2006 年，担任林芝地区公路管理分局局长后，卫强身上的担子更重了，但劲头更足了，组织上交给他的各项工作都能十分出色地完成。

这一年，川藏公路色季拉山路段改建完工交由林芝管理分局管养，由于施工缺陷，沿线路肩不够，挡墙高度不够，而该路段又处在异常险峻的色季拉山。为确保接养后公路的安全畅通，在时间紧、任务重、人员少的情况下，卫强带领段部人员到工区蹲点，与职工同吃、同住、同劳动，对沿线碎落的飞石、塌方、施工废弃料等进行了彻底清理并加宽了路肩。

这一年，他带领全局干部职工实现了公路的常年安全畅通，路容路貌较往年有了很大改观。

这一年，他带领全局干部职工发扬敢打硬仗、能打硬仗的顽强作风，在养护、保通、大中修工程施工任务重、难度大的情况下，出色地完成了各项生产任务,荣获3年一度的全区公路大检查第一名。

从学生到普通工程技术人员再到今天的管理者,卫强亲身经历了西藏公路10年来的发展变化。他说:"咱们这一代公路人左肩背负着光荣传统,右肩担着历史使命,手掌上是摊开的路网,内心里有满腔豪情。"

爱民:冷暖祸福总关情

低调务实、没有架子,是职工们对卫强局长的普遍评价。作为林芝公路系统1 189名干部职工的父母官,他时刻把职工大事小情放在心上,总是满腔热忱地帮助职工,为职工排忧解难。每逢重大节日,慰问活动事必躬亲。2006年林芝公路管理分局共发放慰问款29.25万元。职工、退(离)休职工生病住院,他总是及时前往医院探望慰问,凡是职工家中有困难,卫强局长只要知道都会热心帮助。有的职工家庭遇到特殊困难,在局里号召捐款扶贫时,他总是积极带头响应,带领全局干部职工奉献爱心。2006年,在他的带领下,全局职工为全区公路系统困难户捐款近7万元。

上任以来,他深入基层调查研究,足迹遍布了林芝的山山水水。当看到大多数养路工人住房条件十分艰苦时,他心里十分难过。通过不懈努力,不仅在拉萨为职工盖起了退休房,并分别在墨竹工卡县、波密县安排了安居工程,基本解决了一线养路职工的后顾之忧。

长期以来,西藏广大的养路职工将自己的终身都奉献给了公路事业,退休后连聚在一起说话的地方都没有,卫强对这些小事看在眼里,记在心里。不久,投资200万元的离(退)休职工活动中心建成并投入使用。

持家:严格管理挤效益

"群雁高飞头雁领"。在大家眼里,卫强不仅是一位贴心的同事,又是一位严格的局长。年轻的卫强走上领导岗位后深知,稳定队伍是第一步,要想真正带好这支队伍,光靠个人感情是不行的,只有用规范的制度,才能保证管理目标的实现。为此,他从3个方面入手,引导全局上下积极改变。

引导大家转变观念。卫强多次主持召开全局职工大会，进行思想整顿教育，强化思想政治工作。在充分集中集体智慧的基础上，先后健全和完善了各项管理工作。在卫强的极力倡导下，各科室都能够按照“今日事今日办”的要求，极力提高办事效率，转变工作作风，营造了积极向上的工作风气。他任局长以来，全局职工们的思想和行动发生了根本变化，上班时无事生非、磨时间的少了，自觉加班加点学习、工作的多了，全局职工的积极性被真正调动起来了，各项工作展现出了勃勃生机。

引导大家狠抓质量。效率是生命，质量是关键。作为一个公路人，卫强深知工程质量是公路人的脸面和生存之本。为使工程质量始终处在可控状态，他亲自建立和完善了工程项目的各项管理制度，加强了现场监理、驻地管理，坚持以科学的试验数据指导施工，规范了施工组织文件，并要求所有自己能够施工的工程由各段组织道班工人施工，既锻炼了自己的队伍又保证了工程质量。对施工现场的管理，卫强更是做到关键部位必到、关键工序必到、关键工程必查，不断强化提高参建人员的质量意识和责任意识，使每个施工人员都能明确质量技术标准，熟练掌握质量控制技能，以精湛的技术、良好的信誉、一流的质量逐步占领市场。

提高公路整体服务水平。他根据管养路段的特点，现场安排以“消除隐患，珍视生命”为主题的公路安全保障工程，在海拔 5 000 多米的山顶上修建停车场和救助点，为司乘人员提供服务，力图创造安全、有序、畅通的公路交通环境，有效预防、降低了交通安全事故发生率。这些关注安全、珍视生命的工程得到了人们的赞扬，树立了西藏公路行业新形象。

做人：比钢铁硬的身躯

“正直做人，清白为官”，这是卫强的人生理念。在一些人眼里，公路局长掌管人、财、物，是一个名符其实的“肥差”。可卫强始终认为铺路架桥，是造福子孙后代的百年大计，绝不可为一己之利而贻害百姓。无论是身为技术骨干，还是升任局长，工作中他都坚持执行施工的各项标准、各种程序。工程施工中，凡是与工程承包、工程变更、原料采购、机械租赁、资金决算等有关的事项他都坚持按制度办事，从不随意插手，更不讲亲疏远近。在公路工程建设中，他始终本着公开、公平、公正的原则，坚持工程招投标制，有效地遏制了工程腐败现象的发生，有效节约了国家投资。

公道自在人心，用大伙的话说就是："跟着他干，心里亮堂，浑身是劲。"

宁静方能致远，平凡造就辉煌，卫强用强烈的责任心、使命感，诠释着一名公路人的赤诚。几年来，他个人先后荣获了交通部、中央共青团授予的"青年岗位突击能手"称号，历年西藏自治区交通厅"先进个人"等荣誉称号。

光荣存在心头，责任放在肩上。不忘发展重任，不负人民重托。在众多的荣誉面前，卫强始终保持着共产党员的先进本色，一丝不苟地严格要求自己。今日的卫强，正带领林芝公路管理分局全体干部职工，向着新的征程不断迈进！

卫强，他的攀登犹如盘旋在雪域高原上的公路延绵不绝，永无止境……

啊,那朵圣洁的莲花

——记2001届校友达娃扎西

2009年4月21日,在中国几家主要的官方媒体上以很小的篇幅刊登了一条消息“西藏墨脱公路开工,结束最后一个县不通公路历史”。寥寥数百字的这条小消息在国内每天令人眼花缭乱的信息海洋中如同一朵浪花,是不会有人特别注意的。但是,时刻注视着我国的政治、经济、军事一举一动的美国和某些周边国家却以一种异乎寻常的关心迅速而尽可能详尽地报道了此事,并在后来的几天里不断地从自己国家利益的角度对中国修建墨脱公路的意义进行了全方位的诠释。

2009年7月下旬,当我们在西藏自治区首府拉萨3次采访我校2001届桥梁系毕业生、藏族同学达娃扎西的时候,才对这号称“地质病害百科全书”的墨脱地区和在这里修建公路的意义和难度有了更深刻的理解。

“达娃扎西”这个藏语姓名中有着吉祥月亮意思的汉子,一头浓密而有点微卷的黑发,中等个子,十分壮实,黝黑的脸膛上有着锐利明亮的眼睛,笑起来露出一口洁白的牙齿,很漂亮而且充满阳刚之气。可现在的达娃很少有开怀大笑的时候,他很认真而且有点无奈地告诉我们,现在他是焦头烂额,忙得一塌糊涂,以至于我们的采访不得不3次中断,每次都得重新约定时间,但几乎每一次都在约定的时间即将到来时再次重新约定。在3次采访中,其中有一次还是由于赶时间而不得不在车中进行。

达娃说道,其实墨脱公路在一年以前已经开始修建了。2008年9月16日上午10时,武警交通二支队35名工程技术骨干和隧道掘进尖兵组成的首批先遣队,就正式打响了修建墨脱路上最重要工程“嘎隆拉山隧道"的第一炮。达娃很自豪地认为,能在具有世界级影响的墨脱公路建设中贡献自己的力量是一种至高无上的光荣,也是报答母校培养的巨大机会。

在几次断断续续的采访中,达娃扎西一说到美丽的墨脱,眼睛里就充满了飞扬的激情和虔诚的向往。

墨脱,藏语称为"博隅白玛岗",意为"隐藏着的莲花"。

相传在8世纪时,藏传佛教密宗金刚乘宁玛派莲花生大师受吐蕃赞普赤松德赞之请遍访仙山圣地,到了这里发现此处如一朵盛开的莲花,有圣地之象,遂在此修行弘法,并取名"白玛岗"。

传说这地方粮食堆积如山,取之不尽;肉食各取所需,用之不竭;虎骨、麝香、雪莲、灵芝俯拾即是,山珍野味、香甜果品应有尽有……所以这里就成了朝佛圣地,多少虔诚的佛教信徒不远千里、舍生忘死来到这里。

但现实中,由于交通的隔绝,墨脱成了高原上的"孤岛"。人们称它为"隐藏在云雾雪山密林中的人间绝域","地球上的最后秘境"。得天独厚的自然条件,加之人类活动少,这里仅高等植物就有3 600种,竹类10多种,属国家重点保护的野生动物如獐、豹、猴等40多种。当外界把一盆兰花卖到几十万、上百万时,在墨脱的原始森林里,仅兰科植物就有80多种。矿产资源基本上还属于没被普查的处女地。2005年,《中国国家地理》评选出的中国著名景点中,在墨脱周围就占了3个。藏布巴东瀑布群名列"六大瀑布"之首,雅鲁藏布大峡谷名列"中国十大峡谷"之首,南迦巴瓦峰名列我国"十大名山"之首。墨脱的植被情况从热带到寒带都有生长,可以说是目前世界上保持最完整、人为破坏最少的原始林区。

奔腾的雅鲁藏布江从县北部的南迦巴瓦峰脚下急转直下,形成世界上著名的大拐弯。湍急的江水沿岸芭蕉成林,水稻遍坡,雪线以下的原始森林里绿树葱葱,令人无法相信这是在西藏,而不是在珠三角。

对文人而言,墨脱是一首诗,人性质朴的光芒在这里与壮美的自然是如此的和谐。

对探险者而言,墨脱是一个梦,是一种去过一遍就值得终生向人炫耀的自豪。

对自然科学者而言,墨脱是一个宝库,是地球上动植物种类最理想的基因库。

对经济学家而言,墨脱是一个经济点,其旅游观赏价值和矿产、水能及其他资源的开发价值难以估计。

然而,墨脱对于新中国的交通建设者而言,这个共和国国土上唯一不通公路的县却是心头上的一种痛。

原生态美丽的代价,是交通的苦难。通往这天堂般美丽地方的路如同炼狱,江两岸山壁陡峭,深谷中江水汹涌,许多路是在峭壁上凿成的天险,一面是陡峭的山崖,一面是万丈深渊;山口处不分冬夏都是白雪皑皑,沿途存在猝不及防的雪崩、骤雨、飞石、泥石流等诸多艰险,每年因为迷路、雪崩、滑下山崖,付出生命的事情时有所闻。

险路,将美丽的墨脱关在汽车时代门外一百多年,祖祖辈辈,一万多名少数民族的生活依然处于刀耕火种状态,一半人从来没见过汽车。墨脱人传统的交通方式是肩挑背扛,"交通"这个词汇的最直观概念就是马帮和背夫们被皮绳勒出的深深印痕。在这里,从小背东西走山路是当地男孩女孩的必修课,乃至当地女人找丈夫的重要标准就是"能背"——一家人的生命财产,都系于背上。

每年有八九个月的时间,墨脱县都与世隔绝。

出入墨脱的路主要有两条:一条是从米林县派乡翻越喜马拉雅山脉的多雄拉山口,沿多雄拉到墨脱的背崩乡后,逆雅鲁藏布江北上至墨脱县城,全程约 115 公里,步行需 4 天时间。这条路在每年的 6 ~ 10 月份可以通行;另一条是从波密县沿扎墨公路行走,全程 141 公里。由于嘎龙山的阻挡,这条路只能在每年的 8 ~ 10 月初,山上的冰雪融化后才能通行到 80 公里处,然后步行两天到墨脱县城,其他时间只能翻越海拔 4 640 米的嘎龙拉山口,正常情况下步行约需 5 天时间。

但在每年的深秋到翌年初夏大雪封山期,两条路都会被封闭,县城的居民只能靠政府在大雪封山之前运进的物资接济,蜗居度过艰难的几个月。

然而,为了改变这个"大陆孤岛"的交通状况,自新中国成立以来,国家就从来没有放弃过努力。曾经多次对墨脱进行大规模交通建设投资,均因处在印度洋版块和欧亚版块的结合部的墨脱地质灾害频繁发,公路损毁严重,导致交通情况长期以来无法得以通畅。

1962 年,国家投资 800 万修建墨脱公路,修了 8 公里,死了 8 个人,最终没有修成。

1975 年,投资 2 400 万,因资金不足和自然灾害严重,修了 80 公里后被迫停工。

1994 年,投资 1 400 多万元,历时 3 年,才总算修通了进入墨脱的一条土质公路。几辆汽车跌跌撞撞驶入了墨脱,祖辈未见过汽车的当地人载歌载舞将墨脱的第一辆吉普车迎进县城。但第二天,塌方和泥石流就将路基扫荡一空,这几辆汽车从此就再也没驶出城,逐渐变成了锈蚀斑斑的现代“文物”,至今仍竖立在波密县城扎木镇的“扎—墨公路通车纪念碑”旁,成为了中国公路史上通车时间最短的历史纪念。

50 年来,为打通扎—墨公路,有 200 多名英勇的修路人永远长眠于这片看起来是如此美丽的崇山峻岭之中。

与自然力的伟大、雄强相比,人的力量是那么的渺小和软弱,造物主很恣意随便的一个举动都会使人的生命与财富在刹那间化为乌有。然而大自然永远无法战胜和摧垮不了的,是人的钢铁意志和不屈不挠的抗争精神。

随着改革开放 30 年积累的物质储备和逐渐强大的技术手段,让中国人民手中有了和大自然抗衡的筹码。自 2000 年以来到现在,国家有关部门对墨脱地区进行了长达 8 年的实地勘探,为取得精确数据,专家组在国内公路界首次应用 IKONOS 卫星影像进行遥感测量。

2008 年 9 月,国家正式立项,投入近 10 亿元将扎—墨公路列入西藏“十一五”重点建设项目。

2008 年 10 月,国务院常务会议批准了西藏墨脱公路可行性研究报告。

新墨脱公路全长 117 公里,总投资为 9.5 亿元。这条公路位于西藏自治区波密和墨脱两县境内,先后要跨越波斗藏布江、金珠藏布江、西莫河等 6 条江河,路线全长 117 公里,需要新建桥梁 29 座(共 1 104 米)、涵洞 227 道。有专家认为,墨脱公路的修建难度,丝毫不啻于修建青藏铁路。

该工程由国家全额投资,总投资为 9.5 亿元,建设工期为 36 个月。中国最后一个没有汽车的县城可望在 3 年后迎来滚滚车轮。汽车时代的墨脱将被载向新的未来。

针对墨脱公路沿线自然条件恶劣及地质复杂的实际情况,墨脱公路工程勘测采用了 GPS、航测遥感、CAD 集成技术、高分辨率 IKONOS 卫星影像测绘地图、1m 立体像对和 1:25000 航空立体影像的多级工程地质遥感勘察等多项国内、国际高新技术以提高勘察质量,确保工程设计建设方案的科学实施。

整个工程分为A、B、C、D、E共5个合同段,经过竞标,西藏天路公司已与西藏自治区交通厅重点公路建设项目管理中心签署了工程施工合同,由公司承包西藏波密扎木至墨脱县城公路新建工程施工(第E合同段),该合同段含4级天然砂砾及半整齐块石路面44.36公里、大中桥3座,中标价为人民币15 700万元,工程工期为36个月。

西藏天路公司经过详尽的考察和慎重的研究,将这份沉甸甸的任务交给了“70后”人,年仅33岁的藏族汉子达娃扎西。

翻开这位年轻人的履历,在其不长的工作年限中,记录着其从一个初出茅庐的大学毕业生迅速成长为西藏交通工程骨干的历程。

2001年8月至2002年5月在省道西藏日喀则至江孜公路改建工程项目上从事技术员工作。

2002年5月至2004年8月在国道318线西藏昌都八宿县至牛踏沟公路改建工程项目上从事技术员工作。

2004年10月至2006年9月在西藏山南俗坡下至三安曲林公路新改建工程项目(边防项目)上担任工程部部长。

2006年9月至2008年10月在西藏日喀则亚东至乃堆拉公路整治改建工程项目(边防项目)上担任技术负责(总工)。

2008年10月至今在西藏波密扎木至墨脱县城公路新改建工程项目(边防项目)上担任项目经理。

在校时的优秀学习成绩和在多个重要工程中重要岗位上的优良业绩是西藏天路领导层将这项工作交给这员良将的重要原因。

在西藏采访,我们深刻地体会到没有良好的身体条件和深厚的饮酒功力是无法完成任务。热情、豪放、繁复的藏家礼仪中的敬酒方式几乎使人无法抗拒,醇美甘甜的青稞美酒虽然清冽可人,但后劲发作起来也是够厉害的。所以,在对达娃扎西的3次采访中,反而是在车上这次收获最大。

为了在正式开工以前做好充分的准备,近两年来,达娃扎西经常往返于墨脱的险峻山路上,这个身手矫健的汉子见识了许多在墨脱路上的地震、雪崩、泥石流、滑坡、塌方、洪水、冰灾,多次翻越海拔4 221米的多雄拉雪山和穿越原始森林的蚂蟥区、蛇虫区,已经对即将与大自然进行抗争的这块主战场了如指掌。

"忙,忙啊",在从天路公司到交通厅的路上,坐在前排副驾驶坐椅上的达娃多次感慨,从员工征召组建、上岗技术培训、身体健康检查、边境证件签署、施工材料采购验收、后勤基地、运输保障……达娃扎西的 10 个手指头已经开始了第 3 遍轮回还意犹未尽。

三四千人的施工队伍,数百台施工机械设备,建材物资,后勤辎重,排列起来绵延数公里,相当于一个加强团,这是一支怎样庞大的队伍啊。达娃扎西对我们说:"墨脱的施工期很短,为确保工程在预订的时间内完成,9 月中旬必须全班人马开拔进山,才能保证在 10 月初开始施工。"而现在离进山的时间只有 40 天左右了,达娃恨不得将一天掰成两天用,他真真切切地感到肩上越来越重的压力。但无论如何这一切问题都会在进山以前全部解决,这一点是没有退路的,达娃的语气中有一种斩钉截铁的力量。

这时,我们乘坐的越野车正经过位于拉萨北京中路的布达拉宫广场。

红山之巅,那举世闻名有 1 300 多年历史的布达拉宫,在深邃的钴蓝色天空下格外宏伟瑰丽,耀眼白墙和夺目金顶熠熠生辉,俯视着这个现代气息越来越浓的著名高原古城。

鲜艳的五星红旗在广场上空随风猎猎,两名颧骨上有明显高原红的护旗军人纹丝不动的伫立着,庄重而肃穆。

明澈的阳光中,一群高原雪鸽掠过旗杆,银笛般的鸽哨悦耳动听。

众多的磕长头的人们对着神圣的布达拉宫匍匐、起立、再匍匐……

转经道上,桑烟袅袅,散发着清香;诵经声呢喃不绝,人们为今生的平安如意和来世的幸福吉祥祈祷着神灵的呵护。

……

"不瞒你们说,其实,我甚至做好了牺牲的准备",坐在前面的达娃回过头来对我们说,平静而坦然,却令人有一种永远永远难以忘怀的震撼。

我很想说点什么,又觉得说什么都显得做作和虚伪。

"奶奶的,咱们好歹有了一儿一女,这辈子传宗接代的重大任务是圆满完成的了",达娃扎西说了一句粗口,然后高声大笑起来,这是我在几次采访中所看到的达娃最为畅快的一次开怀大笑,爽朗中有直入云霄般的豪放。

在采访结束时,我问达娃,能对现在在校的师弟师妹们说点什么吗?

这位当年在藏族同学中的成绩佼佼者毫不迟疑地说:“实践,希望同学们尽多、尽早地走出校门,多多地实践,这是非常非常重要的。”

我和达娃有个约定。

这个约定是一种祝福和企盼,墨脱之战即将全面展开,这是掌握现代科学技术的人类向自然的绝顶挑战,不管是人类还是造物主谁将获得最后的奖杯,这场惊天动地的搏斗中的每一个情节都必将是不朽的永恒。

我和达娃有个约定。

这个约定是一种承诺和责任,在明年、后年,我们希望紧锁着墨脱大峡谷美丽风光的大门如愿而开,愿那里纯朴善良的门巴族和珞巴族人民走出来看看外面的精彩世界。我们也将在冰雪消融、春暖花开的迷人仙境中,采写记录那跳动着生机和希望的让人振奋的墨脱新生活。当然,还有那必然会发生在筑路大军中催人泪下的动人故事。

短暂的生命，像路一样长

——记2003 届校友陈勇刚

当生命只剩下6个月，你会做什么？是与爱你的人日夜相守，品味最后的爱情、亲情甜蜜；还是背包远行，到没去过的每一个地方浪迹留影，在世上留下最后的脚印……

但这些，都不是彭水苗族土家族自治县交委计划科科长陈勇刚的选择。

朴实勇刚

陈勇刚是我校桥梁工程专业1999级1班的学生，据曾经担任过他辅导员的张庆民副书记回忆，在校期间，陈勇刚平时言语不多，但学习非常踏实，学习成绩优秀，几次查寝都遇见他要么在看书，要么在画图纸。同寝室的同学也比较好学，因此寝室的学习氛围非常好，他和其他几位同学都先后多次获得奖学金。

勇刚的同班同学、现在四公里质检站工作的何静回忆说，家住四川乐山的他，虽然成绩优秀，家境有些困难，但他却没有表现出莫名的自大或者自卑，平时生活节俭朴素，虽然性格固执了一点，但与同学们的关系却处得非常融洽。2月26日下午，何静作为代表把班上同学共同捐献的3万元钱送到了勇刚亲人的手上，可直到今天她的声音里还依然充满着悲伤的情绪。

执著勇刚

2003 年毕业前,陈勇刚被兰州某设计院高薪聘用并签了合同。而这时,彭水县又到学校引进人才,陈勇刚认为渝东南有山有江,架桥修路肯定很多,觉得专业对口,可以发挥自己的专业优势,便与设计院毁约毅然选择了到彭水,他的哥哥多次劝说他,但他毫不迟疑地选择了彭水,因此还缴纳了 3 000 元的违约金。

到彭水后,看到全县城只有一条水泥路的景象,陈勇刚感觉责任和压力重大。但他却用行动印证着自己无悔的选择:在县交委下属的公路质量监督站时,一年出了 2 000 份检测报告;被调到县交委计划科工作时,是科室里加班时间最多的;2006 年当上计划科科长的他,成为了当时单位里最年轻的科长。2008 年 12 月,陈勇刚主持起草《彭水县旅游交通规划》,每一条线路的规划,他都实地查看,然后再起草规划。一天,他从彭水前往石盘乡实地查看旅游线路规划,到了海拔 1 200 米的石盘乡一座山上,越野车突然打滑,左前轮悬在悬崖边,差点丢了命。好不容易请来村民才将越野车拖上路来。同行的设计人员劝他:“到这里就行了,再上去很危险!”“不到实地走一趟,怎么规划? 继续走!”陈勇刚对同事说完后,拉着设计人员又继续前行。彭水县交委秦主任说:这条旅游公路主干道已在去年年底建成,陈勇刚之前还惦记着有空再去看一看。

坚强勇刚

常年高强度的工作,让陈勇刚的身体状况每况愈下。覃再芳说,从去年起丈夫就经常感觉肝时不时一阵绞痛。在妻子再三敦促下,陈勇刚去年 7 月来到主城重医附二院检查身体,得到的诊断报告却是晴天霹雳:肝癌晚期,最多只有 3 ~6 个月的生命!

诊断报告上的白纸黑字,让这个七尺汉子懵了。那时,妻子已有 7 个多月身孕,按揭新婚房每月数千元的房贷还等着还,单位上还有大量等着他去完成的“十二五”期间全县交通规划……

在宾馆痛哭一场后，陈勇刚决定不把病情告诉任何人。回到家，陈勇刚装着像没事人一样，当妻子问起，他推说是普通感冒。

到单位上，陈勇刚依然坚持每天工作。由于计划科只有他和王小波两个人，陈勇刚那段时间主动承担了比以前更艰巨的工作任务。直到去年10月18日，在儿子出生满月当天，陈勇刚才告诉了妻子实情。覃再芳顿时感到五雷轰顶："为什么这个时候才告诉我？为什么不告诉单位？为什么还要每天继续加班？"面对连珠炮似的发问，陈勇刚当时宽言劝慰妻子说，自己明白癌症晚期已医治无效，因此不想去麻烦单位同事，更不愿让更多人为他徒增悲伤，"我想在生命最后时刻再做点事，完成县里综合交通运输'十二五'发展规划材料的起草。"覃再芳说，丈夫还神色凝重地告诫她，关于他的病情不要告诉任何人，包括双方父母、亲戚同事在内。同时他拒绝了妻子希望他住院疗养的要求，并要妻子每天接送他上下班。覃再芳无法接受丈夫这一决定，直到陈勇刚讲出"如果你把我的病情透露了，我就跳楼结束生命，你还想我多陪你一段时间吗？"、"希望你尊重一个将死之人的最后遗愿"的话，覃再芳只得含泪答应。

陈勇刚校友的办公桌上至今还摆放着《彭水县郁江大桥—火车站—保家工业园二级公路工程可行性研究报告》。陈勇刚的同事、我校管理学院2002级校友王小波指着近两尺厚的《彭水县综合交通运输"十二五"发展规划》说："这里面的大部分内容都是陈勇刚患癌症期间付出的心血。"

悼念校友

2011年2月24日《重庆商报》独家报道了陈勇刚校友的事迹后，在全校师生中引起了强烈反响，当天校党委书记刘伦、校长唐伯明先后作出重要批示。26日一早，副校长黄明受学校委托，带队急赴彭水，看望慰问陈勇刚校友家属，并将全校师生对陈勇刚校友的敬意带到彭水。

黄副校长一行到达现场后，立即代表学校献上花圈，与随行人员一起向陈勇刚校友敬礼默哀，并瞻看了遗容。黄副校长慰问了处于悲痛中的勇刚校友妻子，并赠送了代表学校心意的慰问金，还关切地询问陈勇刚二哥、大姐、父母等亲人的情况，向他们了解陈勇刚工作以来的情况，同时也讲述了陈勇刚校友在学校期间的学习、生活等情况，希望亲人朋友们节哀顺变。看到陈勇刚校友年仅5个月大的小孩时，黄副校长走过去，疼爱地抚摸小孩的手，向陈勇刚的妻子覃再芳轻声询问孩子的成长健康等情况，希望她好好将孩子带大。

在接受《重庆商报》记者采访时，黄副校长说，陈勇刚患肝癌后不向组织提要求，不愿单位给他的工作松担子，这种用生命最后时光为彭水交通事业无私奉献的精神催人泪下，他坚强执著的奋斗精神感人至深，虽然年轻，在交通行业基层的工作时间短，但他为重庆交大争了光，是我校建校60年积淀的"铺路石"精神的闪光体现，全体交大人为他感到由衷的骄傲和自豪。

庹江春的“选择”

——记2003 届校友庹江春

当交通厅办公室的宋科长向我们介绍在西藏公路管理局还有一个叫“庹江春”的校友时，我突然有一种似曾相识的感觉，仿佛曾经认识这个人或者起码听说过他的名字，所以当坐在庹江春的办公室时，我都还一直在追问他，有没有在学校有什么突出的“事迹”让我不经意记住了他。03届计算机专业毕业的庹江春腼腆地说，他在学校不出名，是因为一个偶然的机遇，让他来到了西藏，并选择留到了这里。对我们的到来，庹江春很高兴，向每一个到他办公室来的同事都自豪地介绍我们是母校来的老师，专门到西藏来看望校友，于是，我们的交谈也是在一种很愉快的氛围中展开的。

一个偶然的机遇扎根西藏

毕业之前，庹江春根本没有想到会把根扎在西藏，和他有一样想法的还有陈彬、王志武、夏远志、殷少强，他们都是和庹江春一个学院一个专业的同学。

2002 年 11 月，学校按照惯例组织大型双选会。那一年，西藏交通厅组织所属交通行业单位到学校来集中招人，出于对西藏的好奇或是对西藏优厚待遇的向往，学计算机的他们 5 人分别签约西藏公路管理局、西藏运管局、西藏交通科研设计院。那一年，和他们同去的校友一共有 18 人。

庹江春说他还清晰地记得，当年学校为他们开了一个简短的欢送会，学工部有个姓周的老师拿自己的工资作担保在学校借钱给都出身贫困家庭的他们买了机票。他还清楚地记得，第一次坐上飞机时的新奇，第一次踏上西藏这片土地时的忐忑，第一次见到因高原反应流出的鼻血印红床单时的紧张，第一次下到工地的不安……当然，这一切，或许都随着6年时光的流逝渐渐淡去。但问及对当年的选择后悔不后悔时，庹江春肯定地说"不后悔"。不后悔的他已经选择了把家安在了西藏，当年的高中同学，现在的妻子已经身怀六甲回老家待产，"我想我的孩子会和我一起在西藏长大，看着西藏发生更大的变化。"

建立西藏第一个交通量观测站

刚刚参加工作之初，西藏公路管理局就提出了要建立西藏公路管理数据库，要完成全区国道、省道和县乡公路属性数据采集，作为计算机专业毕业的他们将要完成的首要任务就是在各个地区建立连续式交通量观测站，为今后公路交通科学管理提供先进技术，为公路抢险救灾提供有效的信息和决策服务。

庹江春第一个要去的地方在安多，藏语意为"尾部或下部"，由唐古拉山口前行约90公里，是抵达入藏后的第一个城镇，海拔4 500米，年平均气温-8℃，最低达到-40℃，空气含氧量仅为海平面的一半，一年中有120天以上刮8级大风。正是因为自然条件恶劣，负责那里公路养护的109道班有"有天下第一道班"之称。

9月，海拔5 231米的唐古拉山垭口，天空一片阴霾，飘起了冰雨，气温几乎降到零点，即使穿上厚厚的军大衣也不能御寒。刚刚熬过高原反应初期的庹江春再次感到胸闷气急，坐着不动也喘不过气。"别说是你，我们这些老工人，有时也会有反应。"道班工区长笑着安慰他。医学上将海拔5 000米称为"障碍临界高度"，在海拔5 000米~7 000米之间，机体将不能完全代偿。换句话说，在这个高度上，人体根本无法完全适应。但要赶在天完全黑下来之前找准位置是个死任务，摇晃着站在8级大风的风口，在道班工人的帮助下，庹江春刚刚想把手上的标杆插在地上，突然一阵大风刮过，本来就瘦小的庹江春一个趔趄，挣扎着好不容易站稳，才发现1 300度的眼镜被吹得掉下了山崖摔坏了,天地开始模糊起来。庹江春开始埋怨这多事的眼镜,但无奈的他只好给女朋友打电话,托过路的货车司机带来了隐形眼镜,才算解决了后顾之忧。可安多的大风给庹江春留下了深刻的印象,以至于现在回想起这一幕时,他仍然心有余悸。“不过,我很自豪,因为西藏第一个交通量观测站是我亲手建立起来的。”

如今,在西藏,这样的观测站有50多个了,西藏公路管理数据库及信息化系统也早已建立,与庹江春同在公路管理局的陈彬也自豪地告诉我们,这50多个观测站中,有26个是他亲手建立的,他曾经两天两夜没合眼守在观测站旁边进行实时观测,他曾经用半个月的时间跑遍了318、317、214国道,正因为优秀,2008年,陈彬被评为“全国交通情况调查先进个人”称号。

一个优美的转身

庹江春现在是西藏公路管理局办公室副主任,按照他的说法,现在从事的是和本专业完全不相关的工作。问他为什么会有这样的转型时,他请记者一定要告诉在校的学弟学妹们:珍惜在大学的每一个学习的机会,机会是留给每一个有准备的人。

刚刚参加工作的庹江春两个月后被分到日喀则公路管理分局工作,因高原反应严重,局领导把他暂时安排在养护处,那里有刚刚参加工作的7个年轻人。有一天,处领导拿出了一篇自己的文章让他帮忙修改,在大学就担任过学生助理的庹江春二话没说,熟练地查资料、熟悉情况,润色文章,按时完成了领导交给的任务。没想到几天后,处里宣布7个刚刚参加工作的年轻人的去留时,庹江春被点名留在了养护处。2005年,他从养护处调到了办公室工作。2007年,被任命为西藏公路管理局办公室副主任,全面主持办公室工作。

“其实能有今天的这一切,离不开母校和老师的培养,是重庆交通大学让我从一张黑纸变成了一张白纸。”庹江春说,他从小是个孤儿,是在亲戚们的帮扶下考上大学的。刚刚上大学时,因为要为生计奔波,大一的他常常逃课出去做小买卖赚生活费。当时的辅导员刘学泳老师已经怀孕,知道了他的情况后,挺着大肚子每天爬到西三楼找他。“由于我长期不在寝室，那个时候又没有手机，我都不晓得刘老师来找了我多少次，反正每天回来同学都告诉我老师来找过我”，庹江春说到这里都有些不好意思。“后来刘老师终于找到我了，她只对我说‘人穷不要紧，但人要有自己的目标’，那一刻，我感动了。”也就是从那一刻起，庹江春开始找寻自己的目标，他利用自己的专业特长，在网络中心做网管，解决了基本的温饱问题，他报名参加勤工助学岗位，在辅导员助理岗位上，全方位锻炼自己。

“我和陈彬今年4 月份的时候回过母校，我们还去见过借给我们钱的周老师，我会记住每一个在我成长路上有过帮助的人，会用我的努力来报答他们。”

铿锵玫瑰怒放西沙

——记2005 届校友官小莎

2005 年,以优异成绩从我校外语学院毕业的官小莎,没有像同学们那样选择去待遇优厚的外企工作,身为一个老军人的女儿,官小莎的体内也涌动着守疆卫土的激情,她毅然放弃了优越的工作条件,踏上了从军之路。在解放军外国语学院经过为期一年的培训后,2006 年 7 月分配到海军驻海口某部工作。

到部队不久,上级要抽调一名女干部去环境艰苦的西沙工作。官小莎听到这个消息后,内心激动不已,她仿佛看到西沙群岛的蓝色波浪在眼前翻涌流动。她立即找到上级领导,主动要求去西沙工作。原来官小莎的父亲是驻守西沙的老军人,在西沙海域巡防 19 个年头,创下了随舰在西沙海域巡逻时间最长的纪录。而在多年后的今天,官小莎追寻着父亲 30 多年前率艇巡防西沙的足迹,如愿以偿踏上了西沙永兴岛,成为一名戍边守海的女兵。

西沙群岛地处南海前哨,战略位置十分重要。驻岛部队驻防分散,点多线长,且官兵们长期坚守,独立作战。沉着冷静应对复杂的海上局面,及时做到上情下达、下情上传,确保部队各项战备工作的落实,对于担负通信值班任务的女兵班姑娘们来说可谓责任大于天。"她们虽是普通一兵,在岗位上却如同一位从容若定的将军,指挥着眼前的一切,用那灵巧的双手和轻轻的话语,把复杂的局面揽在胸中、握在手中了。"驻西沙部队博士政委陈伾大校这样评价女兵班的姑娘们。

要当好履职尽责的通信卫士,首先要练就过硬的专业技能。分队长官小莎是驻岛部队唯一的女干部，一位身上流淌着老西沙军人血液的湘妹子。然而，来到部队，官小莎所面对的并非她在大学所学的专长，而是之前闻所未闻的话务和报务专业。

一个合格的话务员和报务员讲究“四功”：脑功活，耳功灵，口功清，手功巧。起初，官小莎面对千余个电话号码，来来往往目不暇接的报文，数百条勤务用语和各种番号、代号……有点儿不知所措，好强的她拿出在学校背英语单词的拼命劲头，把这些东西记在一个小本子上，一有空就拿出来背，闲着就拿出来翻看，就连睡着了在梦中都要回想几遍，仅仅3天时间，这些不同于英文字母的阿拉伯数字便深深地印在了她的大脑中。为了能尽快掌握专业技巧，她整天泡在训练室里，不断苦练脑、耳、口、手等专业基本功。功夫不负有心人，一个月后，官小莎成为了一名出色的专业通，并带领女兵们多次完成了演习等重要通信保障任务。

2005年12月13日，中心风力16级的超强台风“尤特”正面袭击了西沙群岛，这也是近20年来台风袭击西沙群岛最猛烈的一次。情况十分紧急，所有驻岛部队都进入了紧急状态，碰巧这时海底电缆中断，上传下达只得由女兵班的电台保障。早上6点钟，台风开始肆虐西沙，部队转入一级防台部署。但通信班女兵们始终坚守岗位，在台风肆虐的时刻始终保持了通信联络的畅通，通信班的两位女兵在台风过后还住了一个星期的医院。由于官兵防台准备比较充分、处置正确、指挥不间断，几十年不遇的台风并未对装备造成严重损害，官兵更是无一人伤亡。司令员陈琳大校跷起大拇指说：“女兵通信保障立了大功！”

从女大学生到女兵，从父母的掌上明珠到军队中的铿锵玫瑰，官小莎完成了完美的蜕变。提到现在的军旅生活，她深情地说：“现在西沙就是我的家，西沙的海水跟我体内的血液一起流动，现在我还是一个新兵，但是我不仅要像“老西沙”一样履行好守岛建岛的职责，还要发挥自己的英语专业特长，为官兵的学习成才贡献自己的力量。”

来自重庆交大的港湾院姊妹花

——记1982 届校友林萍、1987 届校友孙淑娟

大自然孕育了青岛秀美的山川,重庆交通大学造就了搏击市场的名媛。2008 的青岛,张开大海般热情的怀抱,欢迎世界各地的宾朋扬帆浮山湾。青岛奥运帆船基地水工工程的设计,就出自青岛港湾设计院(以下简称"港湾院"),而港湾院的两届掌舵人便是来自重庆交大的姊妹花:姐姐林萍、妹妹孙淑娟。

姐姐林萍 1982 年毕业于我校港口与航道专业,从此她便与筑港事业结下不解之缘。青岛港、日照港等建设、山东半岛蜿蜒起伏的海岸线、跌宕激情的青岛团岛、浮山湾、名人雕塑园等护岸工程都留下了她闪光的足迹,记录了她青春飞扬的梦幻。1996 年,走马上任港湾院院长的她,以勇挑重担的勇气,凭着无比的智慧和自信,取得了中标百分百的骄人业绩,令岛城同行刮目相看;她大胆决策,沉着干练,1998 年将港湾院成功升级为乙级院,之后她又以大无畏的精神、高屋建瓴的气魄,扬起了冲刺甲级院的风帆。2002 年,申报甲级院稳操胜券,至此,港湾院从丙级院升到甲级院,成为山东第 1、中交第 8 的水运设计中坚。港湾院从此通向九州的车轮滚滚向前,翱翔寰宇的羽翼开始舒展。同年,意气风发的她调任青岛市九三学社常务副主任委员,为祖国政治稳定、经济建设、文化繁荣做出了更多的贡献。在这期间,她担任过青岛市人大代表、山东省人大代表、青岛市政协副秘书长等职;获得过局级、市级"三八红旗手";市级、部级"巾帼建功"标兵等荣誉称号。

妹妹孙淑娟 1987 年同样毕业于我校港口与航道专业,2002 年前任港湾院副院长，辅佐姐姐打江山。姐姐调任时，将准备扬帆远航的港湾之船，交与妹妹把罗盘。她深知：打江山难，守江山更难。但胸有成竹的她，秉承着姐姐的干练，将港湾之船驶向更广阔的海面，抓内部管理、通过9000质量认证；抓技术创新，广纳贤才科技兴院；抓经营攻坚，抢机遇进军修造船，市场开拓到江浙福建；为企业竭诚奉献，迎接来自各方的挑战。她以独特的风格，铸就了“淑娟设计”品牌，客户和上级主管为之惊叹。港湾院多次被青岛市人民政府、市建委、市科协、市妇联评为先进集体；在设计大检查中，港湾院被青岛市建委设计处认定为免检单位。她本人也多次被评为局级、市级“三八红旗手”，优秀勘察设计院院长等称号。

打江山、守江山，姊妹花聪明能干，她们外在的流畅美感，映衬着坚忍不拔的包容，张扬着她们对精彩生命的美好企盼，是“自强、自立、自尊、自爱”女性精神的最佳体现。正是她们这种勇立潮头、搏击商海的精神，诠释着重庆交大“严谨求实、团结进取”的伟大理念。

宜居城市　幸福梦想

古希腊哲学家亚里士多德说:“人们为了活着,聚集于城市;为了活得更好,而居留于城市。”宜居城市,成为古今中外热爱生活的人们的共同向往。

2008年,“宜居重庆”、“畅通重庆”、“森林重庆”、“平安重庆”和“健康重庆”,作为重庆发展的新目标、新追求,首次在市委三届三次全委会上浓墨重彩地提出,成为重庆的重要战略决策。

创造良好的城市环境,从而从整体上降低重庆引进人才的成本。主城区进行危旧房改造,严格控制建筑的高度和密度,降低容积率,清洁环保的城市环境,较高的文化品位和文脉传承,良好的教育医疗条件等……。“宜居重庆”是3 200万人的城市梦想。

为了实现这一梦想,这座城市里越来越多的人开始勾画着宜居的蓝图,他们中有很多我校的校友。重庆市城乡建委党组书记、主任程志毅就是其中之一。

程志毅,我校1983届校友,2006年4月任市政府副秘书长;2008年1月起任重庆市建设委员会(2009年3月重庆市建设委员会更名为重庆市城乡建设委员会)党组书记、主任。

2008年,对于程志毅来说应该是一个特别的年份。这一年他被市委市政府任命为重庆市建设委员会党组书记、主任,这一年重庆市提出了“五个重庆”的规划。事实上,多年的基层工作经历,程志毅已经意识到在提出建设宜居城市的背后,是重庆正经受着经济高速发展带来的现实之痒。直辖11年来,重庆经济总量大幅增加,城市化水平显著提升,社会经济发展取得辉煌成就。但是,高强度的城市开发引发了一系列的环境问题——主城区人口密度高达每平方公里 14 000 人,一些河流也遭到了不同程度的污染,有的地区甚至还出现了守在江边没水喝的窘境。同时,工厂排放废气和汽车尾气造成的空气污染也比较严重,重庆仍是国家环保重点城市中空气污染指数较大的城市之一。人口密度过大、交通拥堵、能源紧张、房价高涨、生活成本上升……越来越多的人对重庆的城市环境提出了不满和批评。"城市人口和职能过度集中,加剧了城市环境压力,使得城市建设与生态环境之间的矛盾越来越突出,人居环境不容乐观——这是重庆正面临的一个现实。"

2008 年 7 月,市委市府吹响"五个重庆"建设的号角。2008 年 8 月,重庆市建委召开党组扩大会议,提出要以建设宜居城市、畅通城市为重点,进一步解放思想,以观念突破引领重庆城市建设品质的跃升。随后,畅通工程、住房保障工程、建筑节能工程、统筹城乡建设工程等四大民心工程的建设大幕就此拉开。仅 2009 一年,重庆市就启动拆迁片区 144 个,完成危旧房拆迁 400 万平方米,开展了 7 个"城中村"的改造试点工作,已建成城市公园 169 个,总面积达 3 916 公顷;其中主城区 87 个,面积 2 351 公顷;社区公园 382 个,面积 233 公顷。老百姓人均公园绿地面积达 10.8 平方米,是 60 年前的数十倍。

如今,重庆人民已经深切地感受到了这个城市的变化。危旧房改造提速、"城中村"大"变脸"、出门就可看见的绿地……

2011 年 7 月,市人大常委会宜居重庆建设专项评议工作进入第三阶段——常委会评议阶段。根据评议工作安排, 7 月 25 日上午,市政府凌月明副市长在市三届人大常委会第 25 次会议上作了宜居重庆建设工作报告。7 月 27 日下午,市人大常委会举行了分组评议,并按"满意"、"基本满意"、"不满意"三个等次对宜居重庆建设工作进行了满意度测评。最终测评结果显示,宜居重庆建设总体评价满意率(含基本满意)达 100%,三大工程中居住品质提升工程满意率最好(达 100%),公共空间优化工程其次(达 98.3%),服务设施完善工程为 94.6%。

2011 年,成渝经济区获批、房产税征收试点,重庆"十二五"规划提出建设 1 000 平方公里 1 000 万人口的特大主城构想,这无疑是中国未来内陆发展的重心、世界关注的热点。重庆新主城究竟啥模样?作为重庆市城乡建委主任、宜居重庆建设领导小组办公室主任的程志毅,对新主城的新模样作了这样的描述:“千平方公里千万人口的重庆主城,将建设成具有带动辐射功能的国家级中心城市,使整个新主城融入自然山水之中、降低老城区住宅密度、形成各新区抱团集约态势,从城市空间、组团配套、人居环境三方面建设西部最宜居的城市之一。”

这是一座山、水、城融为一体的城市,“宜居城市”是重庆人为自己的城市提出的目标与梦想。如今,曾经的“雾都”重庆,正在向着天蓝、水碧、城绿、居佳的宜居城市的梦想步步前进。为了这个共同的梦想,还有许许多多的人在不停地努力着,作为城市梦想的规划、建设者,我校1983届校友重庆市城乡建委副主任彭建康、我校1983届校友重庆市城乡建委总工程师吴波等依旧没有停止前进的脚步,他们说自己的目标就是让这个城市的老百姓“住在这座城里越住越舒心”。

天路畅歌

——西藏天路公司校友事迹集萃

两个多小时，飞机沿着北纬 30 度一直向西飞行。

远远地望见雅鲁藏布江河谷了，机身开始倾斜盘旋向东，漂浮的白云间隙可以看见巨大的群山之间黄黄绿绿的谷地平原，与远处闪烁着银光的雪山相比，是那么的深沉和温润，呵，贡嘎机场到了！

上午高原所特有明澈耀眼的阳光下，摄氏 18 度所带来的凉爽使刚从火炉般的重庆来到的我们感受到一种舒适惬意。

机场出口，一个高大、干练的藏族小伙子高举着一块醒目的红底黄字“西藏天路”的牌子，满面笑容地接待了我们。从他还在不断地向我们后面张望，并大惑不解地问我们：“不是说要 10 点 55 分才到吗？”的迹象来看，这可能是一个误会。果然，由于天路公司今天要接的人有好几拨，搞混了，小伙子要接的是中央电视台的每年全国十家优秀企业报道组。他随即找来了专门接我们的群培师傅。

在我们出发之前，曾对此次的采访对象有过粗略地了解，西藏天路公司在我们的目标视野中并没有闪现出十分突出的光芒，而在贡嘎机场所得到的中央电视台即将报道西藏天路公司的信息表明，我们所了解的情况有误，需要重新定位和审视。

拉萨市东北，距离著名的拉萨三大寺的色拉寺不远，有一幢很有现代气息的 6 层大楼，在嶙峋峥嵘的远山映衬下十分抢眼，这就是天路公司的总部。高原之城的楼房普遍不高，6 层高楼在这里是很醒目的了。

要采访天路公司的董事长多吉罗布是一件不太容易的事情，只要他在公司，在其6楼的办公室内外，时时刻刻总有很多人在等着他的会见，尤其是在夏天这个每年青藏高原交通工程的施工旺季里。

多吉罗布，男，藏族，1973年5月14日出生，从小生活在拉萨，1997年7月毕业于重庆交通学院，中共党员，高级工程师，现任西藏天路股份有限公司党委书记、董事长兼西藏公路工程总公司党委副书记、总经理。公司员工都喜欢称他"多罗"，很亲切、随意，这位在藏语中含义为"金刚、宝贝"的多罗与大多数西藏汉子一样，身材高大而魁梧，黝黑的脸膛上写着粗犷豪放，如同这块雄阔高原的大开大阖。而作为一个西藏著名上市公司的"掌门人"，其管理生涯的濡染使其精神世界又有着内敛严谨而显得清明飘逸，和这块养育他的土地一样呈现着奇幻的美妙混合。

自重庆交通学院公路与城市道路工程专业毕业以后，多罗就回到了西藏拉萨这片生他养他的故土。最初在自治区交通厅科学研究所工作，从技术员、助理工程师、工程师做起，多罗如同多数青年技术干部一样，用踏实的脚印书写着自己青春的履历，这个在校时就以豪爽、帅气著称的校学生会主席及校足球队队长以自己特有的韧劲努力工作着。

4年的基层工作使多罗有了较为丰富的实践经验。2001年7月，多罗调任到西藏天路交通股份有限公司工作，任副总工程师。在这个与社会接触更为广泛的天地里，多罗的才华得以更加充分地展示。2002年3月在西藏天路交通股份有限公司工作至2005年，多罗任党委委员、董事会秘书兼董事会办公室主任，2005年至2009年5月，任党委副书记、副董事长、总经理。

2007年5月，多吉罗布光荣地当选为自治区青联第七届委员会常委；2007年11月，经西藏自治区国有资产监督管理委员会推荐，多吉罗布作为特色企业代表赴奥地利参加了"中国西藏发展论坛"；2008年10月，当选为区直机关青年联合会第一届委员会副主席、西藏青年企业家协会副会长；2008年5月，被团区委、区青联授予第五届"西藏青年五四奖章"。

2009年5月，多罗任西藏天路交通股份有限公司党委书记、董事长，同年6月，被中国交通企业管理协会评为"建国60周年中国道路运输行业十大荣誉贡献奖"及"2009年中国道路运输企业管理十大杰出人物"。

西藏天路公司在拉萨可真是声名不凡，在街上随便招手一辆出租车或人力三轮告诉他去西藏天路公司，保准送到。西藏天路公司能够作为拉萨城市著名地标,说明了天路公司在拉萨人心目中的份量。

“天路人”说,无论你从何方以何种交通工具而来,只要踏上西藏这片神奇的土地,你的脚下就会有天路人修筑的“天路”,话语中有一种强烈的自豪感。

西藏天路股份有限公司于 1999 年 3 月 29 日正式挂牌成立,由西藏公路工程总公司、西藏自治区交通工业总公司、西藏拉萨运输总公司、西藏自治区汽车工业贸易总公司和西藏自治区交通厅格尔木运输总公司 5 家企业共同发起设立。公司股票于 2001 年 1 月 16 日在上海证券交易所成功上市,成为了西藏自治区唯一一家以基础设施建设为主业的上市公司。成功上市后的天路公司进入了全新发展时期,为该公司提高知名度、拓展市场以及融资等都带来了新的契机。

天路公司主营业务为公路工程基础设施建设,主要承担西藏自治区内的公路、桥梁的建设任务。公司公路及桥梁施工能力、工程施工质量、公路建设市场占有率、高等级公路施工市场占有率、工程机械设备的先进程度及拥有量在西藏自治区内一直处于领先地位。

天路公司自成立以来,共承建 60 多个公路工程项目,累计完成投资金额近 30 亿元,曾承担过青藏公路、川藏公路、中尼公路等国道和区内主要干线公路的施工任务,修建了曲水、岗嘎、妥峡等大型公路桥梁。作为全区唯一一家建筑企业建设了西藏重点工程,其中拉萨至贡嘎机场公路新改建工程成为全区沥青路面样板工程。

拉萨城西,一座壮观美丽的现代立交式公路交通枢纽柳梧大桥飞跨拉萨河,极富形式美的提篮拱线条流畅,在雄伟的远山映衬下,白色的桥身醒目洁净,成为西藏城市建设的标志性建筑,这是西藏自治区全区立交桥工程建设的处女作。天路公司作为自治区内唯一参建自治区重点工程——拉萨市柳梧大桥的企业,承建的北立交和南引桥工程投资 1.1 亿元。天路公司采用预应力钢筋混凝土连续箱梁结构、碗扣式满堂支架等新工艺、新技术,确保了这座全区第一座现代化特大型城市互通式立交桥的顺利建成通车。

天路公司作为区内唯一参建企业承建的青藏铁路岗秀 1 号特大桥、岗秀车站和地下水路堑工程,均被评为优质样板工程;拉萨市金珠西路改扩建工程、大昭寺周边环境整治工程成为市政路面工程样板工程。

2008 年 5 月,天路公司作为全区第一个有实力施行代建制的企业,受交通厅全权委托,负责建设全区首个交通代建项目——纳木错至班戈公路改建工程。这条位于平均海拔 4 700 米的羌塘高原上的公路是西藏第一个代建制试点项目,也是西藏“十一五”重点公路建设项目之一,为打造这条通畅、安全、环保的藏北高原公路,天路公司的精兵强将正在全力奋战。

天路公司不仅仅是在经济效益上成绩斐然,在取得了良好经济效益的同时也创造了良好的社会效益,天路公司自身的不断发展和对西藏经济发展所作的贡献得到了社会的认可。

10 年来,天路公司荣膺 1999 ~ 2001 年“全国优秀施工单位”、2001 年度“全国守合同重信用企业”之列,连续多年通过自治区国税局“A 级最佳信用度纳税人”和自治区建设银行“AAA”信用评定,荣获 2003 年、2004 年、2006 年全区诚信企业、2003 年全区纳税先进企业、2006 年全区国有企业纳税 25 强,2004 年区直“青年文明号”,2005 年全区优秀建筑企业、2005 ~ 2006 年全区安全防范先进单位、2005 年中国工程建设协会“工程质量安全先进单位”、2006 年全区安全生产先进单位、2008 年度全国公路建设施工企业重点工程劳动竞赛优胜奖等多项国家、自治区级荣誉称号。2003 年,天路公司荣膺全国“五一”劳动奖状。

西藏天路股份有限公司,就和跨越雪域高原的一条条“天路”一样,通过一寸一寸地建筑,一尺一尺地通往更加璀璨的明天。10 年历史一页一页记下了天路成长壮大的足迹,透过字里行间,我们也看到了天路人脚踏实地艰苦奋斗的精神世界。

古代文明的发源地都是在江河沿岸,通过自然的河流而将人类联系。而现代文明却以物流、资金流和信息流为纽带,把人类的活动凝聚起来,这一切都需要现代化的交通。

在 1951 年西藏和平解放以前,西藏 120 万平方公里的土地上,没有一条正式的公路,甚至没有“轮子”这个概念,在人们意识深处,旋转的是寺庙金顶上的法轮和祖祖辈辈吟诵六字真言时手中的转经筒。

这一切在 1950 年 3 月 7 日这一天被彻底改变。这一天中国人民解放军二野第 18 军在四川乐山竹根滩的进军西藏誓师大会,使西藏的历史以跳跃的方式进入到现代。由解放军、工程技术人员、藏汉民工和牦牛运输队伍组成修筑康藏公路的 10 万大军,在青藏高原上与高寒缺氧、气候干燥、风大、气压低、强紫外线辐射等困难进行着不屈的搏斗乃至壮烈的牺牲,他们通过康藏公路成为西藏历史纪念碑上一行不朽的铭文。第一代筑路人用自己的青春、热血、汗水铸就了"老西藏"精神,在这巍巍群山之中产生的不朽精神让我们永远铭记,并在历史的每一个重要时刻展示给后人。

目前天路公司的 1 391 名员工也以自己的实践与奉献,继承和继续诠释着这些精神。

在天路公司,从上到下,绝大多数干部职工都是世代奋斗在西藏高原的交通人,他们从父辈手中接过了锹、镐,也同样接过了父辈传下的"老西藏"精神。

"什么是'老西藏'精神?父辈的行动告诉我们,'老西藏'精神就是在海拔五六千米的地方,机器都可能'缺氧',但人的精神不能缺氧。"作为西藏第二代的西藏天路股份有限公司党委副书记、纪委书记、高级工程师舒成高说:"'老西藏'精神这个人文底蕴已浸入一茬茬天路人的血脉、骨髓。"西藏天路股份有限公司党委书记、董事长多吉罗布如是说:"新时期、新阶段,社会责任引导着企业与社会、自然达到一种可持续发展的和谐统一。这也就要求我们必须要以'发展企业、服务社会、造福西藏'为己任,大力弘扬'老西藏'精神,更多地关注国计民生,更多地关注社会。"

一个优秀企业的发展战略离不开人力资源支持和智力保障,人才资源的流动与聚集,对于经济发展的质量和空间格局起着关键的作用。在天路公司,我们见到了一大批从交大毕业的学子成为了企业的技术、管理骨干。

20 世纪的 80 年代末与 90 年代末,对重庆交通大学的学子而言是两个很重要的时间段。20 世纪 80 年代末,是重庆交大学子首次以集团冲锋的形式来到青藏高原,20 年来,这批当年颇为稚嫩的幼鸟已经成长为搏击碧空的雄鹰,在西藏交通建设的各个重要岗位上,到处可见人到中年的交大人。20 世纪 90 年代末,新一批的交大学子胸怀报效祖国建设西藏的雄心壮志又来到这片地球上离蓝天最近的土地,这是一批在信息时代成长起来的新新人类,全新的视野和接受的新教育使他们的观念、行为注定不同,这是一批富有创意、直截了当、说做就做、讲求效率的朝气蓬勃的一代,拥有更宽、更广的发展空间。

天路公司这批"少壮派"就在公司领导层开明的观念下顶起了大梁。

其美旺久,重庆交通大学计算机专业 2001 届毕业生。毕业后在西藏天路股份有限公司办公室、董事会办公室担任文秘工作。参加了西藏天路ERP项目,现任西藏天路集团公司信息中心副主任,负责天路集团和天路股份ERP系统维护工作和企业信息化工作,同时兼任西藏天路青年中心秘书长职务。

西藏天路是国内工程施工企业中最早实施Oracle ERP(甲骨文企业资源计划)系统的企业之一。Oracle是殷墟(Yin Xu)出土的甲骨文(oracle bone inscriptions)的英文翻译的第一个单词,在英语里是"神谕"的意思。这种高端工作站以及作为服务器的小型计算机的建立使天路公司的现代化管理有了质的飞跃,这在内地的很多企业里也是难以见到的。

格桑罗布,1997年毕业于重庆交通大学道路工程系,先后在川藏公路整治改建工程百巴至工布江达段任技术员,省道日喀则至江孜公路改建工程中任技术科长,川藏公路整治改建工程八宿至牛踏沟段任项目总工,川藏公路整治改建工程古乡至通麦大桥段任项目副经理、总工,省道306线米林至朗县段整治改建工程中任项目副经理、总工,西藏天路股份有限市场与技术部副经理、经理,10年的勤奋工作使格桑收获颇丰,现已经成长为公司骨干。

米玛次仁,1997年7月毕业于重庆交通大学管理系,工作后,任公司财务副经理。在提到母校时他深情地说道:"重庆交通大学给我提供了学习科学文化、学习专业知识的机会,我在大学里不仅学到了知识,而且学到了为人处世的道理,学到了精益求精、刻苦钻研的精神,学到了团结互助、勤俭节约的作风。重庆交通大学这种浓厚的学风、校风使我步入社会后有很重要的精神支撑,我要感谢重庆交通大学的培养,感谢重庆交通大学老师们为辛勤培育我们所做出的努力。'西藏天路'给我提供了展示自我才能的舞台,在这个舞台上我将不断地成长,不断地提高和进步。我为我是重庆交大人自豪,同时,我也为自己是'天路人'而感到骄傲。"

吴波,总公司工会主席,1987届机械系本科……

大米玛,项目经理,1992届道路系本科……

达娃次仁,副总经理、代建办主任,1993届路工系本科……

尼珍,代建办副主任,1993届路工系本科……

达瓦扎西,项目经理,1997届桥梁系本科……

还有杨弋副总经理、总工程师,田庆潮副总经理,李刚、卓吉、小达娃、次旦多吉、乔次仁、欧珠、泽仁多吉、黄婕、李浩等20世纪90年代末毕业的学子在公司各层次的管理岗位上为公司的发展贡献着自己的青春和才华。

2009 年,又有 20 多名新到西藏天路公司的交大学子在这个火热的熔炉中展现自己的本领和抱负。在可以预见的将来,在他们中间,一定会有出类拔萃的杰出人物崭露头角。

当雄,古老的羌塘。

在念青唐古拉山下,我凝望着浩瀚的纳木错。

正午时节的风鼓荡着湖水像咆哮的大海,卷着排排碧绿的浪从天边涌来,拍击着湖岸,激起洁白的浪花,涛声连绵不绝。湖水后浪推前浪,一波接着一波。

如此的轮回已经有多少岁月了?大自然造就的循环往复生生不息,或许几万年、几亿年一直如此,而人类社会却已经迈过了一道道雄关。沧海桑田,山河改颜,世界在人类的意志下日益变幻。

后浪推前浪,是规律,是哲理,也是动力……

天山下的传奇

——我校新疆校友事迹集萃

在中国西北角，有这样一片辽阔的国土，它的面积约占全国总面积的六分之一，它拥有中国最大的流动性沙漠和世界上最长的沙漠公路，在中国最长的内陆河塔里木河畔，蜿蜒分布着世界上面积最大的胡杨林，在这里，你可以探访中国最干、最冷、温差最大、风沙最大的地方……这就是新疆，一个童话和油画的故乡，一个可以放飞梦的地方。

新疆发展，交通先行。自20世纪50年代起，我校陆续为新疆输送了数百名毕业生，他们汗洒天路，他们用青春与热血在新疆的建设史上留下了一段段传奇故事和一座座可歌可泣的丰碑。

新藏公路的守护者

新藏公路是我国西部边境极为重要的战略国防公路。公路北起新疆西南部喀什地区的叶城县，在日喀则地区的拉孜县查务乡查务村与318国道中尼公路段相连。新藏公路是世界上海拔最高、路况最艰险的公路。全线几乎所有路段均为高寒缺氧的无人区，沿途横卧着逾千公里的荒漠戈壁、永冻土层和常年积雪的崇山峻岭。从大红柳滩到松西乡路段244公里是彻底的无人区几乎见不到人烟。冬季气温达零下40℃，氧气含量只有内陆地区的44%。新藏公路是继川藏公路、青藏公路之后，进入西藏的第三条公路。现西藏阿里地区大部分货物及旅客运输均经由新藏公路。

从新藏公路建成通车到2002年前,1 449公里的国防公路由叶城公路总段管养了44年。在叶城总段工作了23年的我校校友周大辉常常回忆起20多年前那些日子:“那时上班全靠两条腿走,因为要勘察,所以随身总带着铁锹、十字镐,一天工作下来就像个土猴子,住是地窝子,取暖靠牛粪、红柳,晚上睡觉能点个煤油灯有亮光就行了,什么洗澡啊、文化娱乐啊,根本没有条件。虽然条件艰苦,环境恶劣,但大家精神状态非常好,吃苦耐劳,只要一声令下,不管是白天黑夜还是下雨下雪,同志们是说干就干。”

在叶城总段还有许多校友,他们用自己的青春与热血守护着这条天路,使这条世界屋脊的脊梁成为纵横在喀喇昆仑高原上的纽带,被人称为“生命路、连心路、友谊路”。

新疆交通发展的建设者

有这样一个故事一直流传:20世纪50年代,新疆有一位库尔班·吐鲁木大叔,因骑着心爱的毛驴到北京看望毛主席而出了名。这是一种无奈,也是一种注定艰难的历程,因为那时新疆还没有沥青路,仅有300多辆破旧的汽车,可以行驶的却还不到1/3。由于交通运输条件极端落后,那时从乌鲁木齐到喀什坐汽车要走半个月,更别说是骑骆驼、马和毛驴了,不少边远地区的农牧民终身没到过县城。偏远的新疆各族人民生活极为贫穷,几乎与世隔绝。到了20世纪70年代,新疆的司机中还流传着“三跳”的说法,足以生动地形容当时路况之差、行车之艰难,那就是车在路上跳、人在车里跳、五脏六腑在肚里跳。

新中国成立后,党中央、国务院高度重视新疆公路交通事业,及时给予了新疆大力的支持和帮助。特别是改革开放以后,新疆交通建设蓬勃发展,作为新疆交通人的我校校友也纷纷投入到这场交通大建设的洪流中。

1985年,由王从喜老校友带队修建的乌鲁木齐至昌吉一级公路是西北第一条高等级公路,实现了新疆一级公路零的突破。1990年,该路获得了新疆自治区优秀设计一等奖。

1988年，校友孙怀柔设计的乌昌一级公路铁路立交桥获新疆自治区优秀设计二等奖。

乌鲁木齐是新疆的首府，我校的江润芳、黎精华、曹文彦等校友为乌市的城市建设立下了汗马功劳。他们曾经工作在综合计划、规划设计、建设、管理、市政施工和养护等部门，用智慧和心血绘制了乌鲁木齐美好的今天。

中巴公路的援建者

曾经举世瞩目的中巴公路，起自中国新疆喀什，经中巴交界的洪其拉普山口，止于巴基斯坦的塔科特，全长1 032公里，沿线地质情况极其复杂，气候变化无常，地质灾害严重。曾经的纽约时报编辑主任西摩·托平说："在喀喇昆仑山区如此艰险的地段修筑公路，苏联是不会干的，美国也是不会干的，只有中国政府和人民才会做出如此巨大的牺牲。"我校校友何一心、孙怀柔、严华林等近20人先后参加了援巴筑路，为中巴两国的友谊作出了巨大贡献。已经去世的严华林校友是一个勤勤恳恳忘我工作的人。他参加的科研项目两次获自治区科技进步三等奖，立功受奖15次。援巴时，他也是众多援巴工程技术人员中唯一一个被巴基斯坦政府授予巴基斯坦三级国家奖章的人。只是年仅46岁的他，昏倒在办公室以后再也没有醒来，他为新疆的公路事业奉献了自己短暂而宝贵的一生。

从解放初期南疆人民赶着大车来乌鲁木齐，要在尘土蔽日坎坷难行的土路上走一个多月，到如今只需20来小时；从沙漠公路、天山公路的修建，到果子沟天堑的贯通；从吐乌大第一条高速公路的修建到高速路的大发展……为了新疆的交通建设，我校校友唱响了一曲恢弘大气的交通人之歌：

我从冬雪中走过
天山雪松是我的身躯
千山万水
一路多少颠簸
我的寂寞，你的欢乐
我从春雷中走过

绿洲白杨是我的足迹
千难万险
一路多少蹉跎
我的奔波，你的欢乐
我从夏雨中走过
戈壁红柳是我的筋骨
千折百回
一路多少坎坷
我的付出，你的欢乐
我从秋风中走过
大漠胡杨是我的魂魄
千锤百炼
一路多少挫折
你我的承诺，我们的祖国……

前炒面胡同的他们

——中交公路规划设计院校友事迹集萃

前炒面胡同本是北京东四路口一个普通的胡同。

但每当午夜之后，当车水马龙的喧嚣渐渐远去，展示都市风情的霓虹灯渐渐熄灭的时候，在前炒面胡同一座白色的办公楼里却依然灯光明亮，这是中交公路规划设计院的工程师们正在伏案创作。就在这样的不眠的夜晚，一座座大桥、一条条高速公路的蓝图在他们手下诞生……因为他们，前炒面胡同就此在祖国交通建设界而知名。

在他们当中，许多毕业于我校。其中，既有毕业于20世纪七八十年代，担任中交公路规划设计院副总经理、荣获全国工程勘察设计大师等荣誉称号、荣获国家科技进步奖的逯一新、孟凡超，也有毕业于20世纪90年代，甚至毕业仅几年的张世文、李正熔、周育峰、齐向军、彭运动、吴伟胜、王梓夫、廖锦祥、黄康、刘磊等一大批年轻设计师。这里，采撷部分校友的点滴事迹，以展现他们为祖国交通建设事业作出的贡献。

张世文：中交投资有限公司副总经理

张世文，1983年毕业于我校公路工程专业，一直从事公路工程设计、咨询和管理工作，具有丰富的设计咨询经验，先后担任中交公路规划设计院工程师、高级工程师、副总工，华杰工程咨询有限公司总经理，教授级高级工程师，中交投资有限公司副总经理。

作为主要负责人或主要人员，张世文主持参加了港珠澳大桥工程可行性研究、《公路项目安全性评价指南》交通部行业标准编制、川藏公路勘察设计、湖北随岳高速公路中段初步设计和广东省梅州至河源高速公路初步设计和施工图设计、四川雅安至西昌高速公路可行性研究、四川西昌至攀枝花高速公路可行性研究、山东同三高速公路胶州段施工图设计、广东广珠西线高速公路南丫至碧江段初步设计和施工图设计、辽宁锦州至朝阳高速公路初步设计和施工图设计、浙江宁波杭州湾跨海大桥可行性研究、唐山至天津高速公路天津南段初步设计、广东伶仃洋跨海大桥预可研等许多重大项目咨询，涉及工程项目的规划评估、勘察设计、后期评价以及行业标准编制等各方面的咨询业务，并多次作为国家和行业的评审专家对重大工程项目进行评审。多年来，张世文发表学术论文多篇，并有《我国公路资产管理的市场化运作》等多本专著问世，还兼任中国工程咨询协会常务理事、青年论坛理事会执行副理事长、中国公路学会青年技术专家委员会委员、副主任委员等职务。

2001 年，张世文荣获国务院授予的“享受政府特殊津贴专家”荣誉称号，2005 年荣获“第三届中国公路百名优秀工程师”荣誉称号，2006 年《国道 108 线西昌（黄联关）至攀枝花公路工程可行性研究报告》获得中国工程咨询协会全国优秀咨询成果一等奖，《公路安全性评价指南》获得 2006 年度中国公路学会科学技术一等奖。

张世文不仅在工程咨询专业领域达到了较高的水平，而且在企业管理方面也凸显了其才华。自任华杰工程咨询有限公司总经理以来，公司经营业绩迅速增长，在公司总体实力、业务领域、市场开拓以及技术进步各个方面都取得了骄人的成绩，使得华杰工程咨询有限公司成为国内知名、国际有一定影响力的中外合资工程咨询公司。

李正熔：中交公规路桥技术有限公司总经理

李正熔，1984 年毕业于我校桥梁工程专业，一直从事桥梁设计工作，历任中交公路规划设计院工程师、高工、教授级高工和桥梁设计室主任、副总工，中交公规路桥技术有限公司总经理。

作为项目负责人，李正熔完成了威海市环海公路长会口海湾大桥、山西晋济高速公路仙神河大桥、山西晋济高速公路南河底大桥、山西晋济高速公路七甲坡3号大桥、山东济南黄河三桥桥型方案设计工作，完成了香港昂船洲大桥设计方案竞标，湖南省湘潭湘江大桥初步设计和施工图设计，浙江省上虞至三门一级公路桥梁工程初步设计及施工图设计，53座大中桥、6座互通立交桥设计。作为主要参加人，完成了江阴长江大桥施工图设计、配合及变更设计，广东虎门大桥施工图设计，山西省风陵渡黄河大桥设计的工作。

1999年至今，李正熔获得了全国第九届“优秀工程设计金奖”、第二届“詹天佑土木工程大奖”、国家科技进步二等奖、交通部科技进步特等奖、交通部优秀设计一等奖、交通部优质工程一等奖等奖励。

周育峰：中交公路规划设计院副总工

周育峰，1991年毕业于我校公路与城市道路专业，历任中交公路规划设计院工程师、高级工程师、教授级高工和主任工程师、道路二室主任、副总工程师。

作为项目负责人，完成了首都机场高速公路大修初设、施工图两阶段设计，陕西省西（安）合（肥）高速公路陕豫界商南至商州初步设计审查，天汕国家重点公路粤境蕉岭广福至梅县城东段初步设计、施工图设计，梅州西环高速公路初步设计、施工图设计，京福高速福建邵武沙塘隘至三明际口段可行性研究报告、咨询报告，海榆中线通什至三亚段工程可行性研究报告，成都至南充高速公路初步设计、施工图设计。作为项目二审，完成厦门环岛香山至五通段初步设计、杭州湾跨海大桥两岸接线工程可行性研究报告、国道主干线丹拉公路兰州至海石湾高速公路忠和至海石湾段施工图设计审查、连霍国道主干线山丹至临泽段高速公路施工图设计审查、江苏省无锡至宜兴高速公路初步设计等工程。

周育峰完成的交通部公路交通试验场勘察设计获得全国第九届“优秀工程设计银奖”、第二届“詹天佑土木工程大奖”。2005年《路面表面特性与汽车油耗关系研究》获得全国交通科技成果创新奖一等奖。2006年《工程纤维增强纤维混凝土应用技术研究项目》获得江西省科学技术进步奖一等奖。

齐向军：中交公路规划设计院区域主任

齐向军，1991年毕业于我校公路与城市道路专业，历任中交公路规划设计院工程师、高级工程师和区域主任。

作为项目负责人，完成了海南省东线公路琼海至陵水段改建设计施工图设计，同三国道主干线三亚绕城公路工程可行性研究、初步设计和施工图设计，绥满国道主干线甘南界至博克图段公路和博克图至牙克石段公路工程可行性研究，太澳公路山西境晋城至济源（省界）段初步设计和施工图设计，山西阳（城）垣（曲）下李丘至西哄哄段公路工程可行性研究，海南省东线高速公路博鳌出口路初步设计和施工图设计，205国道滨州黄河公路大桥（两岸接线）工程可行性研究、初步设计和施工图设计，205国道滨州至博山段工程可行性研究、初步设计等工程。在海南南港大桥初步设计、施工图设计中任主管总工程师，在上三线初步设计、施工图设计中任隧道项目负责人，在成都至南充高速公路初步设计任隧道组组长，在厦门海沧大桥引线初步设计、京沈高速公路山海关段初步设计、施工图设计中任小桥涵组组长。

2006年，齐向军负责完成的海南省东线高速公路博鳌出口路勘察设计获得2005年度海南省公路工程优秀勘察设计奖。

彭运动：中交公路规划设计院区域主任兼贵州分公司副总经理

彭运动，1992年毕业于我校桥梁工程专业，历任中交公路规划设计院工程师、高级工程师和区域主任兼贵州分公司副总经理。

作为主要研发人员，完成了逻辑产品模型及CIS2CAD的自主研发。作为项目负责人，完成了贵州茅台高速公路、贵州盐津河大桥、贵州两河口大桥、贵州马岭河大桥、重庆石板坡长江大桥、贵州南盘江大桥、马来西亚槟城二桥、深圳湾公路大桥、贵州坝陵河大桥的初步设计和施工图设计咨询审查。作为主要参加人员，完成了杭州湾公路大桥施工方案投标、深圳湾公路大桥方案设计和项目投标，完成了厦门环岛南段初步设计施工图设计、钱江五桥初步设计审查，完成了杭州湾大桥预可行性研究、镇江扬州公路长江大桥初步设计审查、厦门环岛路南段工可方案设计、庆黄花园嘉陵江大桥施工图设计、厦门海沧大桥初步设计及施工图设计，江阴长江公路大桥工可深化、初步设计、扩大初步设计、技术设计、施工图及施工配合等工程。

2005 年，设计的江阴长江公路大桥获得“优秀工程设计金奖”。2006 年，完成的逻辑产品模型及 CIS2CAD 的自主研发获得河南省科技进步二等奖。

吴伟胜：中交公路规划设计大桥一室主任

吴伟胜，1993 年毕业于我校公路与城市道路专业，历任中交公路规划设计院工程师、高级工程师和大桥一室副主任、大桥一室主任。

吴伟胜先后参加了或部分主持了河源—惠州、京沈线高速公路的施工图设计，伶仃洋跨海工程横门大桥初步设计，南京长江第二大桥初步设计及施工图设计，厦门环岛路演武路—白城段施工图设计，杭州湾公路大桥工程方案设计及苏通大桥悬索桥设计及计算等工作。参加了厦门海沧大桥预、工可行性研究及工可深化，宜昌五龙长江大桥、宁波象山海湾大桥、河北县邢台市清河油坊大桥预可行性研究等项目的外业调查、内业文件整理编制及总体方案设计等工作；参加鹅公岩长江公路大桥、伶仃洋公路大桥初选，伶仃洋公路大桥复选，奉节长江公路大桥等项目的设计投标工作，并担任分项负责人；在杭州绕城公路南段闻堰大桥初步设计、施工图设计咨询审查、润扬长江公路大桥施工图设计咨询审查、厦门市石塘互通式立交二期工程施工图设计咨询审查中任项目负责人或副项目负责人；在杭州湾公路大桥方案征集及投标、苏通大桥悬索桥方案投标任分项负责人；任厦门大桥桥面系技术改造的项目负责人。

2005 年，完成的《三跨连续全飘浮悬索桥体系应用与研究》获得中国公路学会科技进步一等奖。

王梓夫：中交公路规划设计院大桥二室主任

王梓夫，1993 年毕业于我校公路与城市道路专业，历任中交公路规划设计院工程师、高级工程师和区域主任、大桥二室主任。

王梓夫先后参加了深港西部通道工程可行性研究。作为分项负责人，先后参加了杭州湾大桥、南京长江第三大桥工程可行性研究，润扬长江公路大桥、海河大桥初步设计和施工图设计审查，武汉军山长江公路大桥施工图设计。作为项目负责人（或副项目负责人），先后组织完成了杭州湾大桥初步设计和施工图设计、杭州湾第三（萧山）通道工程可行性研究，参加或组织完成了多项重大工程的方案竞赛和设计投标。

还有更多的校友，默默地耕耘在中交公路规划设计院这个广阔的平台上。以公司正在进行的马来西亚滨城第三跨海大桥为例，24 名项目科技人员中，我院校友占到了四分之一。该项目是中马两国的政府合作项目，位于马来西亚第二大城市滨城，桥梁总长 23 公里，孟凡超带领的团队负责完成 16.37 公里的设计任务，其中海中桥梁 16 370 米，海中平台直径 100 米，海中平台匝道桥 1 110 米。在整个设计队伍中，孟凡超、彭运动担任项目负责人，廖锦祥、黄康担任分项负责人，刘磊和我校外语学院曹顺发老师也直接参与设计工作，共同勾画着世界桥梁建设史上的又一个精品。

情牵母校心意浓

——我校百名港台及海外校友掠影

建国之初，百废待兴，人才匮乏。1951 年，国家决定，打通千山万水，修建川藏公路，收复边陲，解放西藏。同年 11 月 7 日，210 名师生从农村、城市甚至硝烟未尽的战场，来到长江之畔、青龙山下，在首任西南交通专科学校校长、时任川藏公路修建司令部政委穰明德的带领下，开始了重庆交通大学的创业旅程。

六十载栉风沐雨，六十年沧海桑田，六十年来，与共和国一起成长的重庆交通大学，已从襁褓中的婴孩，成长为今天英姿勃发的青年，八万多名学子在重庆交大这片热土上激扬青春，陶铸成才。他们犹如满天的璀璨星辰，在大江南北，在国内海外，闪烁着夺目的光彩。特别是百名交大港台地区及海外校友，他们的身影遍布了港台地区及世界多个国家，在各自的事业上做出了骄人的成绩，为母校赢得了诸多荣誉。

1981 届校友殷建华就是其中一位。殷建华，现香港理工大学土木及结构工程系教授，土力学试验室主任，岩土工程技术中心主任。

20 世纪 80 年代，从母校毕业后，殷建华前往中科院武汉岩土力学所攻读硕士，得到中科院的选派和奖学金赴加拿大攻读博士学位。在加拿大期间，他刻苦学习，努力攻克科研难题，以第一名的成绩获得了加拿大 Manitoba 大学优秀外国学生奖学金。此后他先后在加拿大 Nova Scotia 省 Jacques Whitford and Associates Limited 顾问公司担任岩土工程师和该省注册工程师，在香港 Binnie Consultants Limited 顾问公司担任岩土工程师，现任教于香港理工大学。

世界科技迅猛的发展,让殷建华意识到,要攻克一道道科学难题,不但要具有勇攀世界高峰的精神,还必须有创新精神。对此,他最爱说的一句话就是:“作为一个研究工作者首先要有创新精神,要敢于提出自己的观点,不要跟着别人走;同时,创新要有各种积累,不是凭空想象。”“创新”这种时代精神,就是要敢为人先,不能落在别人后头。也许,正是“恐怕落在别人后头”的这种精神,才使他在科学研究中不畏艰险,勇于攀登,做出了突出贡献。

近年来殷建华先后发表科学研究论文145篇(其中SCI杂志文章83篇),会议论文142篇,专著2部,专利4项。与此同时,2000年,殷建华还获得了“茅以升土力学及岩土工程青年奖”,2003年他获得了香港理工大学建设及地政院“研究和学术(团队)”成就奖,2005年获得了国际岩土力学计算方法与进展协会“地区杰出研究贡献奖”。

目前,殷建华还担任着国际岩土力学计算方法与进展协会副主席(IACMAG),中国高等院校香港校友会联合会——高校联工程师联合会主席,国际岩土力学与工程学会软土处理专业委员会委员(TC17)等职务,并且是重庆交通大学、中科院武汉岩土力学研究所、河海大学、同济大学、西安交通大学等多所科研院所和高校的兼职和客座教授。

回首自己的人生历程和面对取得的成就,殷建华说最感谢的是母校的培育之恩。他说:“我是交大一名普通的毕业生,在交大4年的生活中,我学到的不仅是专业知识,更重要的是学到了在研究工作中的创新精神和面对困难的勇气和信心。我的成绩要归功于交大对我的教育与培养。”殷建华表示,在母校担任兼职教授,除了传授学生知识以外,更多的是教会他们拥有面对困难的信心和勇气,传承交大精神,为交大的发展添砖加瓦。

在交大生活了近6年的罗蓉对学校的感情更加浓厚。罗蓉,1997~2003年在我校攻读本科和硕士,2007年8月毕业于美国土木工程排名前三名的得克萨斯大学奥斯汀分校,获博士学位,博士论文委员会成员包括美国工程院C. Michael Walton院士和Kenneth H. Stokoe院士。毕业后至今供职于美国公路交通界声望最高、研究能力最强的得克萨斯农机大学,先后担任博士后研究员、讲师、副研究员,2009年她获聘美国俄克拉何马州立大学(Oklahoma State University)终身制助理教授,因需负责美国联邦公路局重大项目Asphalt Research Consortium(ARC)子课题被挽留继续任职得克萨斯农机大学,并于2010年成为美国得克萨斯州注册工程师。

在国外游学、工作的8年时间里,罗蓉取得了一系列科研成果。她共负责及参与科研项目10余项,资助单位包括美国联邦公路局、美国公路合作研究计划、美国得克萨斯州交通厅、美国西南地区大学交通中心。研究内容涵盖了沥青混合料性质、沥青路面设计、柔性基层设计、轮胎与路面三维接触压力等。她创建的沥青混合料自洽微观力学模型,可以极大地提高沥青混合料设计的效率,节省材料实验时间和能耗,更准确预测道路寿命,对道路设计产生了变革性影响。这项研究成果已在国际土木界顶级期刊美国土木工程师协会土木工程材料杂志《Journal of Materials in Civil Engineering》上发表。她创建的膨胀性路基上路面长裂缝形成理论,为美国得克萨斯州交通部门节省大量道路维护资源,该课题的多篇科研论文已在美国交通运输委员会杂志《Transportation Research Record: Journal of the Transportation Research Board》、道路材料与路面设计杂志《Road Materials and Pavements Design》发表,其中一篇被美国交通运输研究委员会评为2009年度土力学分部最佳学术论文。她提出的沥青加铺层设计方法,能准确预测在温度、荷载等作用下沥青加铺层中反射裂缝的产生和发展,并为美国公路合作研究计划"National Cooperative Highway Research Program (NCHRP)"开发了沥青加铺层设计软件,使之与力学经验法设计软件兼容,该成果被列入美国沥青道路设计规范。

罗蓉还兼任着美国交通运输研究委员会土工材料分会委员、美国交通运输研究委员会岩土力学建模分会委员、美国交通运输研究委员会国际交流分会青年委员,并担任美国土木工程师协会交通工程杂志《Journal of Transportation Engineering, American Society of Civil Engineers (ASCE)》、美国土木工程师协会土木工程材料杂志《Journal of Materials in Civil Engineering, ASCE》、美国材料与试验协会实验与评价杂志《Journal of Testing and Evaluation, American Society for Testing and Materials (ASTM)》等多种国际学术期刊及国际学术大会审稿。

"多少次,梦回母校,那里曾是我挥洒汗水、憧憬未来的地方,那里也是我寻求挑战、超越自我的开始。"6年的学校生活,让罗蓉对母校格有着格外的深情厚谊,"身在海外、心系母校"。她说我会尽自己的最大努力报效母校的培育之恩,为母校的发展贡献自己的力量。

其实殷建华、罗蓉只是我校众多海外校友的缩影。近年来,学校的飞速发展,让无数的海外校友都感到十分骄傲和无比自豪。发扬交大的优良传统,"略尽绵力回馈母校和社会",是广大海外校友共同的心愿。

后记

长路蜿蜒　那无数的铺路石……

“铺路石”，作为名词，仅有“用于路面的砂岩石块或硬石块”这样的简明解释，然而那无数匍匐在地的微小身躯却托起了伟大的奉献精神。

“铺路架桥”，两个动词组合的词组，平直而简朴，4个字的后面却有着难以述说的在千山万壑及激流飞瀑中劳作的无尽艰难。

记得老校长穰明德先生的小儿子穰玉武说过这样一件事。在老校长的晚年，历经艰辛革命生涯的老人依然关心祖国的交通建设，虽然视力不好，但每天都坚持坐在光线明亮的阳台上读报，了解他想知道的国家大事，尤其是交通建设方面的消息。穰玉武问父亲，革命几十年九死一生，历经无数惊心动魄的战斗，也蒙受了常人无法理解的不白之冤，这一辈子您最值得骄傲和荣耀的是什么？老校长凝望着远处如黛的青山，良久，缓缓地告诉小儿子，与在为革命事业奋斗的历程中倒下的战友们相比，我能活到现在是幸运的，我个人没有什么值得骄傲的，但我感到荣耀的是在中国伟大的革命之路上有幸成为一颗小小的“铺路石”！

平凡无奇而简约朴实的话语没有华丽的词语修饰，但使人看到老一辈革命人坦诚清纯的心灵，如同灌顶醍醐使人的灵魂得以净化，世俗的浮躁与污秽在这种伟大的奉献精神面前显得庸俗和肮脏。

半个多世纪以来，青龙山下，早年的贫瘠山沟已经是林木葱茏高楼点缀，变得朝气蓬勃，一所现代化的高等学府正在以昂然自信的姿态崛起。然而，“铺路石”精神依然，如同那金色霞蔼一样氤氲蒸蔚，永远是这片天际中最耀眼的一抹亮色。

半个多世纪过去了,从这长江之滨的芳菲校园中走出了八万多名交大学子,他们,在祖国的各行各业中践行着、诠释着这平凡而伟大的“铺路石”精神,用激情鼓荡的青春,用奔涌沸腾的热血,甚至用至高无上的宝贵生命。

奉献是一个长久的诺言,而这个诺言可能是要用平淡和平凡的一生来写完。在时间的长河中,我们都是一朵转瞬即逝的小小浪花,然而,正是这些小小浪花前仆后继地绽放才显示出大海的瑰丽和永无穷尽的生命延续。

在祁连山下的一望无际的浩瀚戈壁沙海上,路,不屈的向前挺进。

在青藏、川藏的皑皑雪峰和崇山峻岭之间,路,灵巧地腾挪飞跃。

在烟波浩渺的洞庭湖,在虎踞龙盘的母亲河,在肥沃滋润的黑土地,在碧浪金滩的西沙岛,在中华神州960万平方公里的疆域,哪里有路,哪里就有如默默无闻的铺路石般辛勤劳作无私奉献的交大儿女……

他们用精彩的人生画笔为“铺路石”精神抹上了新的时代色彩,他们用自己的行为演绎了交大儿女刻骨铭心的奉献誓言,他们用荣誉组成的花环献给了曾经培育过他们的母校。他们,是交大儿女中的佼佼者! 榜样,不是抽象的概念,就在我们身边,他们,就是近在咫尺的我们的学习榜样。

谢谢他们!

还有那无数默默无闻为母校争得荣誉的校友们。

本书仅是记录和反映重庆交通大学校友事迹的第一本文集,今后学校将陆续推出续集。在本书中,我们以每一位校友的届数排序、同一届数以姓氏笔画为序。由于我们采访的时间历时几年,因此收录的校友事迹有远有近,并且文章有长有短,有详有略,不拘形式,题材多样,目的在于从多个角度反映校友们的风采。但由于时间关系和篇幅所限,本书只收录了近百位校友的事迹,还有许许多多校友感人肺腑的事迹未能录入。

同时,因时间限制,本书中部分校友的职务职称及工作单位仅截止到采访之日,加之我们编撰能力所限,本书还有许多不尽如人意的地方,敬请读者朋友批评指正,我们将在后续工作中不断改进。

另本书一些资料来源于互联网及相关媒体,在此我们谨向这些作者及媒体表示衷心的感谢。

编者

2011年9月于重庆